无人机全栈开发指南

开源应用与实践

董　昱　董沐宸松　著

電子工業出版社·
Publishing House of Electronics Industry
北京·BEIJING

内 容 简 介

本书重点聚焦当前的开源无人机技术框架，以固定翼无人机为例分析无人机系统框架中一些典型的关键技术，介绍 Ardupilot、ExpressLRS、EdgeTX 和 OpenIPC 等开源软件的调试、开发和应用的基本方法，以及垂直起降固定翼无人机的基本设计方法和参数设置，旨在为广大读者打开一扇深入了解无人机设计和开发的大门。无论你是对无人机充满好奇、渴望探索其奥秘的新手，还是已经在相关领域有所涉猎、希望进一步提升专业知识的从业者，都能在这里尝试一番，找到你想要的答案。

本书适合于无人机相关从业者和开发者，无人机领域的学生和研究人员，无人机和航模爱好者。

图书在版编目（CIP）数据

无人机全栈开发指南：开源应用与实践 / 董昱，董
沐宸松著. — 北京：电子工业出版社，2025.8.
ISBN 978-7-121-51007-6

Ⅰ. V279-62

中国国家版本馆 CIP 数据核字第 2025KV1366 号

责任编辑：张　迪（zhangdi@phei.com.cn）
印　　刷：河北京平诚乾印刷有限公司
装　　订：河北京平诚乾印刷有限公司
出版发行：电子工业出版社
　　　　　北京市海淀区万寿路 173 信箱　　　邮编：100036
开　　本：787×1092　　1/16　　印张：14.25　　字数：365 千字
版　　次：2025 年 8 月第 1 版
印　　次：2025 年 8 月第 1 次印刷
定　　价：69.00 元

凡所购买电子工业出版社图书有缺损问题，请向购买书店调换。若书店售缺，请与本社发行部联系，联系及邮购电话：（010）88254888，88258888。

质量投诉请发邮件至 zlts@phei.com.cn，盗版侵权举报请发邮件至 dbqq@phei.com.cn。

本书咨询联系方式：（010）88254469，zhangdi@phei.com.cn。

在当今这个科技日新月异、飞速发展的时代，曾经只存在于科幻电影中、令人充满遐想的无人机，早已不是遥不可及的虚幻概念。它如同一位悄然降临的使者，实实在在地融入了人们生活的每一个角落，给人们带来了前所未有的便利与惊喜。在摄影领域，航拍爱好者们可以使用无人机带领人们领略平日里难以企及的美景。而在农业领域，无人机通过精准植保，以及对高清摄像头拍摄的图像和数据的分析，为农业的丰收保驾护航。物流配送行业也因无人机的引入而焕发出新的活力，有效降低了物流成本，提高了配送效率。除了在以上领域的广泛应用，无人机还在航空测绘、环境监测、应急救援等行业中展现出了巨大的价值。

本书主要内容

本书作者曾做过大量的无人机开发与应用工作，出版了《大疆无人机二次开发教程：基于 Mobile SDK 与 UK SDK》《无人机应用开发指南：基于大疆 Payload SDK》《无人机应用开发指南：基于大疆 Mobile SDK 和上云 API》等书籍，得到了读者的广泛好评。本书从开源无人机技术框架的角度分析无人机原生研发和二次开发过程中的常见技术体系，包括无人机开发调试和应用的基本方法，特别是对目前较为流行的垂直起降固定翼无人机进行了详细介绍。本书主要涉及的开源技术如下。

- Ardupilot：这是一种非常完善的开源飞行控制系统，能够轻易地实现对各类无人机的控制和开发，拥有活跃的开发者社区，可提供丰富的文档和技术支持。
- ExpressLRS：这是一种开源的低延迟、高可靠性无线电控制系统，近年来因其优秀、稳定的传输特性，以及低廉的成本备受关注。
- EdgeTX：这是一种专为各种无人机遥控器设计开源项目的系统，提供了丰富的功能和高度可定制的界面，支持多种协议和模型设置。
- OpenIPC：这是一种开源的智能相机系统，在无人机领域可以提供稳定、高清的图传数据。

本书共 8 章：第 1 章介绍无人机的概念和主要应用；第 2 章介绍无人机系统的组成，以及无人机飞行中的一些注意事项；第 3～5 章详细介绍 Ardupilot 的基本用法和内部框架，分析其中的一些重要代码并实现简单的二次开发；第 6 章介绍 VTOL 固定翼无人机的基本概念、常用参数和调试方法；第 7、8 章分别介绍遥控链路和图传链路的常用技术，如 ExpressLRS、EdgeTX、OpenIPC 等的基本用法。

本书读者对象

本书尽可能使用通俗易懂的语言介绍无人机开源世界中的常见技术，并实现了简单的无人机定制和开发方法。本书既可以作为无人机或航模的新人玩家的入门教程，也可以作为无人机相关学者和从业者的参考书籍。

致谢

感谢电子工业出版社的策划编辑张迪老师在本书写作过程中提出的宝贵意见，感谢王娜、董沐晨阳的支持和鼓励。

随时交流

限于作者的水平，本书难免有介绍不清晰的地方及不当之处，恳请广大读者批评指正。如有任何意见和建议，可以发送邮件至邮箱 dongyu1009@163.com 进行交流。为了建立起读者之间的联系，作者建立了本书的交流 QQ 群：622075617，期待各位读者进群交流。

作者

2025 年 8 月

CONTENTS 目录

第 1 章
无人机开发基础

无人飞行载具（Unmanned Aerial Vehicle，UAV），即无人机，是一种重要的工具，在各行各业中都有成熟和潜在的应用，涵盖了农业、物流、安防、媒体、环境保护等多个方面。在农业领域，无人机被用于作物监测、农药喷洒和土地测绘，提高了农业生产的效率和精度。物流行业利用无人机进行快递配送，尤其是在偏远地区，无人机能够提供更快捷的配送服务。在安防领域，无人机可用于边境巡逻、交通监控和紧急救援，增强了安全监控的能力。媒体行业则利用无人机进行新闻采集和电影拍摄，为观众提供了全新的视角和体验。在环境保护方面，无人机用于监测森林火灾、野生动物和污染情况，为环境保护工作提供了有力的技术支持。

本章介绍无人机开发的基础知识，如无人机的概念、分类和基本原理等。这些概念对于无人机的应用和开发非常重要，随着低空经济的快速发展，无人机的概念和应用方向也在不断的演进，读者可以通过互联网了解更多相关信息。

1.1　初识无人机

本节介绍无人机的基本概念和常见的分类方法。

1.1.1　无人机的概念

在生活中，人们经常会遇到飞行器（Flight Vehicle）、飞机、航空、航天等各种名词，这些概念不能被混淆，它们各有不同的范畴和意义。本节首先介绍飞行器、飞机的概念和特征，然后介绍无人机的概念和特征。

1. 飞行器和飞机

飞行器是指能够依靠自身动力飞离地面的人造机械，因此飞行器具有以下几个特征。

- 依靠自身动力：飞行器一定存在动力源，主要驱动方式包括电动和油动两类。油动的动力源为甲醇、汽油、柴油等各类化学燃料，电动的动力源通常为电池。
- 飞离地面：飞行器的基本目的。
- 人造机械：飞行器是一种机械，不仅有产生动力的电动机等机器，还存在传动机构和控制机构等部件。

提示

显然，没有动力源且不具备机械特征的风筝不属于飞行器。

飞行器包括在大气层内飞行的航空器和在大气层外（太空）飞行的航天器。航空器在飞行时总是与大气存在一定的关系：其中，热气球和飞艇是比空气轻的航空器，利用浮力飞向天空；而飞机则借助于空气动力学原理，依靠"翅膀"与气流相互作用产生升力飞向天空。飞行器的分类如图 1-1 所示。

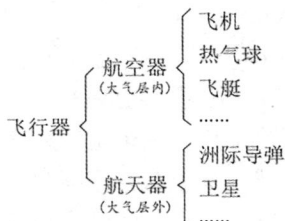

```
                    ┌ 飞机
          航空器    │ 热气球
         (大气层内) ┤ 飞艇
                    └ ......
飞行器 ┤
          航天器    ┌ 洲际导弹
         (大气层外) ┤ 卫星
                    └ ......
```

图 1-1　飞行器的分类

2. 无人机

无人机是不载人的航空器，具有以下几个特征。

- 无人机需要远程控制系统：无人机的飞行控制需要地面人员或设备的支持，因此无人机并不是独立存在的，需要地面站（Ground Station，GS）、地面人员的深度参与，形成一整套无人机系统（Unmanned Aerial System，UAS）。
- 无人机灵活性强：无人机不载人，无须生命支持系统，也不需要设计座舱，因此无人机可大可小，设计更加灵活。无人机可以比手机还小，也可以大到堪比轰炸机，这主要取决于无人机的用途。没有人员的无人机可以做出更加极端的飞行动作，而无须考虑重力过载对生命的影响。
- 无人机的成本低：无人机可以不惧伤亡，比载人飞机的造价更加低廉，从而可以面对各类环境、执行更加危险的任务，如军事侦察、灾害救援等。

提示

航模（航空模型）和无人机的区别主要是航模是用来"玩"的，或者是用来"研究"的；而无人机是"用"的，通常具有更加明确和具体的用途。航模通常没有飞行控制器，由玩家自行控制其姿态；而无人机通常具有自主飞行能力和任务执行能力。不过，航模和无人机在技术、应用上存在许多交集。

3. 无人机的历史

在 2000 年以前，我国就已经开始将风筝和孔明灯应用到通信、宣传和军事之中，可以理解为"古代中国的无人机"。在春秋时期，墨翟发明了可以飞向天空的木鸢。虽然木鸢采用木材制作，质量较大，但已经形成了风筝的雏形。南北朝时期的梁武帝在被侯景围困的时候，就曾放风筝向外求援。明朝的军队曾在风筝上安装负载：将火药捆绑到风筝上，通过引爆装置攻击敌方的营地。

现代无人机的发展历史和飞机的发展历史几乎是同步的。在 1903 年莱特兄弟发明了第一架飞机之后，1907 年美国工程师斯佩里发明了世界上第一台自动陀螺稳定器；电子陀螺仪是无人机飞行控制的必要基础。1917 年，查尔斯·凯特灵发明了凯特灵空中鱼雷机，这是一种没有设计降落功能的自杀式攻击机。1918 年，柯蒂斯公司改装了 N-9 型双翼水上教练机，第一次实现了无线电遥控飞行。这一时期的无人机主要由木头、铝和帆布制成，搭载简单的电子设备和摄像机，可以通过无线电遥控进行操作。

在接下来的几十年中，无人机得到了不断的发展和完善。在第二次世界大战期间，德国和日本使用了无人机进行侦察和攻击任务。20 世纪 50 至 60 年代，美军使用无人机进行高空侦察和情报收集任务，并在越南战争中广泛使用。20 世纪 80 年代，美国使用无人机进行反恐行动，并在 90 年代初期开始研究应用武装无人机。这一时期的无人机主要用于军事用途。

最近十年，民用无人机出现高速发展的局面，大疆无人机是其中非常典型的代表，不仅走入了百姓家中，也走向了各行各业。随着技术的不断进步，现代无人机已经具备了高精度导航、自主飞行、高清摄像等功能，成为了现代军事和商业领域中不可或缺的重要工具。可以发现，无人机的发展路线和风筝的发展路线非常类似，都出现了从军用到民用的发展阶段：在春秋时期，风筝主要是军用，而在唐朝时期开始逐渐成为大众的娱乐工具；无人机也是一样，纵观无人机的发展历史，实际上是军用无人机的发展历史，而民用无人机的历史才刚刚开始。

无人机的行业应用也在不断扩展，跨越农业、测绘、安全监控、科学研究等领域；应用无人机不仅提高了工作效率，同时也降低了工作人员的风险和成本。此外，随着技术的不断进步，无人机的性能也在不断提升，飞行时间、载重能力、传感器精度等都有明显的提高。种种迹象表明，未来无人机市场将继续保持快速增长。

1.1.2　无人机的分类

无人机的分类方法多种多样，本节介绍两种常见的分类方法，分别按照用途和构型分类。

1. 按无人机的用途分类

按照不同的用途，无人机可以分为军用无人机和民用无人机。无论是从设计上（续航、可靠性）还是从应用上，可以说军用无人机和民用无人机完全是两类不同的产品。军用无人机通常会参考民用无人机中常见的开源工具，但是其可靠性要求则明显高于民用无人机。

1）军用无人机

军用无人机针对作战需求而设计，不仅可以用于侦察，而且可以用于打击敌方目标。用于侦察的无人机通常具有速度快、航程远等特点，并且为了躲避敌方侦察常覆盖有雷达隐身材料。比如，我国的无人侦察机——无侦-8 采用火箭发动机，可以实现 3.6 马赫的超音速飞行，可用于巡逻和远距离监视。用于打击敌人的无人机一般具有较强的负载能力和较远的航程。例如，我国的双尾蝎无人机可以搭载 16 枚导弹在 3000km 范围内精准攻击敌方目标。军用无人机如图 1-2 所示。

（1）无侦-8

（2）双尾蝎无人机

图 1-2　军用无人机

另外，无人机在军事上还可以用于应急通信、探查地形、搜索目标等用途。

2）民用无人机

相对于军用无人机，民用无人机的特点是体积小、造价低、使用方便、适应性强，能够执行枯燥、长时间或危险的任务，具有有人机难以比拟的优势（见图 1-3）。例如，在农业领域，无人机可以用于作物监测、农药喷洒和土地测绘，提高农业生产效率；在电力巡检领域，无人机可以检查高压线路，保障电网安全；在环境监测领域，无人机可以监测森林火灾、野生动物和污染情况，为环保工作提供数据支持。

图 1-3　民用无人机（大疆 Matrice 4E）

在后面，本书所介绍的无人机应用和开发均涉及的是民用无人机，军用无人机的应用不在本书的探讨范畴。

2. 按无人机的构型分类

按照无人机的构型，无人机可以分为无人直升机、固定翼无人机和多旋翼无人机。

1）无人直升机

无人直升机（Copter）是传统的无人机构型，与传统的有人驾驶直升机在构型上类似，通常有一个或两个主旋翼提供升力，可能还有一个尾旋翼来抵消主旋翼产生的扭矩。无人直升机具有优秀的机动性和操控性，能够在狭小空间内进行操作，适用于侦察、监视和货物运输等任务。

2）固定翼无人机

固定翼（Fixed-Wing，FW）无人机的设计类似于在跑道起降的传统客机或货机。固定翼无人机通常由机翼产生的升力支撑，需要跑道或弹射器进行起飞，并通过滑翔进行飞行。它们适合长距离、长时间的飞行任务，常用于航拍、监视和通信中继等应用。

3）多旋翼无人机

多旋翼（Multi-rotors）无人机是当前应用较广泛的无人机构型，由多个旋翼提供升力，可以垂直起降（Vertical Take-Off Landing，VTOL），不需要跑道。多旋翼无人机的稳定性和悬停能力使其非常适合于需要精确定位的任务，如航拍、农业喷洒、检查和救援等。

多旋翼无人机（见图1-4）通常具有偶数个旋翼，两两成对使用是为了抵消旋翼对无人机产生的反扭。

图 1-4　多旋翼无人机

四旋翼无人机是常见的多旋翼无人机，也是民用无人机中的佼佼者。但是，当无人机的载重量较大时，可以设置更多的旋翼以提供稳定的升力和可靠性。16旋翼无人机如图1-5所示。

图 1-5　16 旋翼无人机

1.2　飞行的基本原理

飞机为什么能够飞起来？这是一个很古老但很棘手的问题。迄今为止，人们很难通过简单的模型来解释飞机是如何飞起来的，不过有一些比较简单的理论可以对此做出解释。如果让飞机稳定地飞行，那么必须保证升力和重力相当，因此这个问题就转换成了如何让飞机获得足够的升力。

1.2.1　升力的来源

关于升力的来源，学术界有不同的理解和解释，下面介绍一种比较通用的解释。以固定翼无人机为例，无人机的机翼都会设计为薄厚不均的翼型，从而引导流体的运动。机翼原理如图 1-6 所示。气流通过机翼时，被分为上下两部分气流。依据伯努利原理，机翼上方气流的通过路径长，速度较快，压强小；机翼下方气流的速度较慢，压强大。机翼上下的压强差异为机翼提供了一个竖直向上的力，即升力。

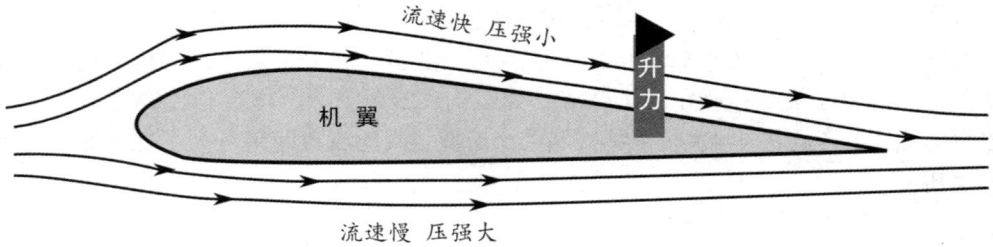

图 1-6　机翼原理

> **提示**
>
> 飞机是依靠"翅膀"飞行的，也称为机翼。

　　伯努利原理能够部分解释升力的来源，但是并不能解释为什么有些飞机能倒着飞。而且，实验结果表明流向机翼上方和下方的气流并不会同时到达机翼后缘。此时，我们还可以通过牛顿第三定律和康达效应（Coanda Effect）来解释飞机的升力来源（见图 1-7）。一方面，飞机在飞行过程中可以保持一定的迎角（也称为攻角），这时气流冲击效应可以使得机翼获得向上的分力。另一方面，气流冲击效应使得机翼下表面的压强增大，康达效应诱导气流附着到机翼的上表面，使得机翼上表面压强减小，在机翼上方形成低压区，在机翼下方形成高压区，使得机翼伯努利效应进一步增强。

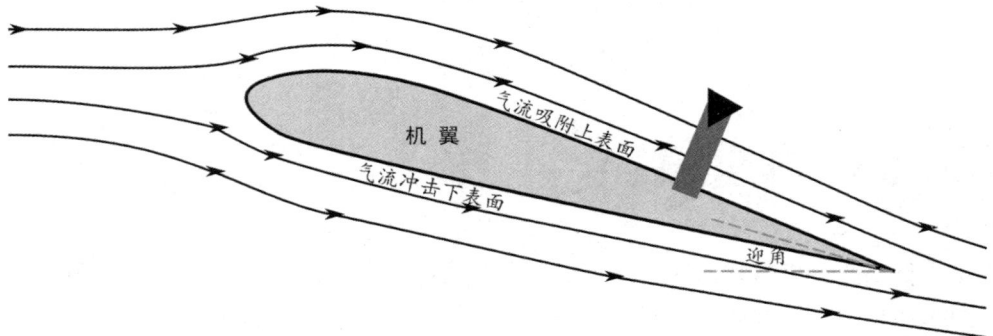

图 1-7　飞机升力的来源

> **提示**
>
> 康达效应也称为附壁原理，是指流体具有一定的黏性，具有沿着物体表面附着流动的倾向。

升力产生的过程是相当复杂的，可以理解为气流冲击、康达效应和伯努利效应的共同作用，形成斜向上的力。这个力可以分解为竖直向上的升力和水平向后的阻力。控制好升力和阻力的大小至关重要，因此机翼的迎角需要保持在一定的范围内，迎角不能太大，速度也不能太低。当气流无法吸附在机翼上表面时，升力会迅速下降，康达效应瞬间削弱，导致飞机"失速"。

目前有涡量（Vorticity）理论和 Navier-Strokes 方程等更加强大的流体力学理论，以及各类流体力学的仿真分析软件，方便科学界对飞行做出更好的理论分析。飞行器设计需要流体力学的理论基础，同时也需要实验验证，以获得更好的性能。不过，对于无人机的实验和测试来说，只要有足够的动力来提供升力，就可以实现"力大飞砖"。

对于多旋翼无人机来说，其可以依靠螺旋桨旋转产生升力，其螺旋桨叶片的原理与固定翼无人机的机翼类似，但是螺旋桨的迎角从根部到顶部逐渐变大。小型多旋翼无人机的前行桨叶内侧迎角大概为 45°，外侧迎角大概为 30°。

1.2.2　无人机的控制

固定翼无人机的典型布局如图 1-8 所示。这是一种常规的布局，如客机、滑翔机等均采用此类布局。此类固定翼无人机将副翼固定在机翼上，将方向舵和升降舵分别安排在垂直尾翼和水平尾翼上。

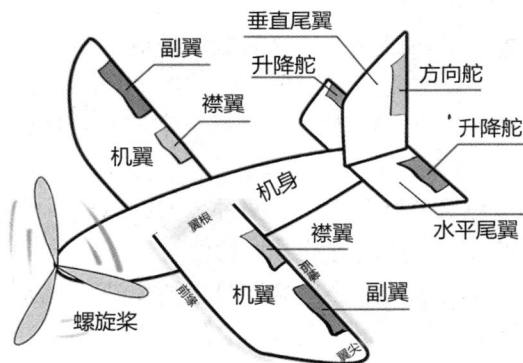

图 1-8　固定翼无人机的典型布局

机身是固定翼无人机的主体，为了减少空气阻力，通常会将其设计为流线型，类似于水滴的形状，将所有的翼面去掉以后就形成了前大后小的形状。机身用于承载空间，如客机的货舱、客舱和驾驶舱，军用飞机的弹舱等，以及一些必要的设备等。在机身上，会布局一些作用于气流的面，其中不能够活动的面称为翼面，能够活动的面称为舵面，也称为操纵面。

1. 翼面

固定翼无人机的翼面包括机翼和尾翼，尾翼又包括垂直尾翼（垂尾）和水平尾翼（平尾）。机翼的主要作用是提供升力，而尾翼的主要作用则是提供俯仰的安定作用。

机翼很长，靠近机身的一侧称为翼根，远离机身的一侧称为翼尖。从飞行方向上看，气流分离的一侧称为机翼前缘，气流聚合的一侧称为机翼后缘。在机翼的后缘外侧，通常布局了用于飞机横滚（滚转）的副翼。在机翼的后缘内侧，可以布局襟翼，用于在起飞和降落时提高飞机的升力。

机翼和尾翼的横截面形状称为翼型。翼型对于飞机的气动性能至关重要，它直接影响飞机的升力、阻力、失速特性和操纵性，常见的翼型如图1-9所示。

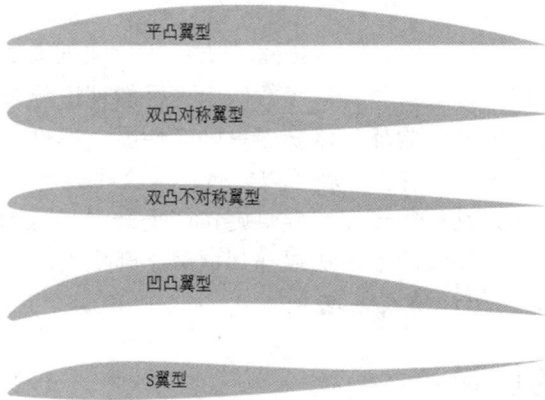

图1-9　常见的翼型

以上几种不同翼型的特点如下。

- 平凸翼型：在低速飞行时具有较好的升力特性，但随着速度的增加，阻力也会迅速增大。这是一种低速无人机常用的翼型，可以提供较好的稳定性和操纵性。
- 双凸对称翼型：这种翼型在翼弦中点处的截面是对称的，且上表面和下表面都是弯曲的。这种翼型在不增加太多阻力的情况下能产生较大的升力，机动性较强的无人机通常采用此种翼型。在航模中，3D机、特技机也常使用此种翼型，以便于在倒飞等状态下提供良好的托举力量。
- 双凸不对称翼型：这种翼型整合了以上两种翼型的特点，既可以在高速飞行时减小阻力，又可以在低速飞行时保持良好的升力特性。
- 凹凸翼型：这种翼型在产生较大升力的同时也会伴随着较大的阻力，因此常用于需要短距离起降或者在低速条件下产生大量升力的飞机（类似一直打开着襟翼），通常用于低速运输无人机。
- S翼型：这种翼型的设计可以提高飞机的气动效率，减小阻力，同时保持良好的升力特性，通常用于超高速无人机。

另外，固定翼无人机的重心应当与机翼（升力中心）位置保持一致。当重心和升力中心一致时，飞机处于静稳定的状态，即在飞行过程中无须飞行控制器即可保持稳定的飞行。在绝大多数情况下，无人机的静稳定性对于飞行操控性和飞行安全是非常重要的。

> **提示**
>
> 对于某些军用飞机(如战斗机)，在设计上往往不要求它们保持静稳定，以便获得更强的机动性。因此，控制飞行姿态的重任通常交给飞行控制系统或者飞行员来承担。

2. 舵面

　　固定翼无人机的舵面主要包括副翼、方向舵和升降舵，用于控制飞机的姿态。方向舵用于控制飞机的航向，升降舵用于控制飞机的俯仰，而副翼的运动通常是反向的，用于实现飞机的滚转动作。

　　舵面主要依靠舵面效应（舵效）来控制飞机姿态。舵效是指飞机的控制舵面在气流中偏转时产生的气动力变化，这种变化会直接影响飞机的飞行姿态，导致飞机的俯仰、滚转或偏航等动作。舵效是飞机操纵性的基础，飞行员通过操纵舵面来控制飞机的飞行路径和姿态。当舵面偏转时，气流在舵面上的流动分离，产生压力差，形成操纵力矩，从而使飞机的飞行姿态发生变化。

　　对于副翼来说，当左副翼向下运动，右副翼向上运动时，气流会冲击这两个舵面使得左侧气流向下运动，右侧气流向上运动，使得飞机左侧向上运动，右侧向下运动，从而实现了无人机向右横滚（右滚）；反之，当左副翼向上运动，右副翼向下运动时，无人机将向左横滚（左滚），如图 1-10 所示。

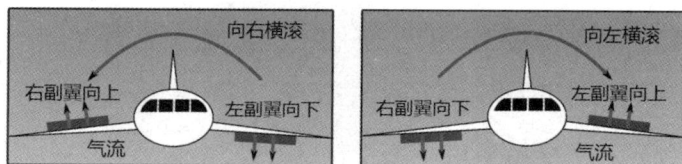

图 1-10　副翼的运动

　　对于升降舵来说，当升降舵向上偏转时，气流会冲击升降舵向上运动，此时气流反作用于升降舵形成向下的偏转趋势，从而使得飞机抬头；反之，当升降舵向下偏转时，气流冲击升降舵使其具有向上运动的趋势，飞机低头俯冲，如图 1-11 所示。

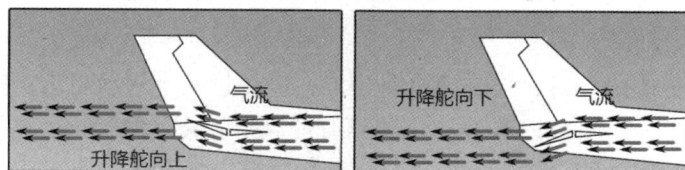

图 1-11　升降舵的运动

　　对于方向舵来说，当方向舵向左偏转时，气流会冲击方向舵向左运动，使得飞机尾部有向右运动的趋势，从而使得飞机整体存在向左偏转的趋势；反之，当方向舵向右偏转时，无人机也会向右偏转，如图 1-12 所示。

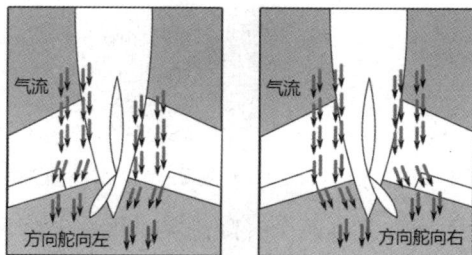

图 1-12　方向舵的运动

不过，偏航也会导致横滚，其主要原因是飞机在偏航时产生了侧向力和侧滑效应。当飞机进行偏航操作时，方向舵会产生一个侧向力，这个力会导致飞机发生侧滑。由于机翼有后掠角，流过机翼的气流速度在侧滑时会产生不对称的升力分布，通常右侧机翼的升力会大于左侧，从而导致飞机向左横滚。

因此，人们很少使用方向舵来控制转弯，而是使用副翼配合升降舵来进行协调转弯（Coordinated Turn）。所谓协调转弯，就是通过使用适当的升降舵和副翼来平衡飞行器的侧向力和升力，使飞机在转弯时保持理想的俯仰角和横滚角，实现平稳而有效的转向，减少转向过程中可能产生的失速或侧滑现象。

> **提示**　可见，对于固定翼无人机来说，只需要油门控制、副翼控制和升降舵控制即可完成无人机的基本操控。

3. 非常规布局

下面介绍两种无人机常用的非常规布局，分别是飞翼（Flying Wing）和V尾（V-Tail），并介绍其特点和操作方法。

> **提示**　除了飞翼和V尾，还有三翼、鸭翼和后置翼等多种非常规布局，这些布局通常适用于特定的场景，旨在优化飞行性能、机动性和效率。

1）飞翼

飞翼设计没有传统的机身，而是将机翼延伸，以尽量减小气动阻力，整个结构主要靠翼身一体化来产生升力，如图1-13所示。飞翼具有低风阻、高升力等特点，且内部空间可以设计得更加扁平。但是由于缺乏足够的纵向和横向稳定性，尤其是当重量中心不当时很难被控制，因此此种布局通常需要飞行控制器来时刻保持飞机平衡。

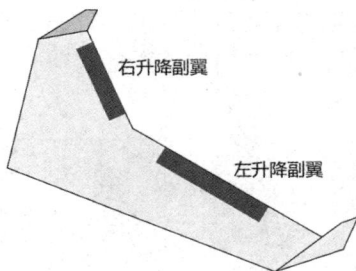

图 1-13 飞翼

对于飞翼来说，其活动面通常只有两个升降副翼，即将升降和副翼功能合二为一，其基本控制方法如图1-14所示。

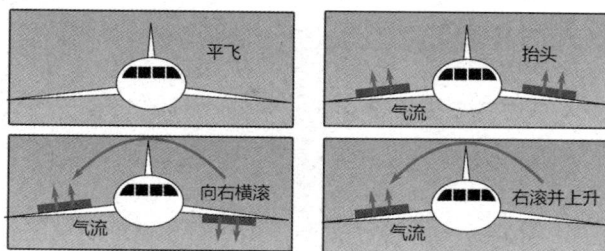

图 1-14　飞翼的基本控制方法

升降副翼是一种结合了升降舵和副翼功能的飞行控制面。当升降副翼向上偏转时，会增加机翼后缘的升力，使飞机抬头，升高俯仰角；反之，当升降副翼向下偏转时，会减小机翼后缘的升力，降低俯仰角。通过差异化升降副翼的操作（一个向上，另一个向下），可以产生横向力矩，控制飞机的横滚姿态。

2）V 尾

V 尾设计包括两个以 V 形排列的尾舵（见图 1-15）。这种尾舵上的活动面结合了升降舵和方向舵的功能。V 尾的设计不仅简洁，而且可以减小空气阻力并增大升力，通常能提供更好的气动效率（特别是在高速飞行中）。V 尾的缺点主要是在低速飞行时其稳定性和操控性不如常规布局，而且两个尾舵结构要能够承受相应的气动载荷，需要更强的材料。在无人机中，V 尾设计通常用于高速飞行器，且其尾舵结构内通常预埋更多的碳纤杆（或碳纤膜）用于增强结构。

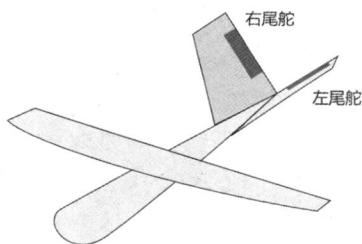

图 1-15　V 尾结构

V 尾舵包含两个尾舵，它们与机身呈 V 形排列。每个尾舵可以独立地向上或向下偏转。V 尾舵的两个舵面向同一侧偏转会产生尾部向上或者向下的偏转力矩，从而影响飞机的俯仰角，实现俯仰控制；通过同时调整两个尾舵的偏转角度，能够产生控制横滚的力矩，从而实现横滚控制。V 尾结构的控制如图 1-16 所示。

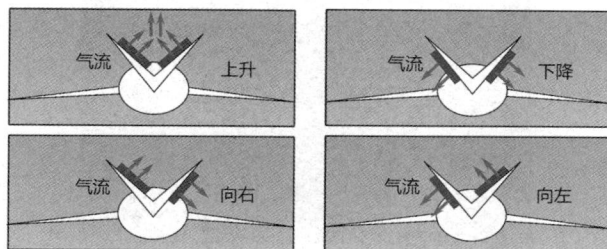

图 1-16　V 尾结构的控制

1.2.3 描述无人机的运动

描述无人机的运动主要涉及无人机的姿态、高度、速度和位置等参数，下面介绍这些参数的概念。

1. 无人机的姿态

无人机的姿态是指无人机在空中相对于地面的角位置，通常用三个角度来表示：俯仰角、偏航角和滚转角。这三个角度定义了无人机相对于一个固定的坐标系的方向和倾斜程度。

（1）俯仰角 θ：无人机机体纵轴与水平面的夹角。当无人机抬头或低头时，俯仰角会发生变化，值域为 $[-\pi/2, \pi/2]$，无人机抬头为正，俯仰角为 $\pi/2$ 时，无人机竖直向上；俯仰角为 $-\pi/2$ 时，无人机竖直向下。

（2）偏航角 ϕ：无人机机体纵轴在水平面上的投影与该面上的北向线（或参数线）之间的夹角，以正北方向为 0，顺时针旋转为正，值域为 $[-\pi, \pi]$。

（3）滚转角 ψ：无人机对称平面与通过无人机机体纵轴的铅垂平面间的夹角。无人机进行滚转动作时，滚转角会发生变化；无人机偏航时，这个角度也会改变。滚转角值域为 $[-\pi, \pi]$，无人机右滚为正。

> **提示**
> 偏航角的角度依赖于地面坐标系，这里的北向线通常是指坐标北向，而不是磁北或者真北。

为了帮助飞行员掌握飞机的飞行姿态，飞机上安装了姿态指引仪（Attitude Indicator），也称为人工地平仪或姿态仪。这种仪表利用陀螺仪的原理，能够在飞机进行各种姿态变化时，显示出一条不随飞机俯仰、倾斜而变动的地平线，如图 1-17 所示。这样，飞行员就可以根据姿态指引仪上的指示，而不是依赖可能不准确的人体感觉，来判断和控制飞机的姿态，从而保证飞行的安全。

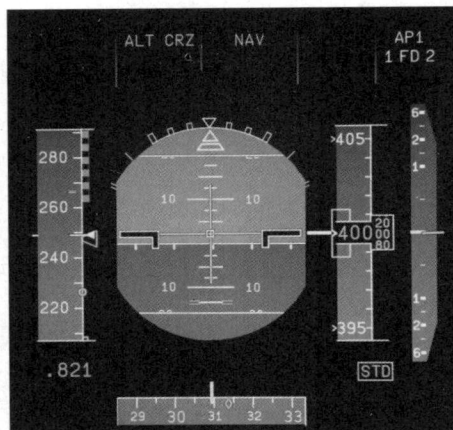

图 1-17　姿态指引仪

2. 无人机的高度

无人机的高度主要包括绝对高度、相对高度和地形高度，如图 1-18 所示。

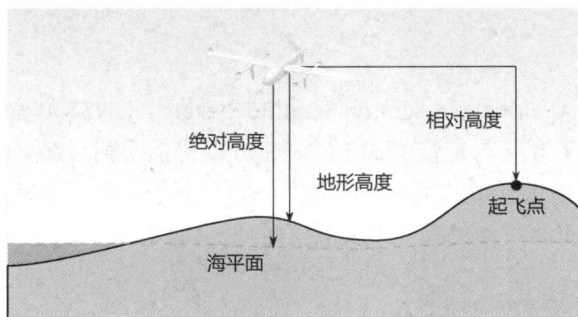

图 1-18　无人机的高度

（1）绝对高度（Absolute Altitude）：无人机相对于海平面的高度。这个高度是通过气压计或其他高度测量设备（如雷达高度计、激光高度计等）测量得到的。绝对高度是无人机在地球大气中的真实高度，通常用于长距离飞行或高空作业的无人机。

（2）相对高度（Relative Altitude）：无人机相对于其起飞点（或其他特定点）的高度。这个高度通常用于无人机的起飞和降落阶段，以及在特定区域内的飞行任务。大疆无人机等一般民用无人机的高度通常采用相对高度。

（3）地形高度（Terrain Altitude）：无人机相对于其正下方地形表面的高度。这种高度的测量对于无人机在山区或复杂地形中的飞行尤为重要，因为它可以帮助无人机避免与地面障碍物发生碰撞。地形高度的测量通常依赖全球定位系统（Global Positioning System，GPS）、激光雷达（Light Detection And Ranging，LiDAR）、超声波测距设备、光流测距设备等。

3. 无人机的速度

无人机的速度通常包括空速（Air Speed）或者地速（Ground Speed）两个指标。空速是飞行器相对于空气的速度，而地速是飞行器相对于地面的速度。空速通常使用空速管进行测量，是飞行员或飞行器的飞行控制系统用来控制飞行器性能的关键参数，如爬升率、下降率、机动性和燃油效率等。

> **提示**
>
> 空速管的使用和维护非常容易出现问题。空速管直接测量的空速称为指示空速（Indicated Air Speed，IAS）。真实空速（True Air Speed，TAS）则需要气压和温度修正。另外，空速管很容易受到结冰或者堵塞等影响导致测量结果不准确，可能导致飞行控制器或者飞行员的误判，从而影响飞行安全。

地速是指飞行器相对于地面的速度，它是由空速和风速共同决定的。对于简单的民用无人机来说，地速的测量更加简单，只需要 GPS 等测量即可。而且，低成本的民用无人机通常不会设计空速管，而是通过 GPS 和地速来反推空速。

在飞行阶段，空速对于无人机来说意义更加重要，但是在起飞和降落阶段则需要关注无人机的地速。一般来说，无人机通常逆风起降，这是为了在起降滑行阶段，在相同的地速条件下获得更大的空速。

4. 无人机的位置

全球导航卫星系统（Global Navigation Satellite System，GNSS）是涵盖全球的自主地理空间定位的卫星系统，用于导航与定位测量。GNSS 可以提供实时位置和时间信息，通过接收卫星信号传输，计算得到地面接收设备的经纬度等地理位置信息。这里的地理位置信息通常采用 WGS84 坐标系统，前面讨论的速度和偏航角信息也通常采用该坐标系统作为基础。

1.3 无人机的应用

无人机不仅可以执行危险、复杂的飞行任务，也可以执行枯燥、重复性的飞行任务，从而减少工作人员的危险，解放双手。在许多领域中，无人机已经得到了广泛应用，包括但不限于航空测绘、电力巡检、应急管理、农业应用、资源勘察、教育实验等。

1.3.1 航空测绘

航空测绘（航测）是无人机的传统应用之一，如地形测量、土地利用监测、建筑物测量、建筑工程勘察等。航空测绘无人机有以下两种数据采集方式。

（1）光学遥感：通过高精度、无畸变的光学相机，配合 GPS 等传感器，对目标区域采集不同位置、不同角度的航空相片；随后，利用同名点查找、前方交会等摄影测量技术，得到地形高程、坡度、坡向等信息，形成数字高程模型（Digital Elevation Model，DEM）、数字正射影像（Digital Orthophoto Map，DOM）等高精度的三维建模和数字化成果。这种航空测绘方案的成本很低，也很容易实现，缺点是后期处理成本高，一般需要较长的数据处理时间。另外，使用具有 RTK 模块的无人机可以在不采集像控点的情况下获得更加准确的地理位置信息。例如，大疆禅思 P1 就是专门为光学遥感测绘设计的负载。

（2）激光雷达：通过机载激光雷达发射激光束探测目标区域的地形信息，实时生成点云、DEM 等产品，具有速度快、精度高等特点，但缺点是激光雷达设备较重，需要较大的飞行平台，成本较高。例如，大疆禅思 L2 和禅思 L1 综合了激光雷达和可见光遥感两种数据采集方式，可以形成融合测绘方案。

除了以上航空测绘数据采集方式，近年来还有使用光学相控阵雷达、有源相控阵雷达等测量设备开展航空测绘的应用。例如，大疆 T50 农业无人机可以通过有源相控阵雷达实时测量周围地形，实现全向避障和仿地飞行。

在航空测绘过程中，为了能够完整地覆盖目标区域，无人机通常使用固定蛇形航线采集数据。结合地理信息系统（Geographic Information System，GIS）等技术，飞行航线可以自动生成，飞行任务可以自动执行，大大解放了人们的双手。相对于卫星遥感和载人航空遥感，无人机的航空测绘任务可以在超低空执行，受天气影响小，能够随时采集高质量、高精度的数据，产出高时相数据成果。在应用方面，航空测绘技术可以对农田、森林、城市等地区进行高分辨率的图像获取和分析，得到土地利用变化情况，如土地利用类型、植被覆盖率等信息，为土地资源管理、环境保护等工作提供数据基础。

近年来，航空测绘技术正在从野外地形测量向城市建筑测量转变。我国"实景三维中国建设"的实施落地，为无人机的航空测绘应用提供了更大的平台。无人机可以对建筑物进行高精度的三维建模和数字化，得到建筑物的高度、体积、面积等信息，形成城市级、部件级实景三维数据，对城市规划、建筑设计等领域具有重要的帮助。另外，无人机可以对建筑工程进行全方位的勘察，获取建筑物的外观结构和内部设备信息，如墙体裂缝、屋顶漏水、管道渗漏等，从而帮助建筑公司制订修缮方案和提高建筑质量。

1.3.2 电力巡检

传统的电力巡检需要人工高空操作，需要付出极高的人力成本和安全成本，并且效率较低。无人机开展电力巡检，可以代替人工判断故障，进行清障工作，具有高效、安全、精准等优势。下面简单列举几种常见的电力巡检工作。

（1）输电线路巡检。无人机可以搭载高清相机、热成像相机等设备，对输电线路进行高空巡检，获取线路的外观状态和温度信息，发现线路的缺陷和故障，如松动、断裂、腐蚀等，从而及时进行维修和更换，保障电网的安全运行。

（2）变电站巡检。无人机可以对变电站进行全方位的巡检，获取变电站内部设备的外观状态和温度信息，发现设备的故障和缺陷，如接触不良、渗漏等，从而及时进行维修和更换，保障电网的安全运行。

（3）风电场巡检。无人机可以对风电场的叶片、塔筒、机舱等部位进行高空巡检，获取设备的外观状态和温度信息，发现设备的故障和缺陷，如叶片损伤、塔筒腐蚀等，从而及时进行维修和更换，保障风电场的安全运行。

（4）光伏电站巡检。无人机可以对光伏电站的光伏板、支架、逆变器等部位进行高空巡检，获取设备的外观状态和温度信息，发现设备的故障和缺陷，如光伏板破损、支架变形等，从而及时进行维修和更换，保障光伏电站的安全运行。

1.3.3 应急管理

在公共安全和应急方面，无人机可以快速响应，执行灾情监测、物资运输、通信支援等任务，提高救援效率，保障受灾群众的基本生活需求。

（1）灾情监测。在灾害发生后，无人机可以通过航空测绘方式对受灾地区进行高分辨率的图像获取和分析，获取灾情的范围、程度和影响等信息，从而帮助救援部门制定救援方案和应急措施。无人机可以对灾后环境进行监测，如空气质量、水质情况等，从而及时发现环境问题并采取应对措施。

（2）物资运输。大型无人机可以在交通中断或者人类无法到达的地区，通过搭载货舱，运输救援物资、医疗用品等必要物资，从而保障受灾群众的基本生活需求。

（3）通信支援。无人机可以通过搭载通信设备，提供通信支援，建立临时通信网络，帮助救援人员之间进行通信和指挥。

此类应用通常需要无人机具备防水、防火等功能，满足如 IP55、IP45 等防护等级国家标准，并且需要无人机具备快速组装、快速充电的功能，以便于及时响应各类灾情。

1.3.4　农业应用

农业应用是目前无人机较大、较成熟的市场，主要包括植被监测和植保作业两个方面的应用。

（1）植被监测。无人机可以通过搭载多光谱相机、红外相机等设备，通过航空测绘技术对农田进行高分辨率的图像获取和分析，得到作物覆盖度、生长情况、病虫害情况、营养状况等信息，制订施肥、灌溉、除虫等农业生产计划和管理方案，以便开展进一步的农业生产管理，实现精准施肥、除草、灌溉等工作，从而提高农业生产效率和质量。

（2）植保作业。无人机通过搭载植保喷雾器等设备，将农药、化肥等药品充分雾化扩散，对农作物施肥、施药，提高植保作业效率。雾化后的药品具有良好的穿透性，可以减少农药的使用量和污染。采用类似的方法，还可以通过播撒系统对水稻等作物进行播种，快速又均匀，不受地形、地貌限制，而且也可以大大降低人工成本，解放生产力。

深圳市大疆创新科技有限公司专门为农业应用设计了植保无人机和大疆智慧农业平台，为粮食作物和经济作物分别设计了解决方案，针对不同的植被长势生成处方图，生成精准药物喷洒方案，实现农业地块的精细管理和全面把控。

1.3.5　资源勘察

无人机可以对石油、天然气等矿产资源进行勘察：一方面，无人机可以搭载高精度的磁力计、电磁仪、激光雷达等设备，对矿区进行高精度的地质勘察，获取地下矿体的位置、形态和性质等信息，从而辅助制订开采方案和提高矿产资源开采效率；另一方面，无人机可以搭载热成像相机、光学相机等设备，对矿区进行高分辨率的图像获取和分析，得到矿体形态和矿物分布情况等信息。

1.3.6　教育实验

无人机是非常有趣的教学实验工具，可以帮助学生学习编程、机械设计等知识，了解编程控制器、传感器、相机等各类设备的用法，培养学生的科学实验能力和创新思维。另外，无人机竞赛是一种新兴的教育体育活动：组织无人机飞行比赛、航拍比赛等活动，可以激发学生的创造力和竞争意识，提升学生的综合素质和技能。

1.4 本章小结

　　无人机技术近年来取得了显著的发展，其应用领域不断扩展。随着技术的不断进步，无人机的智能化水平也在不断提高。例如，无人机可以通过搭载多光谱镜头进行农田作业信息的采集和监管，实现精准农业。在环保监测方面，无人机能够进行自动化巡航，实时传送拍摄影像，为环保工作提供数据支持。此外，无人机的自动化机场系统也在发展中，这将进一步提高无人机在各个行业的应用效率和便捷性。

　　无人机行业的发展前景看好，预计随着技术的进一步发展和应用领域的扩展，无人机将在更多领域发挥重要作用。同时，无人机的智能化、垂直整合、空中交通管理、可持续性，以及无人机社区的建设，将是未来无人机行业的重要发展方向。随着无人机技术的不断成熟和应用场景的不断丰富，无人机有望成为推动各行各业发展的重要工具。

1.5 习题

　　（1）无人机的常见分类和主要用途都有哪些？
　　（2）无人机有哪些特征？

第2章
无人机系统

无人机系统是集航空动力学、控制工程和计算机科学于一体的高科技系统，它通过飞行控制系统来实现稳定飞行和任务执行，主要包括控制系统、动力系统、能源系统、图传系统、遥控链路等。无人机系统的智能化和自主化是未来发展的关键趋势。

本章详细介绍无人机系统的组成，并且以固定翼无人机为例介绍构建一个无人机系统的基本流程和注意事项。读者可以根据本章的内容自行组装并试飞一架固定翼无人机，为之后的开发打下良好的基础。

2.1 无人机系统的组成

从狭义组成上看，无人机系统主要包括天空端、地面端两个部分。天空端通常是被控制的无人机主体及其附属装置，如承载无人机负载的飞行平台、飞行控制器及 GNSS 等传感器，以及能源系统、动力系统等。地面端则是控制无人机的桥梁，是控制系统的核心组成，整个遥控链路、图传系统等都是由地面端进行控制的。

> **提示**
>
> 广义上看，无人机系统还可能包括空间端、调度端等部分，负责控制无人机的操作员、地面保障系统也都属于无人机系统的组成部分。本节着重介绍狭义的无人机系统。

2.1.1 飞行平台

无人机的飞行平台与无人机构型有关，四旋翼无人机、固定翼无人机都有比较成熟的飞行平台。四旋翼无人机的飞行平台几乎实现了从小尺寸到大尺寸的全覆盖，无论是小型的 3 英寸、5 英寸、6 英寸的穿越机机架，典型的 F450 机架，还是轴距超过 2m 的运输机机架，都有比较广泛的覆盖。

相反，固定翼无人机的飞行平台则朝着小型化和大型化两个极端发展。小型的固定翼无人机飞行平台灵活性强，通常用于勘察、测绘或教学；大型的固定翼无人机飞行平台的选择更多，通常具有长航时的特性，可以满足大范围测绘、长距离运输和长时间滞空的需求。

值得一提的是，影响固定翼无人机被广泛应用的主要原因是固定翼无人机的起降非常困难。小型固定翼无人机通常不配备起落架，采用手抛或者弹射的方式起飞，采用撞网或者直接触地的方式降落。每次降落都是对无人机的一次磨损，很难形成较为成熟、稳定的产品。

大型固定翼无人机通常具有固定的跑道，这通常意味着较大的投入。因此，大型固定翼无人机通常配备起落架，常用的形态包括前起落架系统和后起落架系统两种。

- 前起落架系统（前三点无人机）是指前方放置 1 个起落架，后方并排放置 2 个起落架。简易的前起落架一般使用粗钢丝并将中间弯成圆圈，从而起到缓冲作用。简易的前轮转向机构通常直接与方向舵机摇臂呈联动状态，用于滑跑的方向控制。
- 后起落架系统（后三点无人机）是指前方并排放置 2 个起落架，后方放置 1 个起落架。后方的起落架与方向舵联动，实现在地面滑跑时的方向控制。

无论是前起落架系统，还是后起落架系统，都有用于承载无人机核心质量的主起落架，因此主起落架通常位于飞机重心附近。对于前三点无人机，主起落架的安装位置位于飞机重心稍偏后（如果在重心之前，那么无人机放置于地面时，机身后部会触地；如果安装得向后远离重心，那么会导致无人机起飞时拉起困难）。对于后三点无人机，主起落架位于无人机重心前侧一段距离内，过于靠近重心容易导致加速滑跑时发生栽头事故。

不过，目前业内更加流行的是垂直起降固定翼无人机（VTOL Fixed-Wing）。垂直起降固定翼无人机兼具固定翼无人机和四旋翼无人机的优点，不仅起飞和降落方便，而且具有较好的续航能力。垂直起降固定翼无人机的携带组装和调试是当前无人机行业的热点话题。本书第 6 章将详细介绍垂直起降固定翼无人机的基本配置和使用方法。

2.1.2　控制系统

本节介绍飞行控制器和舵机控制。无刷电机可以接收脉冲宽度调制（Pulse Width Modulation，PWM）信号对电机转速进行控制。

1. 飞行控制器

控制系统的核心是飞行控制器。飞行控制器是无人机的大脑，可以用于稳定和控制无人机的飞行。对于固定翼无人机来说，常见的开源飞行控制器包括 Ardupilot、PX4、iNAV 等。

> **提示**　在四旋翼无人机领域，有 Crazyflie、QuickSliver、crazepony 等许多开源飞行控制器项目。

Ardupilot 可谓是开源飞行控制器的鼻祖，起源于 Chris Anderson 在 2007 年创建的 DIY Drones 社区，其开源协议为 GPL 协议。Ardupilot 最早采用 Arduino 硬件开发，通过名字中的"Ardu"可见端倪。早期的 Ardupilot 与 APM（Ardupilot Mega）硬件深度绑定，开创了开源飞行控制器的先河。Chris Anderson 迎合了历史的潮流，创立了 3D Robotics 公司专门对无人机系统进行研发，同时不断壮大 Ardupilot 和 APM 硬件。现如今，由于 Arduino 设备本身性能有限，Ardupilot 在 STM32 等更加强大的芯片上继续发光、发热。虽然 Ardupilot 诞生已久，在发展过程中不可避免地存在一些历史遗留问题，但其优秀的稳定性和高性价比，使其至今仍然被广泛应用。

相对于 Ardupilot 的"草根"出身，PX4 则可以认为是科班出身，PX4 项目是由苏黎世联邦理工大学（ETH Zurich ）于 2009 年发起的学生项目，其最初的目标是服务于科研和工业，其开源协议为 BSD 协议。PX4 突出的就是专业性，无论是软件架构，还是功能模块设计都更加先进。虽然 PX4 诞生自带优势，然而，普通玩家更加青睐 Ardupilot，Ardupilot 自带"草根"气质，更亲民。

实际上，Ardupilot 和 PX4 还经历过一段"相爱相杀"的历史。在 2013 年，3D Robotics 公司和 PX4 团队共同研发了 Pixhawk 硬件，并且将 Ardupilot 移植到了其中，称为 APM for Pixhawk。2014 年，Dronecode 组织成立后，两者同时被 Dronecode 组织管理。2016 年，似乎由于两者的开源协议和设计理念的差异，Ardupilot 离开了 Dronecode 组织。后来，Ardupilot 和 PX4 相互学习，PX4 可以支持更多的设备，Ardupilot 也集成了 MAVLink（Micro Air Vehicle Link）。

在旋翼竞速领域，BaseFlight、CleanFlight、BetaFlight 飞行控制器可谓是人尽皆知，这些飞行控制器最早可以追溯到法国航模爱好者 Alex 创建的 MultiWii 项目。但是这些飞行控制器主要用于控制飞行姿态，而不具有自动飞行功能。因此，后来发展的 iNAV 在 CleanFlight 的基础上增加了 GNSS 和航点飞行功能。

可见，Ardupilot 起源于无人机爱好者，PX4 起源于专家学者，iNAV 起源于竞速玩家，三者各具特色，形成了三分天下的局面。Ardupilot、PX4 和 iNAV 的对比如表 2-1 所示。其中，Ardupilot 具有一整套的软件生态，包括 Mission Planner 等地面站系统，并且支持更多的载具。

表 2-1　Ardupilot、PX4 和 iNAV 的对比

飞行控制器	Ardupilot	PX4	iNAV
特点	轻量、功能丰富	专业、功能丰富	轻量、上手简单
难度	大	大	小
支持设备	四旋翼无人机、固定翼无人机、无人车、无人船等	四旋翼无人机、固定翼无人机、无人车、无人船等	四旋翼无人机、固定翼无人机
地面站	Mission Planner、APM Planner Tower 等	QGroundControl	iNAV Configurator
通信协议	MAVLink	MAVLink	—
开源协议	GPL	BSD	GPL
航点任务	全面	全面	仅支持简单的任务，不适合航测等任务

飞行控制器硬件主要包括两种结构：一种是飞行控制器板，另一种是飞塔结构。飞行控

制器板是传统的飞行控制器结构，将所有的电源转换、通信链路、调试链路等功能的器件安置在一块电路板上，方便调试和安装。所谓飞塔结构，就是将多个不同功能的板子以层叠的方式组合在一起，包括分电板（Power Distribution Board，PDB）、飞行控制器板、电子调速器（Electronic Speed Controller，ESC）板、图传板等。不同板之间通过螺钉和减振垫间隔起来。

飞塔结构起源于穿越机，早期的设计缩小了飞行控制器的体积，简化了装机布线。而精心设计的飞塔结构飞行控制器还可以提高系统运行的稳定性，方便维修和调试等。

惯性测量单元（Inertial Measurement Unit，IMU）是飞行控制器的核心，主要包括加速度计、陀螺仪、磁力计等重要的传感器。

（1）加速度计：测量无人机沿三个空间轴的加速度，从而计算出无人机的速度和位移信息。加速度计对于维持无人机的平衡和导航功能至关重要，尤其在处理俯仰、滚转和偏航等动作时。

（2）陀螺仪：测量无人机的角速度，帮助确定无人机的旋转姿态。陀螺仪的数据通常需要进行积分计算，以确定无人机的旋转角度。然而，长时间积分可能导致测量误差累积，这种现象在航空领域被称为"积分漂移"。

（3）磁力计：测量地球磁场的强度，帮助确定无人机的航向。磁力计的数据可以辅助 IMU 进行更准确的姿态解算，但也容易受到外界干扰，如硬磁干扰和软磁干扰。

对于无人机来讲，IMU 一定要稳固地固定在机身上，并且做好电磁屏蔽，最好单独供电。另外，为了确保 IMU 的信息准确，需要将其安装到飞机的重心上。

2. 舵机控制

舵机是用于位置（角度）控制的驱动装置，可以将翼面保持在某个位置上，如副翼、方向舵和升降舵都需要舵机的控制。通过舵机改变舵面角度，无人机在飞行时可利用气动力的作用改变飞机的姿态。一般来说，舵效是指舵面在飞行过程中对无人机运动状态的控制效果，反映了舵面偏转时产生的气动力和力矩对无人机姿态、航向的改变能力。舵效只有在无人机运动时才能够发挥作用，静止或者低速飞行的无人机是没有舵效的。

> **提示** 高速飞行的无人机也可能因为气动力非线性特征、高速力矩特性或者翼舵干扰等因素使得舵效减弱。当然，小型固定翼无人机的 EPO 材质也可能因过大的形变导致舵效减弱，甚至出现操纵反效现象。

模拟舵机采用 PWM 信号控制脉冲宽度（高电平的持续时间）和脉冲周期这两个重要参数。通常，脉冲周期为 20ms、15ms 等（50Hz 或者 60Hz 等），并且脉冲宽度一般为 0.5~2.5ms。舵机角度与舵机控制如图 2-1 所示。这种 PWM 的控制方法已经成为行业内较为通用的方法，从老式的无线电控制航空时期就已经开始使用该方法。

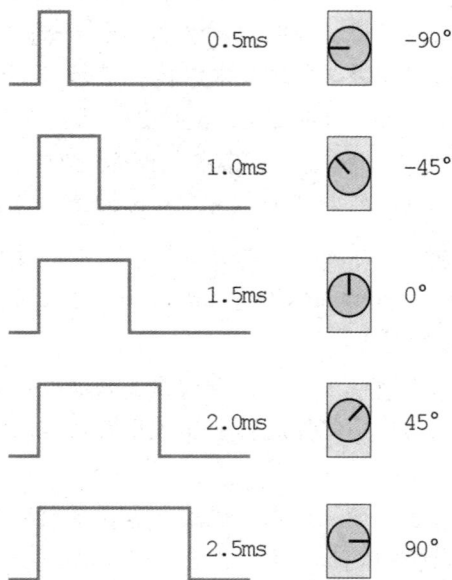

图 2-1　舵机角度与舵机控制

> **提示**　　高频的 PWM 信号可能导致舵机损害，读者可以查询舵机参数了解更多信息。

比如，当需要将舵机旋转到 45°时，只需要控制 PWM 信号的高电平时间为 1.0ms 即可。舵机控制中的高电平时间和旋转角度如表 2-2 所示。一般来说，PWM 信号高电平输出的时间范围为 1.0~2.0ms。当然，这些 PWM 信号输出需要飞行控制器根据当前的无人机状态和遥控链路中的用户意图来确定。

表 2-2　舵机控制中的高电平时间和旋转角度

高电平时间/ms	旋转角度/（°）
0.5	0
1.0	45
1.5	90
2.0	135
2.5	180

舵机控制的是舵机的角度，但是最终的舵面变化幅度还取决于舵角的连接方式。如果希望有更大的舵面变化，则舵机端舵角靠外，负载端（方向舵、升降舵等）舵角靠内。舵角幅度控制如图 2-2 所示。

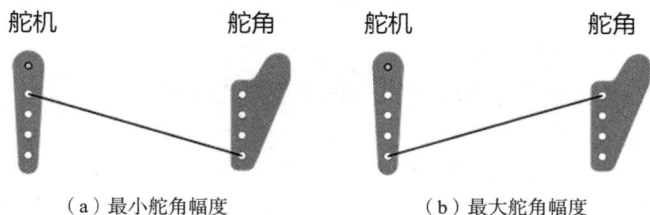

（a）最小舵角幅度　　　　　　　　　（b）最大舵角幅度

图 2-2　舵角幅度控制

2.1.3　能源系统

绝大多数的无人机都是依赖于电能的，也有部分无人机采用甲醇、汽油、柴油作为能源，后者通常追求极致的机动性或者续航能力。一般来讲，电动无人机不仅稳定性更强，而且具有更高的性价比。

1.电池

无人机电池通常采用锂离子动力电池。近年来，锂电池的高速发展使得无人机的电池具有更高的性能。使用电池时，需要注意以下几个方面。

（1）电芯组合。动力电池由多片电芯串联或者并联构成，采用 mSnP 表示，其中 m 表示电芯串联数，n 表示电芯并联数。例如，3S1P 表示 3 块电芯串联，也可以简写为 3S。一般来说，串联的电芯越多，电压越高，无人机的动力越强，其机动性也越强。

（2）电池电量。电池电量的单位一般为毫安时（mAh）。例如，2200mAh 电池可以 2200mA 电流放电 1h。电量和标称电压的乘积为其实际的容量。标称电压为 11.1V 的 2200mAh 的电池，电量为 $11.1V \times 2200mAh \approx 24.4Wh$。

（3）放电倍率和充电倍率，用字母 C 表示。例如，放电倍率为 85C 的 2200mAh 电池，最大放电电流可以达到 187A。充电倍率也是类似的计算方式。

> **提示**
>
> 为了提高电池的低温性能，市面上出现了钠电池、低温锂电池等新型电池。不过，低温锂电池的放电能力还存在明显不足，而钠电池可以保持较大的放电倍率，更加适合北方地区使用。

一般来说，无人机的电芯标称电压通常为 3.7V，这是由行业标准和锂电池正负极材料决定的。电芯的电压与其蕴含的电能正相关，电压越高，能量越大。电池充电的过程就是电压不断升高的过程。在实际使用中，电芯电压不能太高，也不能太低，一般需要保持在 2.75~4.2V。充电截止电压大约为 4.2V，电压过高时称为"过充"，此时电池处于不稳定状态，容易出现发热、燃烧，甚至爆炸等情况。电压也不能太低，一般不能低于 2.75V，电压过低时称为"过放"，会导致电池鼓包。鼓包将严重影响电池的性能和安全性，使其不能再被使用。但在实际应用过程中，无人机飞行时可能会产生瞬时高功率，从而瞬间拉低电压，因此在飞行中电压低于 3.3V 就有可能对电池造成损伤。

> **提示**　锂电池长期满电存放会严重影响其寿命，电芯存储时最好将电压控制在 3.85V 左右。

2. 电源线

线材的选取同样需要考究。在无人机中，一般采用软硅胶线作为信号线和电源线，内部为多股镀锡铜芯丝（单股线径为 0.08mm），不仅容易布线、焊接，且耐压能力强，更加重要的是可以在剧烈振动情况下保护好焊盘。

一般来说，硅胶线的型号规格采用美国线规（American Wire Gauge，AWG）标识，不同的 AWG 代表不同的导线截面积。AWG 越大，导线截面积越小。硅胶线 AWG 标准如表 2-3 所示。

表 2-3　硅胶线 AWG 标准

型号规格	导线外径/mm	导体股数	导体直径/mm	额定电流（典型值）/A
30AWG	0.8	11	0.30	0.8
28AWG	1.2	16	0.32	1.2
26AWG	1.5	30	0.44	3.5
24AWG	1.6	40	0.58	5.0
22AWG	1.7	60	0.72	8.7
20AWG	1.8	100	0.92	13
18AWG	2.3	150	1.20	22
16AWG	3.0	252	1.53	35
14AWG	3.5	400	1.75	55
12AWG	4.5	680	2.50	88
10AWG	5.5	1050	3.00	140
8AWG	6.3	1650	4.40	190
7AWG	7.2	2400	4.60	205
6AWG	8.5	3200	5.20	230

选择硅胶线时，要保证额定电流高于设备运行时的电流。例如，30A 电子调速器建议选择 14AWG 硅胶线，40A 电子调速器建议选择 12AWG 硅胶线；大型的植保机或运输机可以采用 8AWG 或者 6AWG 硅胶线。电池的平衡插头可以选择 20AWG、22AWG 硅胶线；飞行控制器的信号线可以选择 24AWG、26AWG 硅胶线。

3. 电源处理

对于飞行控制器、电子调速器及各类机载设备来说，需要将电池的电压转换为特定的电压，此时需要去电池电路（Battery Eliminator Circuit，BEC）或分电板设备。

在无人机中，去电池电路用于将电池的电压转换为稳定的直流电压（通常为 5V），为飞行控制器、接收机（Receiver，RX）和舵机等电子设备供电。一般来说，去电池电路可以集成在电子调速器中，也可以单独配置。

如果无人机的电子设备较多，则需要使用到分电板。分电板作为单独的电子模块，不仅可以将电池的电力分配给航模的各个电子设备，确保每个设备都能得到足够的电力，而且通常具有过流保护、过压保护和短路保护等功能，可以保护航模的电子设备和电池，防止因电流过大、电压过高或短路等原因导致设备损坏。

2.1.4　动力系统

动力系统是无人机动力输出的来源，包括电机、电子调速器、螺旋桨等部分。

1. 电机

无人机通常采用高效率、低磨损的无刷电机。无刷电机通过电子方式实现换向，取消了传统电机中的电刷和换向器，从而消除了电刷磨损和火花问题，在提高效率的同时降低电磁干扰。

无刷电机一般采用定子尺寸命名，包括 4 位数字，前两位表示定子的外径（毫米），后两位表示定子的高度（毫米）。例如，3511 电机表示其定子尺寸为"35mm×11mm"。一般来说，定子的尺寸越大，电机功率越大。无刷电机还有一个参数：KV 值。在电机中，KV 值表示当输入电机的电压每增加 1V 时，空转转速增加的值。例如，1000KV 表示输入电机的电压每增加 1V，空转转速每分钟增加 1000 转。转矩越大，KV 值越小，能够驱动更大尺寸的螺旋桨。相反，转矩越小，KV 值越大，适合驱动尺寸较小的螺旋桨。

> **提示**
>
> 虽然无刷电机的转速控制依靠相变，但是仍然可采用 KV 值来描述电机的转矩能力。

相对于有刷电机来说，无刷电机的驱动更加复杂，需要特殊的驱动装置（电子调速器等）让电机转起来。

2. 电子调速器

无刷电机需要使用电子调速驱动或矢量控制驱动提供三相电。不过，无人机通常使用电子调速驱动而不是矢量控制驱动，这主要是由于电子调速驱动更加便宜，且能够满足无人机电机在高速运转时的调速需求。无人机上的每个电机都需要独立的电子调速器。有些机型的电子调速器功能已经集成在主板上，或者将多个电机的电子调速器整合在同一个板子上（如四合一电子调速器等）。

电子调速器上具有许多的场效应管，将直流电转换为三相交流电；通过换相速度来精准控制电机的转速。这些场效应管的发热量很大，同时也是无人机上很容易出现故障的部分，需要强大的散热功能才能保持其正常运行。

电子调速器主要包括额定电流和电压限制这两个参数。

（1）额定电流：即电子调速器的工作电流。电子调速器的额定电流一般比电机的最大放电电流高 10%以上，以保证无人机在最大电流飞行时预留足够的冗余。不过有些电子调速器标明了短时电流参数，即能够保证短时（如不少于 10s）的高电流运行。

（2）电压限制：电子调速器需要在某个电压区间内运行，如 2-3S 表示电压需要使用 2S 或 3S 锂电池。过低的电压可能无法驱动电机，而过高的电压会烧毁电子调速器。较高级的电子调速器可以设置一个关闭电压；当低于该电压时执行低压切断，停止输出电流以保护电池避免过放。

常见的电子调速器形态如图 2-3 所示，包括电源接口、电机接口和飞行控制器/接收机接口等。

图 2-3　常见的电子调速器形态

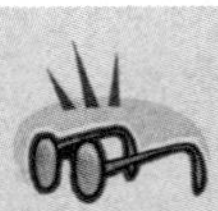

> 绝大多数的电子调速器都自带去电池电路，可以直接通过信号输入连接装置（如 PWM 连接线）向其他设备供电。

常见的开源电子调速器固件包括 BLHeLi、SimonK 等，这些开源电子调速器固件可以帮助开发者控制无刷电机。电子调速器的控制输入协议包括 PWM、OneShot、DShot 等。

- PWM 是传统的电子调速器控制协议。在 PWM 信号中，脉冲的高电平时间越长，电机转速越快。PWM 是较常见的控制协议，因为它易于实现且成本较低。
- OneShot 是 PWM 的一种改进，它允许飞行控制器在任何时候发送新的控制信号，而不是等待下一个周期，从而通信更快，提高了响应速度。
- DShot 是一种数字信号传输协议，具有高分辨率，除了高响应速度，还更加精准。

电子调速器通常具有独特的提示音，比如，启动音通常先为♪1♪2♪3（do re mi），然后紧接着是几声短音（哔），最后是一声长音（哔~）。这里的短声长度为电池的电芯数，如两声短音表示 2S 电池，三声短音表示 3S 电池，声音如下。

```
// 2S 电池
♪1♪2♪3  哔 哔 - 哔~
// 3S 电池
♪1♪2♪3  哔 哔 哔 - 哔~
```

在上面的代码中，♪1♪2♪3 表示 do re mi 启动音，"哔"表示短音，"哔~"表示长音，且每个短线表示 1s 间隔，下同。

启动电子调速器时，还可能出现电压异常、油门信号异常、油门未归零或者油门行程太小、油门反向等以下几种声音。

```
// 电压异常
♪1♪2♪3 哔 哔 - 哔 哔 - 哔 哔 -
// 油门信号异常（无 PWM 信号输出）
```

♪1♪2♪3 哔 - 哔 - 哔 -
// 油门未归零或者油门行程太小
♪1♪2♪3 哔 哔 哔 哔 哔
// 油门反向
♪1♪2♪3-- 哔 哔 ----- ♪5♪6♪7♪ $\dot{1}$ 　♪ $\dot{2}$

　　电子调速器的常用操作包括油门校准和参数设置。油门校准需要在确保油门微调回中，油门控制杆校准后，将油门推到最高（油门反向），出现以下提示音。

♪1♪2♪3-- 哔 哔

　　此时，在 5s 内将油门拉到最低，出现以下提示音即可说明行程校准成功。

哔 哔 哔 - 哔~

　　如果需要为电子调速器设置参数，则需要等待出现完整的油门反向提示，如下所示。

♪1♪2♪3-- 哔 哔 ----- ♪5♪6♪7♪ $\dot{1}$ 　♪ $\dot{2}$

　　随后进入参数设置，依次出现以下提示音。

哔 // 刹车
哔 哔 // 电池类型
哔 哔 哔 // 低压保护方式
哔 哔 哔 哔 // 低压保护阈值
哔~ // 启动类型
哔~ 哔 // 进角
哔~ 哔 哔 // 恢复出厂设置
哔~ 哔~ // 退出

　　3s 内将油门拉到最低，表示进入参数设置，并在随后的菜单中出现需要选择的声音提示后将油门推到最高即可。具体的菜单和声音提示可以参考电子调速器的说明书。

3. 螺旋桨

　　螺旋桨通常具有固定的形状和迎角（旋翼迎角）；由于旋翼内侧和外侧的角速度相同，但是旋翼外侧的线速度更大，因此通常旋翼外侧比内侧具有更小的迎角。直径和螺距是螺旋桨较为重要的两个参数。

　　（1）直径是指螺旋桨的最大长度，直径越大的螺旋桨能够提供更大的拉力，但同时角动量越大，副作用（反扭）也越大。

　　（2）螺距是指螺旋桨旋转一圈能够前进的最大距离，表征螺旋桨能为无人机提供的极限速度。多旋翼无人机的飞行速度较慢，而且通常运行在较低的空速下。为了提高飞行性能，增长续航时间，多旋翼无人机的螺距一般都比较小。螺距和旋翼迎角密切相关：旋翼迎角越大，切割空气的角度越大，螺距也就越大。

提示
　　螺旋桨分为 2 叶桨、3 叶桨、4 叶桨等。桨叶越多，越能够在尺寸更小的情况下提供更大的升力。多旋翼无人机的旋翼一般没有大小限制，通常为 2 叶桨。

螺旋桨的拉力是直径、螺距及其运行环境等参数共同决定的。螺旋桨的直径和螺距越大，拉力也就越大。大螺距的螺旋桨适合于稀薄空气，所以一般高原桨的螺距都偏大一些，虽然在一定程度上降低了负载能力，但是可以在更加稀薄的空气中起飞。另外，螺旋桨的叶尖涡流是噪声的来源，因此降噪、静音桨通常是在叶尖的部位进行特殊的设计，减少涡流的产生。

> **提示**
>
> 小无人机配大桨，容易导致无人机反扭炸机。

一般来说，高 KV 值的电机适合于小螺旋桨，通过高速旋转提供足够的推力。而低 KV 值的电机适合于大螺旋桨，低速就可以提供较强的推力，而且噪声也更小。

2.1.5 图传系统

图传系统主要包括模拟图传系统和数字图传系统，如图 2-4 所示。模拟图传系统传输的是模拟信号，因此中断的概率很小，通常可以在更大的距离下使用。数字图传系统的清晰度更好，但是通常传输距离不会太大。

（a）数字图传系统　　　　　　　（b）模拟图传系统

图 2-4　模拟图传系统和数字图传系统

无人机的模拟图传系统利用传统的无线传输技术，将摄像机捕捉到的图像信号实时传输到接收端。这种系统通常使用 UHF（超高频）或 5.8 GHz 频段，通过模拟调制技术将视频信号传输。模拟图传系统具有实时性强、延迟低的优点，可以以极低的延迟将视频传输到地面站，使操作者能够迅速响应飞行状态的变化。然而，模拟图传系统的主要缺点是图像质量受限，尤其在信号干扰环境下，视频画面会出现雪花状的噪点和图像失真。此外，模拟信号在传输距离上也受限，通常在一定距离后会丢失信号。因此，虽然模拟图传系统在某些特定场景（如竞赛和紧急情况）中仍然被应用，但它在图像质量和有效传输距离等方面的不足，使其逐渐被数字图传系统替代。

数字图传系统利用数字编码技术对视频信号进行处理与传输，通过无线电波将压缩后的数字视频数据传递给接收端。与模拟图传系统相比，数字图传系统在图像质量方面有显著的优势，能够传输高分辨率的视频信号（如 1080P 甚至 4K），并保留更多的细节和色彩信息。

此外，数字图传系统采用的数据压缩和错误纠正技术，能够有效抵御信号干扰，提供更稳定的画面输出。这种系统通常使用 802.11（Wi-Fi）技术或专用的数字通信协议，支持更大的传输距离和频道灵活性，使得操作员能够在更加复杂的环境中进行高效的监控和操作。然而，数字图传系统由于数据的编码与解码过程，相较于模拟图传系统可能会有略微增加的延迟，尽管在最新技术的发展下，这种延迟已被大幅度优化。

无论是模拟图传系统还是数字图传系统，各自都有其适用的场景，需要根据实际需求进行选择。

2.1.6 遥控链路

无人机的遥控链路是指用于控制无人机飞行和传输数据的无线通信通道，是操作员和无人机沟通的桥梁。遥控链路一般是双向的，包括控制链路和数据链路（见图 2-5）。

- 控制链路：传输操纵指令，包括无人机的起飞、降落、方向控制、速度控制、高度控制等命令。
- 数据链路：获取遥测数据，包括无人机的飞行姿态及各种传感器采集的数据等，供操作员判断当前无人机的状态。

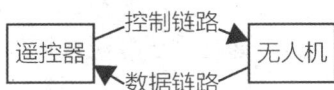

图 2-5 控制链路和数据链路

1. 遥控链路的特征

遥控链路对于飞行安全和飞行任务的执行都非常重要，因此一个稳定的遥控链路需要具备以下几个特点。

- 低延迟：需要实时响应地面控制站的指令。
- 可靠性：必须确保通信链路的稳定性和抗干扰能力。
- 安全性：需要具备防止信号干扰、数据被窃听和指令被篡改的能力。

遥控链路是一类非常典型的资源受限系统，主要体现在以下几个方面。

（1）为了维护无线电环境的稳定和安全，法律法规通常会对无线电设备的功率和频段进行一定的限制。

（2）机载无人机设备也可能无法承受过大的无线电功率；当功率过大时，电磁脉冲可能干扰飞行控制器和负载的稳定运行。

（3）遥控链路会受到其他设备的干扰。

因此，遥控链路需要充分应用有限的宽带资源和较低的发射功率，确保无人机的稳定运行，一些比较常用的方法和技术如下。

（1）频率跳变扩频（Frequency Hopping Spread Spectrum，FHSS）是一种无线通信技术，通过在多个频率之间快速切换来传输数据。即使某些频率受到干扰，系统也可以迅速跳到其他未受干扰的频率上，从而提高抗干扰能力。

（2）直接序列扩频（Direct Sequence Spread Spectrum，DSSS）通过将数据信号与一个伪随机噪声码序列相乘，将信号能量分散到更宽的频谱上。这种方法可以使信号在背景噪声中不易被检测到，并且可以有效地抵抗窄带干扰。

（3）使用双天线或多天线系统可以通过空间分集来提高信号的抗干扰能力。例如，多输入多输出（Multiple-Input Multiple-Output，MIMO）技术利用多根天线同时发送和接收多个数据流，从而增强信号的可靠性和抗干扰性能。

（4）增强的调制和编码技术：采用更复杂和更鲁棒的调制和编码技术[如正交频分复用（Orthogonal Frequency Division Multiplexing，OFDM）、前向纠错（Forward Error Correction，FEC）编码等]可以提高通信系统的抗干扰能力和数据传输的可靠性。

（5）将常用的频段（915MHz、2.4 GHz 和 5.8 GHz）和蜂窝网络链路（甚至是卫星通信技术）结合，使用 4G/5G 网络进行通信是普通无线链路的补充传输手段。

2. 遥控器的形态

遥控器的形态主要包括板控、手柄控和鸡腿控（见图 2-6）。

- 板控：传统的遥控器形态，功能较多、较全，可以安装绝大多数的射频模块，但体积较大，不便于携带。
- 手柄控：类似于游戏手柄，体积较小，方便携带，但通常缺少了一些功能和控制通道。
- 鸡腿控：单手操作的控制装置，通常用于穿越机遥控，较少用于无人机控制。

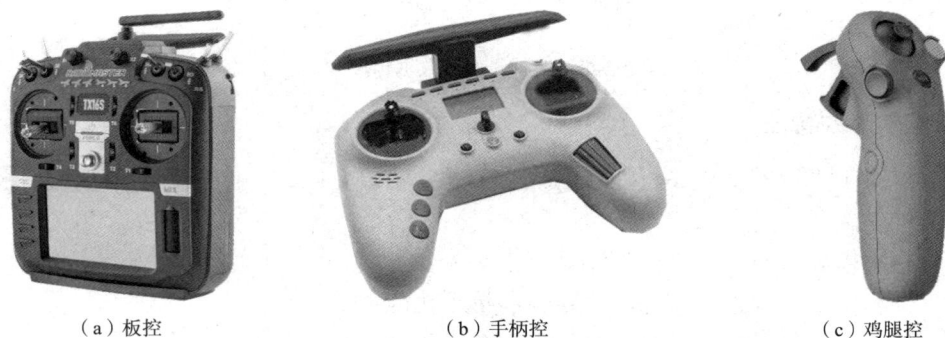

（a）板控　　　　　　　　　　（b）手柄控　　　　　　　　　　（c）鸡腿控

图 2-6　遥控器的形态

通常，遥控器还需要开发者或用户自行安装遥控信号发射装置，也就是"高频头"，因此在其后部通常包括 JR 仓或 NANO 仓（如 TBS Nano Tracer）。JR 仓是一种模块化的硬件扩展接口，最早由 JR 公司设计，用于遥控器的无线通信模块等硬件的扩展。这种方式给予了遥控器硬件上最大的可扩展性，使得遥控器能够适应不同的使用场景和需求。JR 仓经过了一些演化，目前 OpenTX 最新定义的接口包括 OUT 和 SPORT 两个主要引脚，OUT 引脚负责输出PPM（Pulse Position Modulation，脉冲位置调制）/SBUS 等信号，SPORT 引脚则用于双向通信，通常用来把扩展模块接收的信号回传给遥控器本体，如无人机的遥测数据。

NANO 仓通常是指尺寸较小的硬件扩展接口或模块，用于扩展遥控器的功能。NANO 高频头是一种小型化的无线通信模块，可以插入 NANO 仓中使用。NANO 仓和 NANO 高频头的设计旨在节省空间，同时提供与标准尺寸模块相似的功能。

2.2 设备的选择和组装

本节以固定翼无人机为例，介绍如何选择相关设备，以及组装的基本要点和常见问题。

2.2.1 硬件选择

这里从设备的组装角度分析如何选配各个无人机子系统。

1. 载机和动力的选择

固定翼无人机的载机通常有快速无人机和慢速无人机两种类型。

- 快速无人机：主要用于机动响应、应急救援、巡查/巡捕等应用。
- 慢速无人机：主要用于航拍建模、航测绘图等应用。

这两种载机存在明显的特点：快速无人机通常采用单电机尾推动力，且翼展较小，能够提供很强的机动能力，不过此种载机的负载能力较弱；慢速无人机通常用于搭载大型设备，为了提供更大的负载能力，慢速无人机通常采用双发动机提供动力（见图 2-7），并且通过大翼展提供载荷强度。

图 2-7　双发动机固定翼无人机

> 提示
>
> 双发动机固定翼无人机的左右两个螺旋桨的旋转方向相反，可以抵消两者对飞机反扭产生的影响。

2. 控制系统的选择

前面介绍了 3 种常用的飞行控制器，分别是 Ardupilot、PX4 和 iNAV。对于科研应用来说，建议使用 PX4 飞行控制器。对于竞速和娱乐应用来说，建议使用 iNAV 飞行控制器。Ardupilot 飞行控制器能够提供功能更加全面且简单的开发方法和工具，适合于绝大多数的开发场景。

3. 遥控链路和图传系统的选择

在遥控链路方面，开源技术的发展确实为无人机开发者提供了更多灵活且低成本的选择。尤其是 ExpressLRS（Express Long Range System）和 EdgeTX 这两个项目，它们在近年来取得了显著进步，逐渐成为无人机遥控链路领域的热门开源解决方案，可以作为各位开发者的首选技术。

在图传系统方面，模拟图传系统因其低延迟和简单的系统结构，常用于对实时性要求较高的应用，如无人机竞赛、农业无人机巡检等。而数字图传系统因其优越的图像质量和抗干扰能力，更适合于航拍、勘探、搜索与救援等需要高质量图像的场合。在实际应用中，用户可以根据任务需求、环境条件和所需的图像质量，选择合适的图传系统，以实现最佳的无人机表现。随着技术的不断进步，未来的无人机图传系统将更加智能化和高效化，能够更好地满足日益增长的应用需求。

> **提示**
>
> 遥控链路和图传系统均采用无线电传输数据。因此，在同一无人机上，尽量避免使用同一频率的设备。例如，当遥控链路选择了 2.4GHz 时，建议选择 5.8GHz 的图传系统。

2.2.2 设备组装要点

固定翼无人机的组装是一个系统性工程，需要综合考虑结构、动力、电气和飞行控制等多个方面。严格遵循组装要点，可以确保无人机的性能和飞行安全。下面介绍设备组装的要点，以及常见的注意事项。

1. 机身的组装

机身的对称性直接影响飞行性能。在组装时，要确保机翼、尾翼和机身的对称性，避免因结构偏差导致飞行不稳定。机翼和尾翼是固定翼无人机的关键部件，尤其需要注意机翼需要牢固安装在机身中心线上，尾翼的角度和位置也需精确调整，以保证飞行时的升力和操控性。

EPO 等泡沫材质的无人机，尽量选择泡沫胶水黏接无人机部件，避免使用热熔胶或纤维胶带进行固定。这是因为热熔胶或纤维胶带在高温和低温下存在性能问题，容易脱胶和断裂。泡沫胶水可以在低温下保持较强的硬度，从而为无人机在高空飞行时提供稳定的支撑性能。

2. 电子系统的组装

飞行控制器是无人机的大脑，应安装在机身的重心位置，以减少振动对飞行控制器的影响，使用减振垫可以进一步降低振动影响。所有电线应整齐布线，避免缠绕和松动。使用热缩管或绝缘胶带保护接头，防止短路。图传发射机（Transmitter，TX）、ExpressLRS 接收机和 GPS 模块的天线尽量保持一定的距离，避免它们之间互相干扰。图传系统和遥控链路的天线尽可能布局在无人机的外侧，甚至是无人机的下方，以避免机身对天线的阻挡。

飞行控制器、图传系统和电源（电池）是主要的发热部件，需要注意这些部件不要被其他设备覆盖，避免导致高温损坏。

3. 试飞前的准备工作

在无人机正式试飞前，建议完成以下工作。

（1）静态测试：在首次飞行前，进行静态测试，检查所有电机、舵机和传感器的工作状态。使用地面站软件检查飞行控制器的参数设置。

（2）重心调整：调整无人机的重心位置，其大约位于机翼的 1/3 弦长处。重心位置不当可能导致飞行不稳定或操控困难。

（3）飞行测试：首次飞行，选择开阔且无障碍物的场地，进行低空、低速飞行测试，检查飞行姿态和操控响应。

2.3　无人机的飞行

本节以固定翼无人机为例，介绍如何进行无人机的飞行和一些注意事项。

2.3.1　无人机的基本操作

下面介绍无飞行控制器（或飞行控制器处于手动模式）情况下的无人机的基本控制方法。

1. 起飞

无人机的起飞方式通常有 3 种，分别是手抛起飞、弹射起飞和滑跑起飞。

手抛起飞是一种简单、直接的起飞方式，特别适用于小型无人机，如飞行器模型或轻量化的便携式无人机。在这种起飞方式下，操作者手持无人机并迅速将其投掷到空中，利用初始的向前速度使无人机获得升力以起飞。手抛起飞的最大优势是灵活性和便捷性，操作者几乎不需要专用的起飞区域，可以在各种环境中快速部署。此外，手抛起飞对环境和设备的要求较低，适合于户外活动和紧急任务，但操作者需要有一定的技巧，以确保投掷的准确性和力度，从而避免无人机在起飞时失去控制。尽管手抛起飞方便，但它也存在安全隐患，因为不当的投掷可能导致无人机失去稳定并发生事故。

弹射起飞是一种先进的起飞方式，通常用于较大且重的无人机，尤其是在空间有限或需要快速反应的环境中。该方式利用特制的弹射装置，如弹弓或其他机械设备，将无人机瞬时加速到起飞速度，从而实现高效起飞。弹射起飞的主要优势是能够省去长距离的滑行，加快起飞速度。这种起飞方式通常需要额外的设备和技术支持，增加了系统的复杂性和成本，因此多用于专业领域。尽管弹射起飞需要较高的技术和额外的设备，但是它能够极大地提高无人机在特定任务场景中的反应速度与效率。综合来看，弹射起飞适合需要快速部署和高效操作的场景，但同时也需要操作员深入了解相关设备和操控技巧，以确保安全与可靠。

滑跑起飞是一种常见且受到广泛应用的起飞方式，特别适合于中大型无人机和需要较高起飞速度的任务。在滑跑起飞方式下，无人机会在专用的跑道或者平坦的地面上加速，依靠其电机推动机体前行，直到速度达到可产生足够升力的水平。这种起飞方式要求飞行场地具备一定的硬度和长度，以确保无人机能够顺利加速到起飞状态。此外，操作者需要对无人机的动力、方向和环境状况进行实时监控，以应对各种外部因素（如风速或障碍物）的影响。滑跑起飞在军事领域和商业航拍中被广泛应用，因为它能够充分利用地面空间进行起飞，且飞行稳定性较高。然而，它对场地的要求较高，通常不适合在缺乏必要基础设施的环境中使用。

起飞前需要准备的工作如下。

（1）检查设备：在起飞前，务必检查无人机的电池电量是否充足，螺旋桨是否安装牢固，以及飞行控制器是否处于正常工作状态。

（2）选择合适的起飞场地：选择一个开阔、平坦且无障碍物的场地进行起飞，避免在人员密集或有高压线等危险设施的地方操作。

（3）调整姿态：将无人机放置在地面上，确保其处于水平状态。调整起落架或机身姿态，使无人机的重心位于合适的位置。

（4）启动电机：在确认一切准备就绪后，缓慢增加油门，使电机开始旋转。此时，应保持无人机在地面上，观察电机的运转情况，确保其正常工作。

带有起落架的无人机，可以采用滑跑起飞方式，其具体操作如下：启动电机，当电机运转稳定后，逐渐增加油门（注意油门不要直接推到最大），使无人机缓慢离地。在起飞过程中，要保持无人机的平稳，避免突然的大幅度操作。一旦无人机离地，应立即调整姿态，使其保持在合适的高度和位置。小型无人机多采用手抛起飞方式进行操作，以下是基本要点。

（1）手持位置在无人机重心稍前侧，要注意尽量远离螺旋桨。

（2）将油门推到最大。

（3）将无人机向前稍向上（角度大于20°）用力抛出。

（4）稍微拉动升降舵，使无人机向上飞行。待无人机飞过10m安全距离，油门逐渐降低并进行操作。

在试飞时，若遇到故障或采用了不正确的姿态，则尽量保持无人机直线飞行并降落。对于初学者，也可以采用这种方式熟悉操作无人机的手感，体会无人机的失速速度。

2. 飞行转弯

尝试起飞后，首先需要学习的就是转弯。对于常规布局的固定翼无人机来说，有如下两种转弯方式。

- 副翼和方向舵转弯：先将无人机副翼压向一侧，然后拉动升降舵使其转弯。
- 方向舵转弯：通过方向舵的偏转实现飞机的偏航和转弯。

不过，在实际转弯时，转弯幅度不能过大，要协调好。如果转弯角度过大，那么将会增大气流和翼面的迎角，大量气流冲撞到翼面造成能量损失，会使得升力降低，甚至发生失速。因此，尽量避免紧急转弯，当确需急转弯时，要采用较大油门的补偿。

在具体飞行时，可以通过水平8字的方式不断进行左转和右转，测试无人机的性能，如图2-8所示。

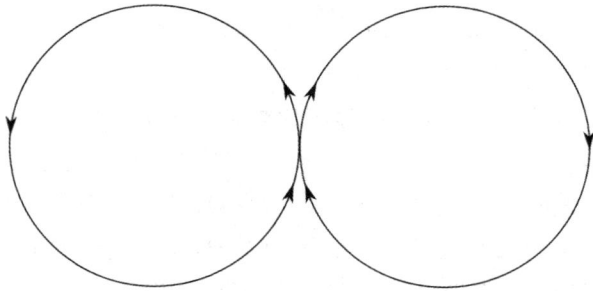

图 2-8　8 字飞行

操作员掌握转弯技巧后，可尝试使无人机在空中保持姿态和高度飞行，并测试无人机的基本性能。

3. 降落

无人机需要选择逆风的环境降落，以避免以较大的地速落地。降落的基本步骤如下。

（1）降低高度：在接近降落场地时，逐渐减小油门，使无人机缓慢下降。在下降过程中，要保持无人机的平稳，避免出现突然的大幅度下降。

（2）调整姿态：当无人机接近地面时，要调整其姿态，使其保持水平。调整升降舵和副翼的控制杆，使无人机的机头略微抬起，以便更好地着陆。

（3）平稳着陆：在无人机即将着陆时，要保持油门的稳定，避免突然关闭油门导致无人机失控。当无人机接触到地面时，要立即关闭油门，使其停止运转。同时，要注意观察无人机的着陆情况，确保其平稳着陆。

无人机降落时，可以使其在转弯前就下降到预定的高度（通常不超过 10m），然后对准跑道进行降落，如图 2-9 所示。一旦无人机对准跑道或者对准操作员后，操作员就很难再对飞行速度进行判断了。在下降阶段采用侧面对准操作员，操作员可以很方便地观察无人机下降的速度是否正常。当无人机对准跑道后，开始采用稳定的油门进行下降，直到无人机到达着陆点关闭油门并拉高俯仰姿态进行着陆。

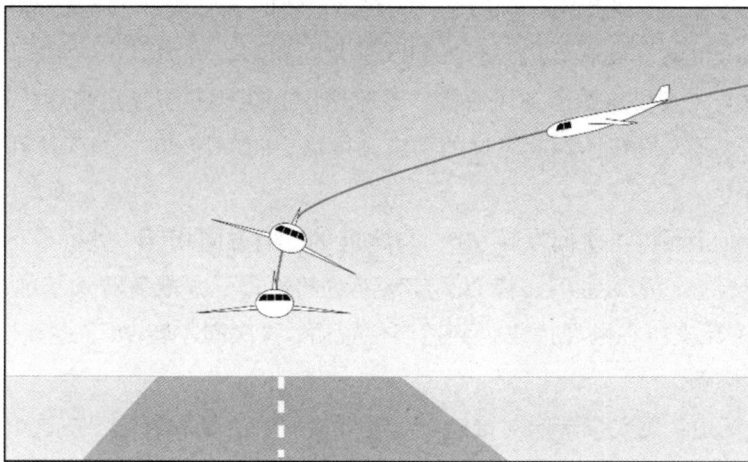

图 2-9　正常降落

另外，如果无人机遇到侧风，那么可以采用以下两种方式稳住无人机进行着陆，避免其在跑道外着陆。

（1）将无人机偏航偏向侧风风向，与跑道中线形成一个夹角，如图 2-10 所示，这种降落方式称为蟹形降落。当无人机即将着陆时，摆正机头触地降落。

（2）将无人机横滚偏向侧风风向，与地面水平线形成一个夹角，如图 2-11 所示，这种降落方式称为压坡度降落。当无人机即将着陆时，修正横滚姿态触地降落。

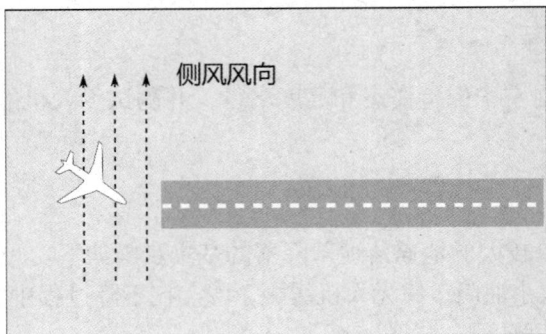

图 2-10　蟹形降落

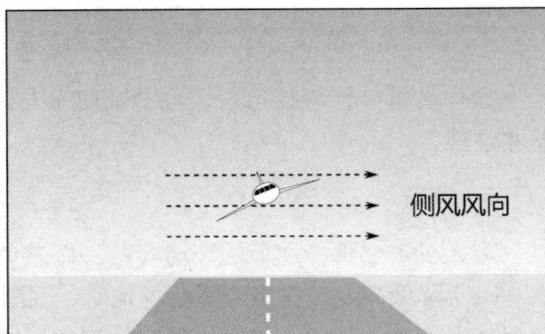

图 2-11　压坡度降落

不过，在一般情况下，蟹形降落的方式被应用较多，这种方式不仅可以保持高度计等设备的测量稳定性，而且触地时更加容易恢复姿态。

另外，在测试降落之前，可以先尝试低空通场。低空通场是指无人机在飞行过程中从拟降落区域低空飞过的过程，在这个过程中可以很方便地观察飞行姿态。低速的低空通场前的步骤和降落步骤类似，也可以用于降落跑道的对准练习。

4．航线飞行

我们可以通过五边飞行航线的方式来组合上述过程。五边飞行是操作员在机场附近进行的一种标准化飞行程序，主要用于练习起飞、爬升、转向、平飞、下降及降落等基本飞行，也可以用于测试无人机的性能。五边飞行的航线通常呈矩形，分为五个阶段（见图 2-12）。

（1）起飞边：无人机从跑道逆风起飞，沿跑道中心线爬升至指定高度，通常为 10m。

（2）横风边：无人机在达到起飞边的预定高度后，向左转 90°，如未达到预定高度，可继续爬升至预定高度。

（3）顺风边：无人机再次向左转 90°，与跑道平行但方向相反，进行平飞。在此阶段，操作员进行一系列检查，如对油门、襟翼、起落架等的检查，并准备转入基础边。

（4）基础边：无人机在顺风边飞行到适当位置后，再次向左转 90°，逐渐接近跑道延长线，为最后的进场做准备。

（5）最后进场边：无人机转向对准跑道，进行最后的进场和着陆。在这个阶段，操作员需要确保无人机对准跑道中心线，保持合适的下降率和速度，安全着陆。

三边:顺风边

四边:基础边

二边:横风边

五边:最后进场边

着陆区域

一边:起飞边

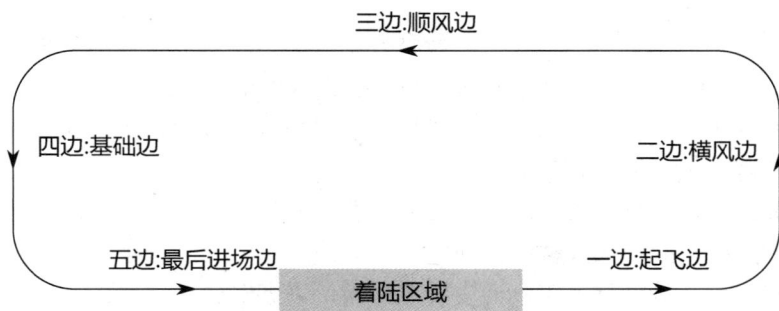

图 2-12　五边飞行

2.3.2　常见问题和处理

无人机在试飞过程中，可能因为各种原因导致动力不足或者姿态控制困难等问题。下面结合试飞经验，针对常见问题进行简要分析并提出基本的解决方案。

1. 动力不足问题

无人机在试飞过程中出现动力不足问题，会导致其起飞后难以加速升空。可以通过手握无人机，并推到最大油门来感知其推力是否正常。此类问题可以通过以下几个方面来排查。

- 螺旋桨安装是否紧固，安装不紧固通常伴随异响或者明显的电机空转声音。
- 遥控器油门行程不准，油门摇杆推到最大并没有使电机进入最大功率，此时，可以通过遥控器和行程校准解决。
- 电池放电能力下降。此问题通常会表现为电池压降很大，此时，需要更换电池解决问题。不过，在冬季低温环境中，锂电池低温放电性能会明显下降，也可能出现此问题，建议飞行前预热无人机后再使用。

2. 俯仰问题

在试飞过程中，无人机会出现俯仰问题，即自动向上飞行（抬头后可能伴随失速现象），此类问题可能由以下因素导致。

- 升降舵向下倾斜。可以通过临时调节遥控器升降舵的微调按钮解决此问题，在无人机降落后，可调节升降舵角度，永久解决此问题。
- 无人机重心靠后（头轻）。可以通过调节无人机的重心解决此问题，尽可能保持升力中心和重心的位置相同。
- 电机的推力方向在升力中心下方。可以通过调节电机座的位置，推力线（拉力线）方向通过无人机的升力中心，确保无人机动力具有正确的方向。
- 若已安装飞行控制器，则可以检查加速计的水平校准是否存在问题，并通过重新校准解决此类问题。

类似地，如果无人机在试飞过程中存在向下飞行的趋势，那么可能的原因包括升降舵向下倾斜、中心靠前、电机推力方向在升力中心上方，以及飞行控制器没有配平，可以参考上述方法解决。

3. 横滚问题

如果在试飞过程中，无人机横滚偏向一侧，那么可能由以下因素导致。

- 副翼舵面不正：可以通过临时调节遥控器副翼的微调按钮解决，无人机降落后，可调节副翼角度，永久解决此问题。
- 方向舵舵面不正：可以通过临时调节遥控器方向舵的微调按钮解决，无人机降落后，可调节方向舵角度，永久解决此问题。
- 重心偏向一侧：可能是由于翼面安装了过重的设备导致的，可以通过重新配平解决此问题。
- 若已安装飞行控制器，则可以检查加速计的水平校准是否存在问题，并通过重新校准解决此类问题。

> **提示** 偏航也会导致无人机横滚。

2.4 安全第一

无人机的飞行安全十分重要。高速转动的螺旋桨及无人机"炸机"时本身的惯性都有可能对人身和财产安全造成损害。在无人机飞行过程中，可能出现气象变化、电磁等环境因素的干扰，也可能出现人为操作失误导致的突发情况。面对这些状况，不仅需要无人机操作员临危不乱、冷静处置，而且需要操作员提前做好飞行前的准备工作。无人机操作员和开发者需要学习当地的法律法规，了解飞行前必要的检查步骤，尽最大努力保证无人机的飞行安全。

2.4.1 安全飞行

在我国，民用无人机按照运行风险大小分为微型无人机、轻型无人机、小型无人机、中型无人机和大型无人机，如表 2-4 所示。

表 2-4 无人机按照运行风险大小分类

类型	空机质量/kg	最大起飞质量/kg	其他条件
微型无人机	<0.25	—	飞行真高≤50m，最大飞行速度不超过 40km/h
轻型无人机	0.25~4	≤7	最大飞行速度不超过 100km/h
小型无人机	4~15	7~25	—
中型无人机	—	25~150	—
大型无人机	—	>150	—

不同运行风险的无人机在实名注册登记、国籍登记、公安机关备案、责任保险等方面具

有不同的管理要求。根据《无人驾驶航空器飞行管理暂行条例》，所有在我国境内的民用无人机均需要实名登记并注册备案。因此，所有的民用无人机，即使是微型无人机，也需要在民用无人驾驶航空器综合管理平台网站中登记、注册。

微型无人机、轻型无人机具有相应的空域限制。一般情况下，微型无人机的高度不超过50m，轻型无人机不超过 120m（真高 120m 以上空域为无人机管控区域）。小型无人机、中型无人机、大型无人机在执行飞行任务前需要制订飞行计划，并向飞行管制部门提出申请。中型无人机和大型无人机的飞行需要符合适航管理的有关规定。

2.4.2　飞行前检查

一些航空领域的研究表明，检查单和标准操作程序是克服 80%的人为飞行差错的有效办法，可以有效地防止"错、漏、忘"问题。这些检查包括环境检查、设备检查、人员检查等。

1. 环境检查

环境检查包括政策环境、实体环境、无线电环境、大气环境等的检查。

- 政策环境检查：确保无人机没有处在机场等禁飞区，确保无人机没有处在敏感区域或管制区域等。
- 实体环境检查：确保无人机的起降环境和飞行路线没有处在有人群、树木、电线、楼宇等的危险区域。
- 无线电环境检查：确保无人机周围没有明显的无线电干扰和管制。
- 大气环境检查：无人机飞行时要避免雨雪、大风天气，并测量风速、风向，确保无人机逆风起飞和降落。

2. 设备检查

每次飞行前，需要做好设备检查工作，主要包括以下几个方面。

- 形态检查：检查无人机形态是否完好，外观是否出现明显破损，确保无人机的主体结构和各类翼面、舵面稳固。
- 重心检查：确保无人机的重心位置正确。
- 舵面检查：确保各舵机具有足够的舵量，且方向正确。
- 动力检查：检查动力方向是否正确，动力是否充足；螺旋桨外观是否损坏；是否电量充足（不低于 3.8V）；电池连接固定装置是否完好。
- 遥控检查：检查遥控器电量是否充足，信号是否稳定，回传信息是否正确。
- 跑直检查：若无人机具有起落架，则需要进行低速滑跑检查，检查路线是否稳定，是否明显偏离路线。
- 燃油温度检查：若无人机为油动，则检查油箱油量是否充足，管路有无泄漏和阻塞。

3. 人员检查

在飞行前，需要检查参与飞行的人员是否做到了不饮酒操作、不疲劳操作，是否做好人员分工和事故（炸机）预案。例如，出现事故捡无人机时，需要留人保护设备，确保无人机的解锁状态正常。

无人机在飞行过程中随时可能出现问题，如设备和链路不稳定、飞行器结构受损等。无人机在试验和测试中，难免会发生"炸机"事故，需要无人机的操作员保持沉着冷静，以"宁摔无人机损地面财物，宁损财物勿伤人"的原则处理各种事故。操作员在炸机事故发生后要总结经验，提高飞行技能。

绝大多数的固定翼无人机是自稳定的，如果飞行难以操控，则可能出现了如下问题。

- 重心不在无人机机翼的碳纤杆附近。
- 下拉角没有对准升力中心。
- 舵面和舵面控制不正常（角度不正常，或相反，或不稳固，翼面开裂），舵效不稳定。

2.5　本章小结

本章详细介绍了无人机系统的组成和组装，涵盖了飞行平台、控制系统、能源系统、动力系统、图传系统和遥控链路等关键部分，探讨了不同应用场景下固定翼无人机的硬件选择和设备组装的要点。同时，本章还强调了飞行安全的重要性。通过本章的学习，读者能够掌握无人机系统的组装流程，理解各子系统之间的协同工作，并具备安全飞行的基本知识。

2.6　习题

（1）飞行控制器输出的 PWM 信号有哪些特征？
（2）遥控链路和图传系统的区别是什么？
（3）安全飞行的注意事项都有哪些？制作一个无人机的安全检查单。

第 **3** 章

Ardupilot 让飞行更简单

Ardupilot 作为开源较早、成熟稳定的飞行控制器，得到大量用户和开发者的支持。虽然 Ardupilot 的官方网站看起来非常简陋，但是其稳定性和可扩展性经过了全球各类飞行器玩家的验证。总的来看，Ardupilot 具有以下几个特点。

- 设备支持广：Ardupilot 不仅支持传统的多旋翼无人机、固定翼无人机，而且支持飞艇、潜水艇等小众类型的无人机。在垂直起降无人机领域，Ardupilot 具有先发优势，获得了许多玩家和厂商的芳心。Ardupilot 针对不同的载具提供了不同的模块，如图 2-1 所示。

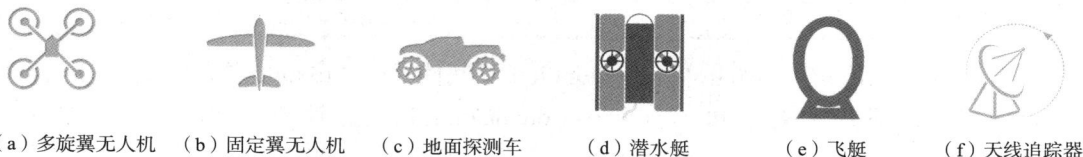

（a）多旋翼无人机　（b）固定翼无人机　（c）地面探测车　（d）潜水艇　（e）飞艇　（f）天线追踪器

图 3-1　Ardupilot 模块

- 架构支持多：虽然 Ardupilot 早期起源于 Arduino 平台，但是如今已脱胎换骨，不仅支持常用的 STM32、Pixhawk 等设备，而且支持 Linux 设备。这使得开发者可以更加容易地对 Ardupilot 的功能进行删减和扩展。
- 社区支持完善：得益于其开源的特性，Ardupilot 允许全球的开发者和爱好者共同参与到项目中来，不断改进和增加新功能。这种开放的合作模式使得 Ardupilot 能够快速适应新的技术和应用需求，成为全球无人机和自动驾驶领域的重要力量。

3.1　Ardupilot 是飞行的好帮手

本节介绍 Ardupilot 的基本使用方法，包括 Mission Planner 地面站的使用，以及重要参数的设置。对于固定翼无人机来说，本节重点介绍其飞行模式，以及其自动起飞、降落的关键概念和用法。

3.1.1　初识地面站

无论是设备调参还是任务规划，亦或是远程监控（类似于虚拟驾驶舱），都离不开地面站。地面站是一套功能强大的软件，常见的地面站包括 Mission Planner、APM Planner 2.0、MAV

Proxy、QGroundControl 等，如表 3-1 所示。

表 3-1 常见的地面站

地面站	运行平台	开源许可	主要功能
Mission Planner	Windows、macOS X	GPL v3	传统的地面站，功能较全面，方便调参和任务规划，Windows 环境下的首选地面站
APM Planner 2.0	Windows、macOS X、Linux	GPL v3	类似于 Mission Planner，对于 macOS X 和 Linux 支持性更好
MAV Proxy	Linux	GPL v3	Python 编写的命令行地面站，适合于开发者使用
QGroundControl	Windows、macOS X、Linux、Android、iOS	GPL v3	基于 MAVLink 协议与无人机连接，且为支持平台最广的地面站，通常用于任务控制和远程监控，但不太适合调参。在 Android 端，GCS 是该地面站的汉化版本
UgCS	Windows、macOS X、Ubuntu	UgCS Open	带有 3D 界面的地面站，支持除了 Ardupilot 以外的许多开源和商业飞行控制器
LOGOS	Windows	非开源	3D 视图任务规划
Tower（DroidPlanner 3）	Android	GPL v3	Android 端独有的地面站，功能全面且易用
MAV Pilot	iOS	非开源	iOS 端独有的地面站，功能全面且易用

除了以上地面站，还有 AndroPilot、SidePilot 等其他支持 Ardupilot 的地面站。不过，对于普通用户而言，使用 Mission Planner 和 QGroundControl 就已经足够了，以下是各个操作系统地面站的使用建议。

- Windows：Mission Planner。
- macOS X、Linux：APM Planner 2.0。
- Android：QGroundControl、Tower。
- iOS：QGroundControl、MAV Pilot。

对于 Ardupilot 飞行控制器来说，Mission Planner 是 Ardupilot 较传统、功能较全面、支持性较好的地面站。

在 Windows 系统中，双击安装程序即可安装 Mission Planner，其安装窗口如图 3-2 所示。

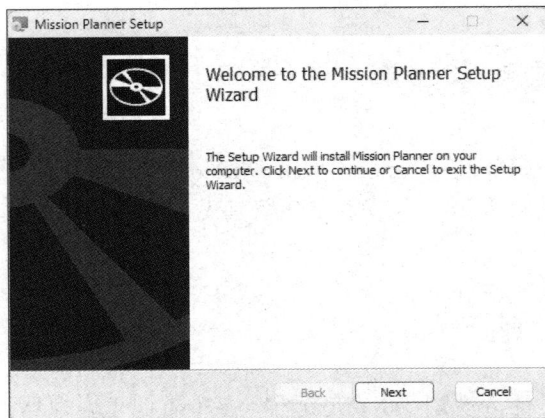

图 3-2 Mission Planner 安装窗口

经过"End-User License Agreement"和"Destination Folder"界面，单击"Install"按钮即可完成安装。不过，在安装过程中可能会提示需要安装必要的驱动程序，如 Arduino USB Driver、Ardupilot Project 端口（COM 和 LPT）和 STMicroelectronics 端口（COM 和 LPT）等，如图 3-3 所示。

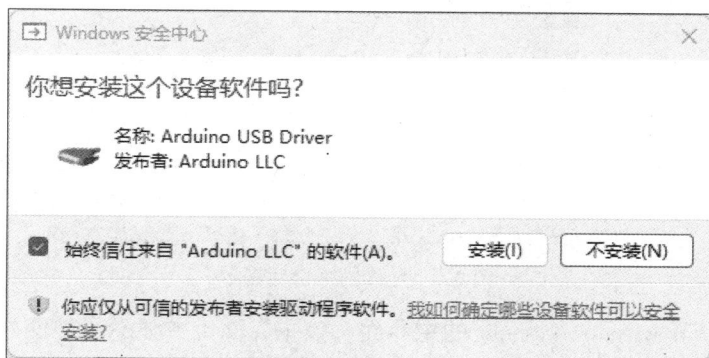

图 3-3　安装必要的驱动程序

安装完成后，双击"Mission Planner"图标即可打开地面站软件。首次打开时会出现如图 3-4 所示的启用 Altitude Angel 插件的提示。

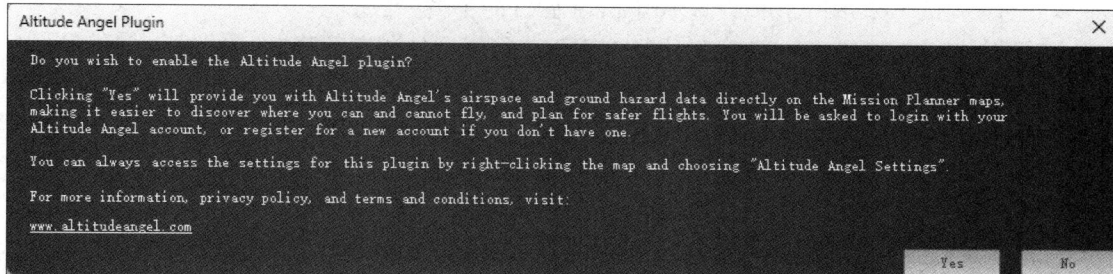

图 3-4　启用 Altitude Angel 插件的提示

Altitude Angel 插件用于管理无人机的合法飞行，提供了无人机的空域范围、禁飞区范围，以及已经接入该系统的其他无人机的状态。读者可根据实际情况选择是否启用该插件。

> 提示　Altitude Angel 公司的总部位于英国雷丁，是一家在全球范围内提供无人机集成和使用解决方案的航空技术公司。它的技术用于管理无人机的飞行，确保无人机能够安全地与其他飞行器共享空域，是建设未来的无人机高速公路——互联无人机走廊网络的基础。

Mission Planner 需要访问网络地图，因此需要允许访问网络。若系统提示"是否要允许公共网络和专用网络访问此应用？"，如图 3-5 所示，则单击"允许"按钮即可。

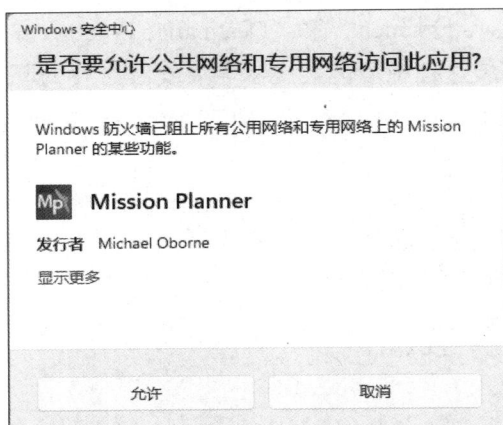

图 3-5　允许网络访问提示

随后，即可打开 Mission Planner 的主界面。该主界面上方显示了地面站的菜单选项。

- 飞行数据（DATA）：显示当前无人机的飞行数据，包括飞行姿态、地图位置显示，以及其他相关的操作面板等。
- 飞行计划（PLAN）：对无人机进行飞行规划，实现无人机的自动飞行。
- 初始设置（SETUP）：刷写 Ardupilot 固件，以及设置附属硬件连接。
- 配置/调试（CONFIG）：设备 Ardupilot 固件的各类参数。
- 模拟（SIMULATION）：模拟飞行，用于飞行规划的测试和开发调试。
- 帮助（HELP）：Ardupilot 和 Mission Planner 的帮助信息。

在主界面右侧列举了 Ardupilot 的连接方式和连接按钮，用于建立与 Ardupilot 的连接。主界面下方显示了当前菜单选项的操作面板。在默认情况下，Mission Planner 软件启动后会进入"飞行数据"界面，包括了飞行姿态仪、操作面板和地图。

地图的配置非常重要，在国内环境下，许多地图源是无法使用的。此时，可以切换到"飞行计划"菜单选项，在其右侧的选项中选择符合需求的地图，如高德地图、必应地图等，如图 3-6 所示。

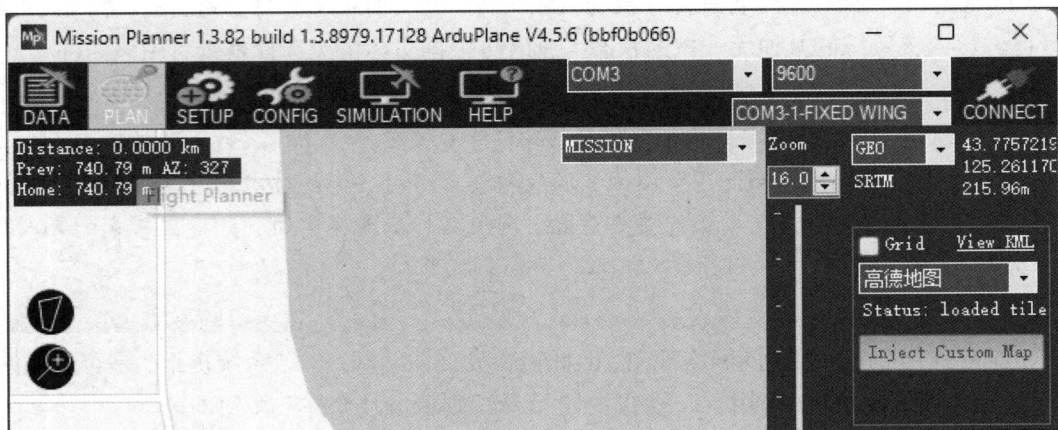

图 3-6　地图设置

需要注意的是，国内许多地图源采用 GCJ-02 坐标系，与无人机 GPS 的 WGS84 坐标系之间存在定义差异，需要用户检查定位是否需要纠偏。

提示

在 Mission Planner 中，默认支持 3 种基本的坐标类型，即地理坐标（GEO）、UTM 投影坐标和 MGRS 坐标。

- 地理坐标：基础的坐标，不经过任何的投影变换。
- UTM 投影坐标：横轴墨卡托投影，具有等角特性，是一种比较常用的投影坐标。
- MGRS 坐标：北大西洋公约组织使用的标准坐标，基于 UTM 投影坐标，但它进一步将地球表面划分为了多个 100km×100km 的网格，并使用字母、数字、字符串来表示位置。

3.1.2　Ardupilot 固件的连接和烧录

使用 Mission Planner 对 Ardupilot 进行操作之前，需要通过 MAVLink 协议连接 Ardupilot 设备。本节介绍如何连接及烧录 Ardupilot 固件。

1. 连接 Ardupilot 固件

连接方式包括 USB 连接、数传链路连接、蓝牙连接和 IP 连接等。对于 USB 连接来说，只需要通过 USB 线缆将设备连接至计算机，单击"CONNECT"按钮即可，如图 3-7 所示。

图 3-7　连接设备

提示

如果计算机无法正常通过 USB 线缆识别 Ardupilot 设备，那么可以尝试使用 Zadig 应用程序安装驱动程序。Zadig 应用程序是用于安装通用的 USB 驱动的应用程序。对于不同类型的飞行控制器，Zadig 应用程序可以简化驱动程序的安装和管理过程。

当 MAVLink 将设备的各种参数下载完毕后，连接图标将转换为绿色，如图 3-8 所示。

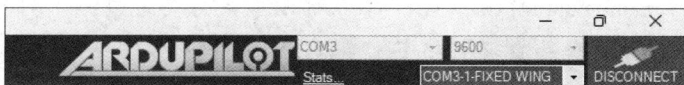

图 3-8　设备已连接

扫码见彩图

单击"Stats…"选项可显示当前的连接状态，如图 3-9 所示。

45

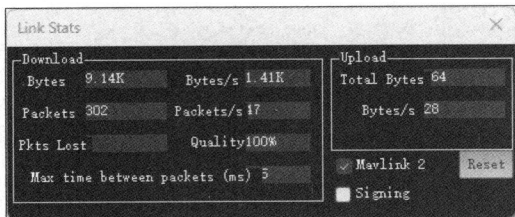

图 3-9　当前的连接状态

2. 烧录 Ardupilot 固件

不同设备烧录 Ardupilot 固件的方法不同，但绝大多数的固件都可以通过 Mission Planner 地面站进行烧录。在 Mission Planner 主界面打开"初始设置"菜单选项，选择"安装固件"选项卡，即可查看到当前最新版本的 Ardupilot 固件列表，如图 3-10 所示。

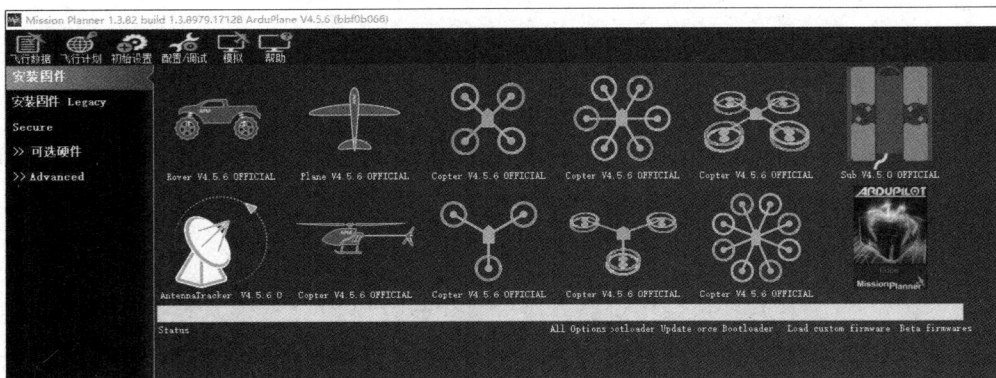

图 3-10　Ardupilot 固件列表

> 💡 **提示**
>
> "安装固件 Legacy"选项卡是旧版的固件安装方式，用于 APM1、APM2 等设备的固件刷写。

将需要刷写固件的设备连接至计算机后，不出意外即可在下方的"Status"选区中查看当前设备的信息。如果没有显示相应的设备信息，则需要检查驱动程序是否正常安装。

随后，单击所需要的固件（如 Plane V4.5.6 OFFICIAL），即可开始刷写固件。

> 💡 **提示**
>
> 单击右下角的"Beta firmwares"按钮可以切换到 Beta 版本的固件，单击"Load custom firmware"按钮可以加载自定义固件。不同设备的 Ardupilot 固件可以在其官方网站中下载。

对于基于 STM32 的设备，还可以通过 DFU（Device Firmware Upgrade）模式烧录固件。例如，对于快蜂的 F405Wing 等飞行控制器来说，按下"Boot"按键后上电即可进入 DFU 模式。

3.2　设置 Ardupilot 重要参数

正确的 Ardupilot 参数设置对于飞行安全和飞行效率至关重要。本节介绍 Ardupilot 的全部参数表、设备连接、传感器校准和遥控器校准、通道设置、其他设置。

3.2.1　全部参数表

全部参数表是 Ardupilot 的一大特色。在 Mission Planner 的"配置/调试"界面中，选择左侧的"全部参数表"选项，即可浏览到 Ardupilot 的全部参数表，如图 3-11 所示。几乎所有的 Ardupilot 的配置参数都可以在该表中找到。

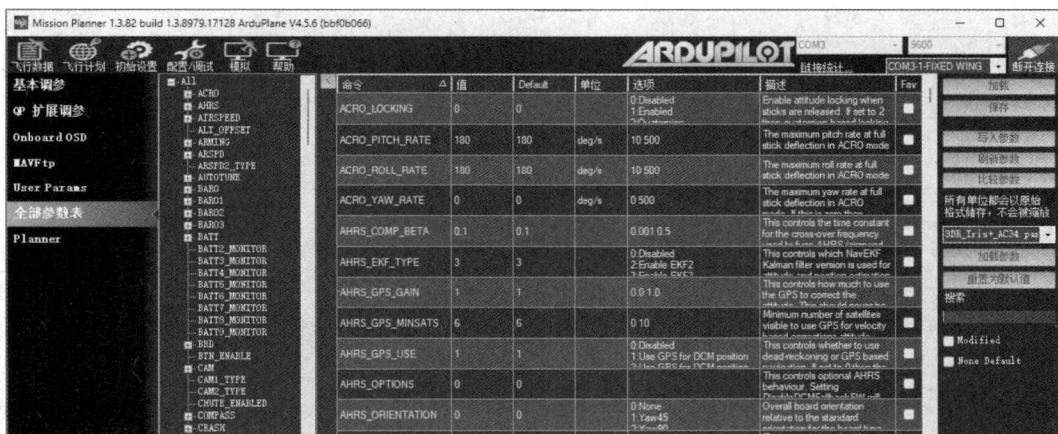

图 3-11　全部参数表

在全部参数表的左侧通过树形结构将相关的参数进行了分类组合，方便查找。一些常用的参数分类如下所示。

- 和飞行有关的重要设置，如油门（THR）、空速（AIRSPEED 和 ARSPD）、解锁设置（ARMING）等。
- 自动降落（LAND）和总能量控制系统（TECS）。
- 飞行模式设置（FLTMODE），以及自动调参模式（AUTOTUNE）、特技模式（ACRO）、FBWB、返航模式（RTL）等。
- 串口设备（SERIAL 和 SERIAL0~SERIAL6），以及重要设备的参数设置，如电池（BATT）、相机（CAM 和 OSD）、指南针（COMPASS）、气压计（BARO 和 BARO1~BARO3）等。
- 遥控输入（RC 和 RC1~RC16）和 PWM 输出（SERVO 和 SERVO01~SERVO016）。
- 日志设置（LOG）。

当然，利用右侧的"搜索"文本框可以对参数进行搜索和查找，以便于定位到具体的参数位置。右侧其他主要按钮的功能如下。

- 加载：全部参数可以保存为后缀为.param（或.parm）的文本格式的参数文件。通过该按钮可以加载参数文件。

- 保存：加载.param（或.parm）参数文件。
- 写入参数：将参数写入到飞行控制器中。
- 刷新参数：读取飞行控制器中的参数。
- 比较参数：比较当前设置的参数和飞行控制器中参数的差异。
- 重置为默认值：重置所有的参数设置。

开发者需要谨慎修改全部参数表中的值，所有值都不会被进行大小检查。当开发者设置了超出阈值或者错误的值时，有可能导致飞行控制器故障。因此，如果需要试验性地修改这些值，那么建议将正常使用的参数值进行备份。

3.2.2　设备连接

飞行控制器作为无人机的"大脑"，直接连接着各类输入设备和输出设备。输入设备包括ExpressLRS 接收机，输出设备包括 GPS、罗盘、空速计、测距仪等。对于 Ardupilot 设备来说，绝大多数设备都是通过串口连接的。在 Mission Planner 的"初始设置"界面选择"Serial Ports"选项，即可看到串口的占用情况，如图 3-12 所示。

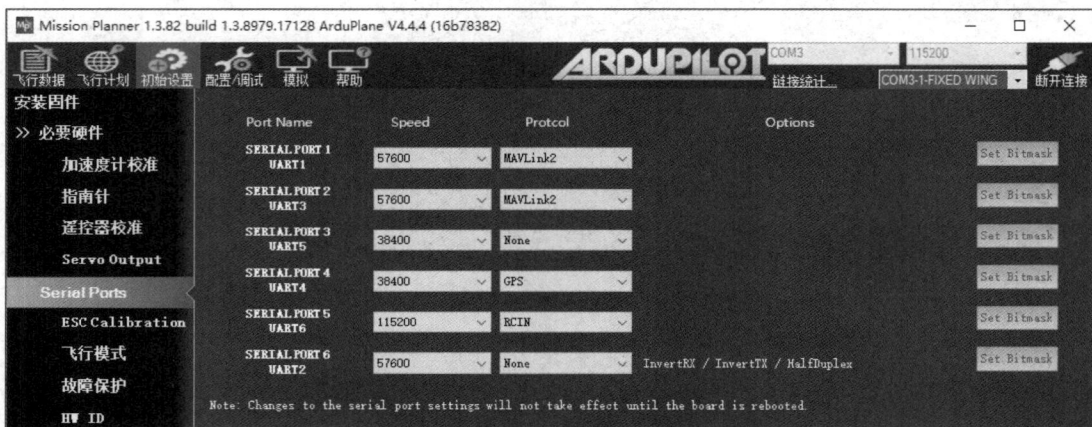

图 3-12　串口的占用情况

本节以 STM32F405 飞行控制器为例，介绍设备连接配置的基本方法。STM32F405 飞行控制器包括 6 个用于连接外设的串口。我们首先需要将这些外设的硬件连接至对应的端口，并设置正确的波特率。

> **提示**
>
> 外设的串口号定义和 STM32F405 的 UART 序号定义不一定相同，与飞行控制器的硬件设计相关。例如，在图 3-12 中，3 号串口对应 STM32芯片的 UART5 接口，而硬件上通常标注的是 UART 接口序号，需要读者甄别。

这些参数设置可以在全部参数表中找到。例如，对于串口 1 来说，包括如图 3-13 所示的参数信息。

命令 △	值	Default	单位	选项	描述	Fav
SERIAL1_BAUD	57	57		1:1200 2:2400 4:4800	The baud rate used on the Telem 1 port. Most stm32-based boards can support rates of up to	☐
SERIAL1_OPTIONS	0	0			Control over UART options. The InvertRX option controls invert of the receive pin. The InvertTX	☐
SERIAL1_PROTOCOL	23	23		-1:None 35:ADSB 36:AHRS	Control what protocol to use on the Telem1 port. Note that the Frsky options require external	☐

图 3-13　串口 1 的参数信息

参数 SERIAL1_BAUD 表示波特率，其值为波特率去掉后 3 位的值，比如 57600Baud 的参数值为 57，115200Baud 的参数值为 115。参数 SERIAL1_OPTIONS 表示串口选项，如电平反转、DMA 设置、是否设置上拉或者下拉等。参数 SERIAL1_PROTOCOL 表示 UART 接口具体的应用协议。一些常见设备的协议和波特率的典型值如表 3-2 所示。当然，这些配置仅供参考，需要根据设备厂商提供的信息进行配置核实。

表 3-2　一些常见设备的协议和波特率的典型值

设备类型	协议值	协议名称	波特率值	波特率/Baud	备注
遥控接收机	23	RCIN	115	115200	当协议值为该值时，还需要通过 RC_PROTOCOL 参数设置具体遥控器协议
GPS	5	GPS	38	38400	—
大疆图传 OSD（如 O3、O4 等天空端）	33	DJI FPV	115	115200	需设置 OSD_TYPE 为 3（MSP）
开源数字图传 OSD（如旧版本的 OpenIPC、avatar 等天空端）	42	DisplayPort	115	115200	需设置 OSD_TYPE 为 5（MSP_DISPLAYPORT），并设置 OSD1_TXT_RES 文字资源大小，通常为 1 或 2
MAVLink 2 数传设备	2	MAVLINK2	57	57600	—

在新版本的 OpenIPC（Open IP Camera）中，通过 MAVLink 2 协议传递屏显数据（On-Screen Display，OSD），因此需要设置协议值为 2，且设置波特率值为 115（表示 115200Baud）。

3.2.3　传感器校准和遥控器校准

无人机重要的传感器包括加速度计、指南针等。本节介绍重要的传感器校准及遥控器校准。

1. 校准加速度计

在飞行控制器中，惯性测量单元中包含加速度计、陀螺仪等重要的传感器。其中，加速度计用于直接测量无人机的静姿态，尤为重要。因此，将 Ardupilot 连接至 Mission Planner 的第一步就是校准加速度计。

在 Mission Planner 的"初始设置"界面中，选择"加速度计校准"选项，再单击"校准加速度计"按钮，即可开始校准流程。在这个过程中，需要根据软件提示，翻转飞行控制器，其主要步骤如下。

- Please place vehicle LEVEL：顶面朝上水平放置飞行控制器，单击"完成时点击"按钮。
- Please place vehicle LEFT：将飞行控制器的指向朝向前方，向左旋转 90°后（左面朝下），单击"完成时点击"按钮。
- Please place vehicle RIGHT：将飞行控制器的指向朝向前方，向右旋转 90°后（右面朝下），单击"完成时点击"按钮。
- Please place vehicle NOSEDOWN：将飞行控制器的指向朝向地面，单击"完成时点击"按钮。
- Please place vehicle NOSEUP：将飞行控制器的指向竖直向上，单击"完成时点击"按钮。
- Please place vehicle BACK：将飞行控制器的指向朝向前方，背面向上，单击"完成时点击"按钮。

完成上述步骤后，即完成了加速度计的校准。

随后，还需要定义飞行控制器的水平方向。水平放置 Ardupilot 设备后单击右侧的"校准水平"按钮即可，如图 3-14 所示。

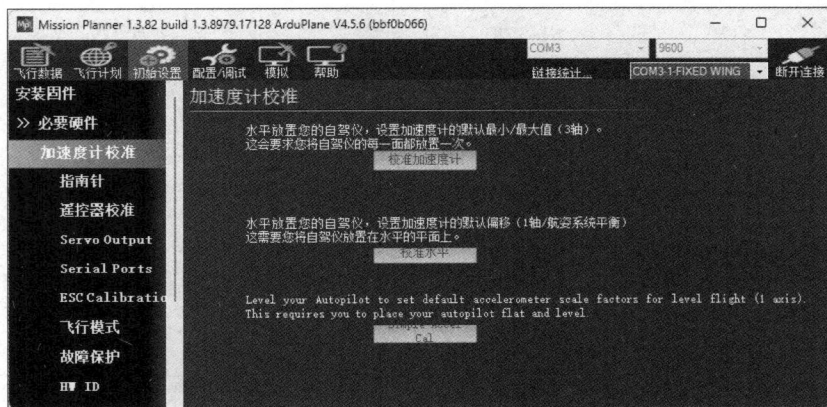

图 3-14　"加速度计校准"选区

> **提示**
>
> 在飞行控制器装机之前，可以先进行一次水平校准。装机后，由于部分无人机水平飞行时其飞行控制器基座并非水平，因此可以水平放置无人机后再次进行校准。

2. 校准指南针

指南针也是惯性测量单元的重要组成部分。不过，对于固定翼无人机来说，特别是对于安装有 GNSS（GPS）设备的无人机来说，这一步是可选的。这是由于 GNSS 设备本身也可以为无人机提供偏航数据。

> 校准指南针时，需要在较为空旷的场所中执行操作，并且远离带有磁场的设备，如汽车、手机、电源等，以防止校准错误。

提示

一个飞行控制器上可以装配 1 个或者多个指南针。在 Mission Planner 的"初始设置"界面中，选择"指南针"选项，即可查看指南针设备及其基本信息，如图 3-15 所示。列表中的指南针设备是有优先级的，通常会综合采用前 3 个指南针设备的数据使用。

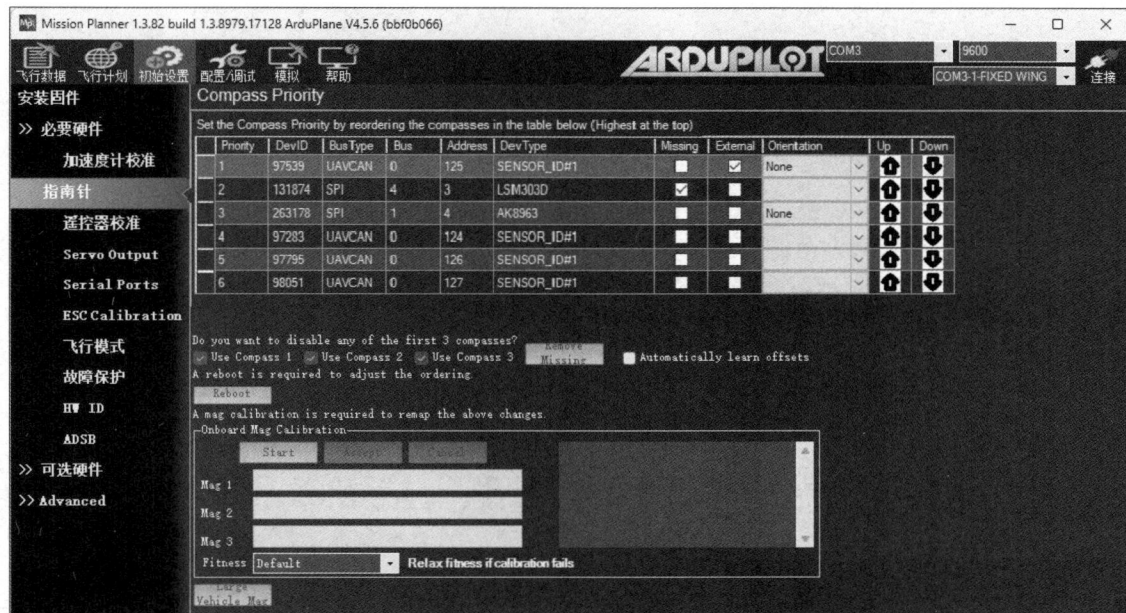

图 3-15　指南针设备及其基本信息

为了获得更好的校准效果，可以将无人机连接至 GPS 并实现 3D 定位，然后在"Onboard Mag Calibration"选区中单击"Start"按钮开始校准。在"Start"按钮下方的进度条推进过程中，如图 3-16 所示，手持无人机进行 360°旋转，或尽可能地朝向更多方位。当进度条推进结束后，提示"MAG_CAL_SUCCESS"时说明校准完成，单击"Reboot"按钮重启飞行控制器即可。

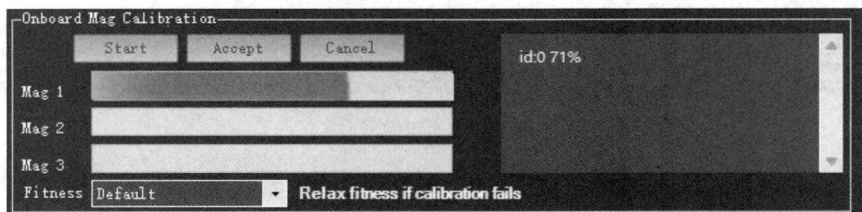

图 3-16　指南针校准的进度条

当采用 USB 线缆连接飞行控制器至 Mission Planner 时，无人机的移动和旋转可能受到 USB 线缆的阻碍。此时，可以设置某个遥控器通道的类型值为 171。当该通道处于高值时，开始校准指南针；反之，停止校准。

3. 校准遥控器

将遥控接收机连接至飞行控制器，打开遥控器设备。在 Mission Planner 的"初始设置"界面中，选择"遥控器校准"选项。单击"校准遥控"按钮，提示"Ensure your transmitter is on and receiver is powered and connected。Ensure your motor does not have power/no props!!!"。单击"OK"按钮后，提示"Click OK and move all RC sticks and switches to their extreme positions so the red bars hit the limit"。

> **提示**
>
> 在校准遥控器时，请尽量摘下螺旋桨，以避免发生意外。

推拉所有摇杆到最大范围，拨动拨杆、转动旋钮到最大范围，观察界面中的各个通道是否符合要求，如图 3-17 所示。最后，单击"OK"按钮确认校准。

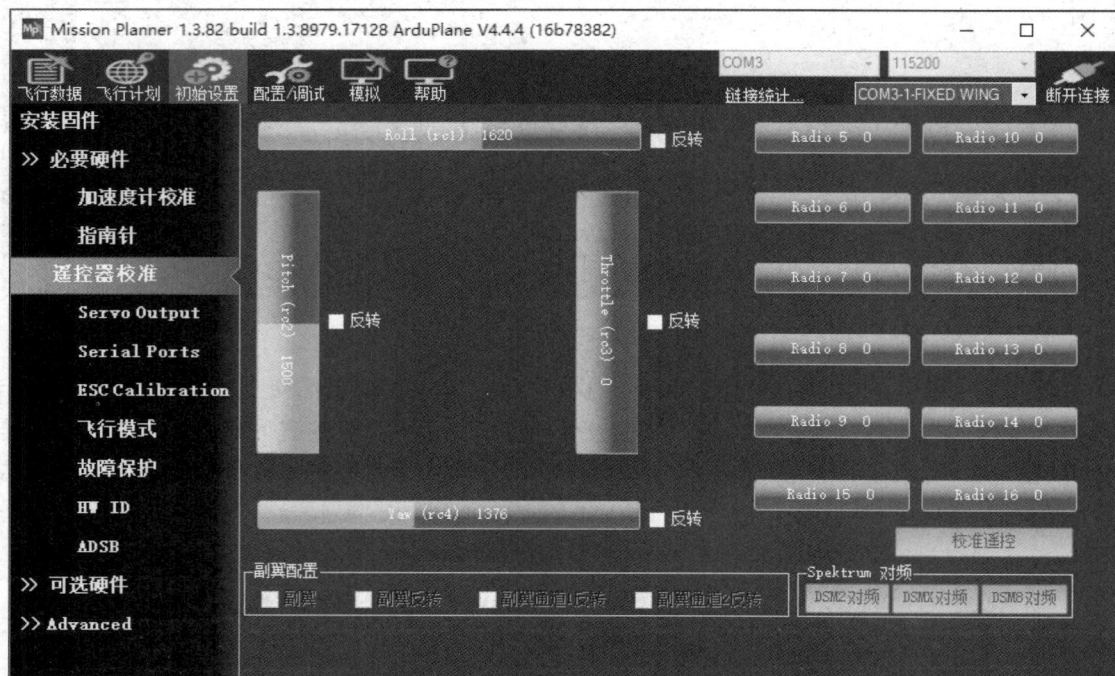

图 3-17　遥控器校准

校准完成后，各个通道的最大值和最小值将通过线位标注，如图 3-18 所示。

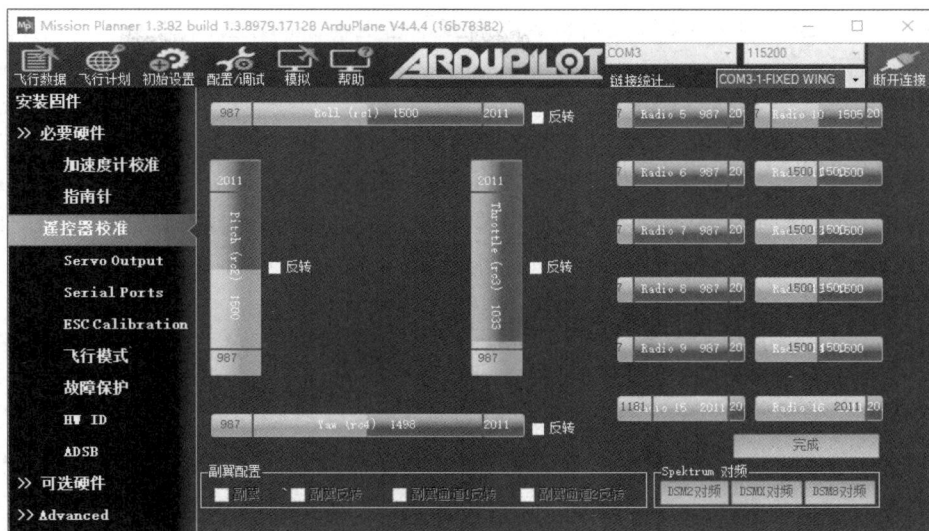

图 3-18　遥控器校准完成

如果遥控器通道正常，则数值范围应该为 1100~1900（或者比对遥控器的输出值是否符合要求）。未连接的通道的数值将始终保持 1500 左右。如果遥控器通道不正确，那么可以在遥控器端进行调整和校准。如果通道数据相反，那么可以通过勾选"反转"复选框进行通道反转。

4. 偏移设置

如果飞行控制器（惯性测量单元所在位置，包括加速度计和陀螺仪）并没有安装到无人机的重心位置，那么需要设置惯性测量单元的偏移量（即传感器位置的偏移补偿）。一般来说，如果飞行控制器的安装位置偏离重心位置超过 15cm，那么就需要进行偏移量的设置。

- INS_POS*_X：惯性测量单元偏离重心的前后距离，前方为正，后方为负。
- INS_POS*_Y：惯性测量单元偏离重心的左右距离，右侧为正，左侧为负。
- INS_POS*_Z：惯性测量单元偏离重心的上下距离，向上为负，向下为正。

在上面的几个参数中，*号要替换为具体的传感器编号。一般来说，惯性测量单元的安装位置并不会在上下和左右方向偏离太多距离，因此可酌情设置参数。

类似地，如果 GPS 偏离重心位置，那么需要设置 GPS_POS*_X、GPS_POS*_Y、GPS_POS*_Z；如果测距设备（超声波或激光雷达）偏离重心位置，那么需要设置 RNGFND_POS_X、RNGFND_POS_Y、RNGFND_POS_Z；如果光流设备偏离重心位置，那么需要设置 FLOW_POS_X、FLOW_POS_Y、FLOW_POS_Z。

3.2.4　通道设置

在全部参数表中，RC1~RC16 表示从遥控设备传递来的 16 个通道。通常，前 4 个通道用于控制无人机的副翼、升降舵、油门和方向舵，不需要特别的设置。第 5 个通道通常用于无人机的解锁。剩下的通道可以用于飞行模式的切换，以及对其他负载设备的控制。

本节介绍无人机的加/解锁、飞行模式的设置及通道输出的设置。

1. 加/解锁

无人机的加锁和解锁是一种安全机制。当无人机未解锁时，电机不会被触发转动，油门始终保持无输出。无人机解锁以后，电机才有可能转动起来。因此，要先做好起飞准备和调试准备再对无人机进行解锁；当无人机炸机坠落后，也需要第一时间对无人机进行加锁，这样可以有效地避免事故发生。无人机启动后将默认显示"已锁定"，如图3-19所示。

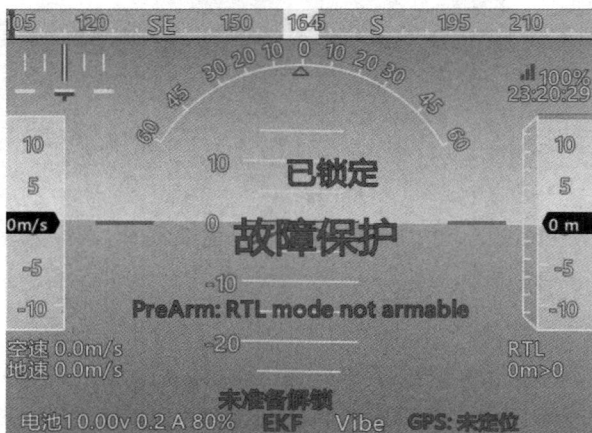

图3-19　无人机已锁定

> **提示**
>
> 对于固定翼无人机来说，无人机加/解锁并不是必须的。开发者可以将 ARMING_REQUIRE 参数赋值为0来关闭默认的锁定行为。

为了确保起飞安全，无人机解锁需要许多条件。在默认情况下，需要检查所有解锁检查项，如图3-20所示。这些解锁检查项由 ARMING_CHECK 参数设置。

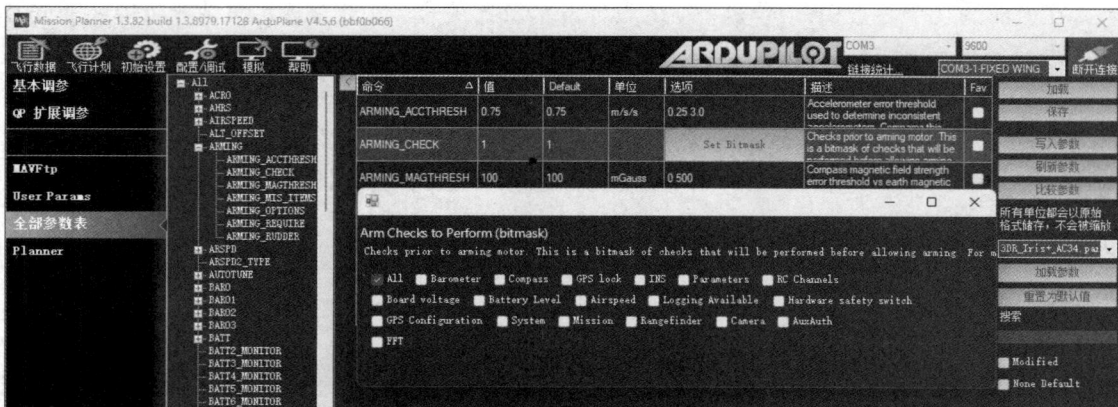

图3-20　解锁检查项

无人机解锁检查项和检查内容如表 3-3 所示。

表 3-3　无人机解锁检查项和检查内容

掩码位	选项	检查内容
0	All	启用所有的解锁检查项
1	Barometer	检查气压计设备是否正常
2	Compass	检查指南针设备是否正常
3	GPS lock	检查 GPS 位置是否锁定
4	INS	检查惯性导航设备（如加速度计和陀螺仪）是否正常
5	Parameters	检查 FS_THR_VALUE、ANGLE_MAX 等重要参数设置是否正常
6	RC Channels	检查遥控通道是否正常
7	Board voltage	检查主板电压是否介于 4.3V 和 5.8V 之间
8	Battery Level	检查电池电压是否正常
9	Airspeed	如果已安装空速计，那么检查空速计是否正常安装
10	Logging Available	检查是否可以正常保存日志信息
11	Hardware safety switch	检查硬件安全开关是否打开
12	GPS Configuration	检查 GPS 配置是否正常
13	System	检查系统是否正常，包括全部参数表读取是否正常，以及 KDECAN、DroneCAN 是否正常
14	Mission	检查是否有飞行任务上传到无人机，且是否存在集结点
15	Rangefinder	如果已安装测距仪，那么检查测距仪是否正常
16	Camera	检查相机设备是否正常
17	AuxAuth	检查附件授权（Auxiliary Authorisation）是否正常
19	FFT	检查快速傅里叶变换（Fast Fourier Transform，FFT）算法是否正常

需要注意的是，这些解锁检测项是通过掩码位的方式进行设置的。表 3-3 中的掩码位表示最终设置值二进制码的设置位置（从右到左从 0 开始计数）。比如，如果解锁前仅需要检查气压计设备是否正常，以及检查 GPS 位置是否锁定，那么仅需要将二进制的第 1 位和第 3 位设置为 1，其他位设置为 0 即可，最终的二进制值为 1010，十进制为 10。在 Ardupilot 的全部参数表中，很多功能选项采用的都是类似的设置方法，后面不再详细介绍。

为了方便无人机解锁，可以设置遥控器某个通道专门控制无人机的加/解锁，此时需要对特定的 RC 通道进行设置。一个约定俗成的做法是，第 5 个通道用于加解锁，可以将第 5 个通道的 RC5_OPTION 参数设置为加/解锁功能的值，主要包括以下几个选项。

- 41 ArmDisarm (4.1 and lower)。
- 153 ArmDisarm (4.2 and higher)。
- 154 ArmDisarm with Quadplane AirMode (4.2 and higher)。

一般来讲，对于新版的飞行控制器，将 RC5_OPTION 参数设置为 153 ArmDisarm (4.2 and higher)即可，如图 3-21 所示。

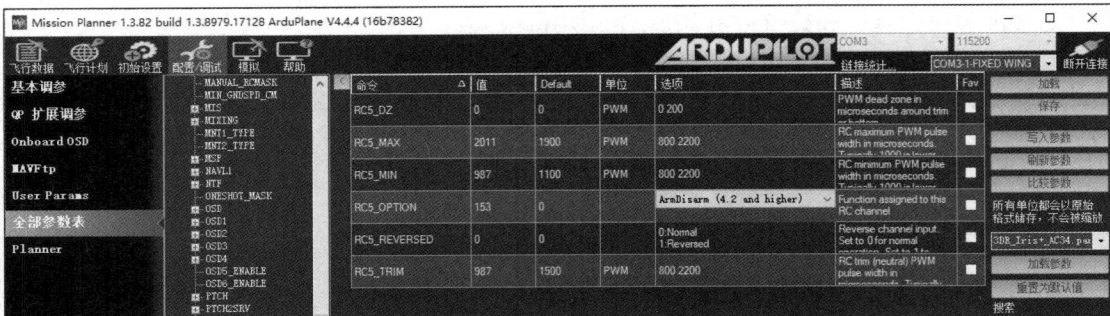

图 3-21 RC5_OPTION 参数设置

> **提示**
>
> 若未设置解锁通道，则可以通过将遥控器的油门拉到最低，将偏航打到最右后等待 5s 尝试解锁。

除了通过摇杆解锁，还可以通过方向舵来解锁：将 ARMING_RUDDER 参数设置为 1，此时即可将油门保持最低，并且将方向舵推向最右侧保持 2s 实现加/解锁。

不过，由于设备本身可能存在问题（根据 ARMING_CHECK 参数进行检查），所以并不是每次都能够成功解锁。在具体的使用中，一些常见的无法解锁的提示和解决方法如下。

- PreArm: Waiting for RC：等待 RC 连接，检查接收机是否连接，是否传递有效的遥控信号。
- PreArm: AHRS: waiting for home：GPS 信号弱，无法定位返航点。
- PreArm: Compass not healthy：指南针健康度低，需要重新校准。
- PreArm: Compass not calibrated：指南针需要校准。
- PreArm: 3D Accel calibration needed：加速度计需要校准。
- PreArm: Logging failed：日志记录失败。

在图传系统中，如果飞行模式的名称右侧存在一个"D"标识，则说明当前未解锁。如果飞机解锁，则"D"标识消失，并出现如下提示：

THROTTLE ARMED

如果飞机再次加锁，则出现如下提示：

THROTTLE DISARMED

2. 飞行模式的设置

在执行不同的飞行任务时，需要设置不同的飞行模式。常见的固定翼无人机（ArduPlane 固件）飞行模式共有 16 种，包括手动模式（Manual）、电传操控 A 模式（Fly By Wire A，FBWA）、电传操控 B 模式（Fly By Wire B，FBWB）、巡航模式（CRUISE）、自动调参模式（AUTOTUNE）等，详见附录 2。

> **提示**
>
> 　　FBWA 和 FBWB 是常用的飞机辅助飞行模式，FBWA 类似于常说的自稳模式，FBWB 类似于常说的定高模式。电传操纵（FBW）起源于 20 世纪初期，是将飞行员的操控信息转化为电信号，再由计算机（飞行控制器）处理后对各个舵面（发动机）进行操作的方式，其意义在于简化飞机的机械结构，提高飞行的稳定性能。至今，FBWA 和 FBWB 依然沿用了电传操控的名称。

在 Ardupilot 中可以采用两种方式设置飞行模式。

- 通过 FLT_MODE_CH 参数设置专用于切换飞行模式的通道。
- 通过 RC*_OPTION 参数（其中*为通道号）设置某通道专用于开启特定的飞行模式。

1）设置专用于切换飞行模式的通道

在全部参数表中，找到并设置 FLT_MODE_CH 参数，以指定某个通道专用于切换飞行模式。比如，设置第 6 个通道专用于切换飞行模式，如图 3-22 所示。

命令	△	值	Default	单位	选项	描述	Fav
FLTMODE_CH		6	8		1 16 0:Disabled 1:Channel 1	RC Channel to use for flight mode control	☐
FLTMODE1		11	11		0:Manual 1:CIRCLE 2:STABILIZE	Flight mode for switch position 1 (910 to 1230 and above 2049)	☐
FLTMODE2		11	11		0:Manual 1:CIRCLE 2:STABILIZE	Flight mode for switch position 2 (1231 to 1360)	☐
FLTMODE3		5	5		0:Manual 1:CIRCLE 2:STABILIZE	Flight mode for switch position 3 (1361 to 1490)	☐
FLTMODE4		5	5		0:Manual 1:CIRCLE 2:STABILIZE	Flight mode for switch position 4 (1491 to 1620)	☐
FLTMODE5		0	0		0:Manual 1:CIRCLE 2:STABILIZE	Flight mode for switch position 5 (1621 to 1749)	☐
FLTMODE6		0	0		0:Manual 1:CIRCLE 2:STABILIZE	Flight mode for switch position 6 (1750 to 2049)	☐

图 3-22　设置第 6 个通道专用于切换飞行模式

许多遥控器具有专门设置飞行模式的按钮。比如，Radiomaster TX16S、Jumper T18 等均有 6 位按钮，可以将 6 位按钮控制的通道用于切换飞行模式，如图 3-23 所示。

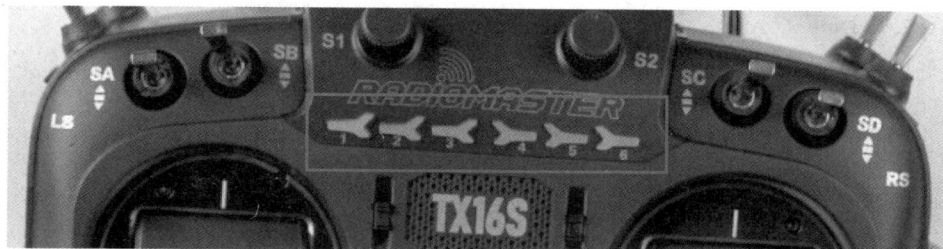

图 3-23　6 位按钮

对于没有 6 位按钮的遥控器来说，也可以使用 2 位、3 位拨杆代替 6 位按钮。

随后，即可在 Mission Planner 的"初始设置"界面中选择"飞行模式"选项，在右侧找到并修改用于切换飞行模式的通道数据在各个位置上对应的飞行模式，如图 3-24 所示。

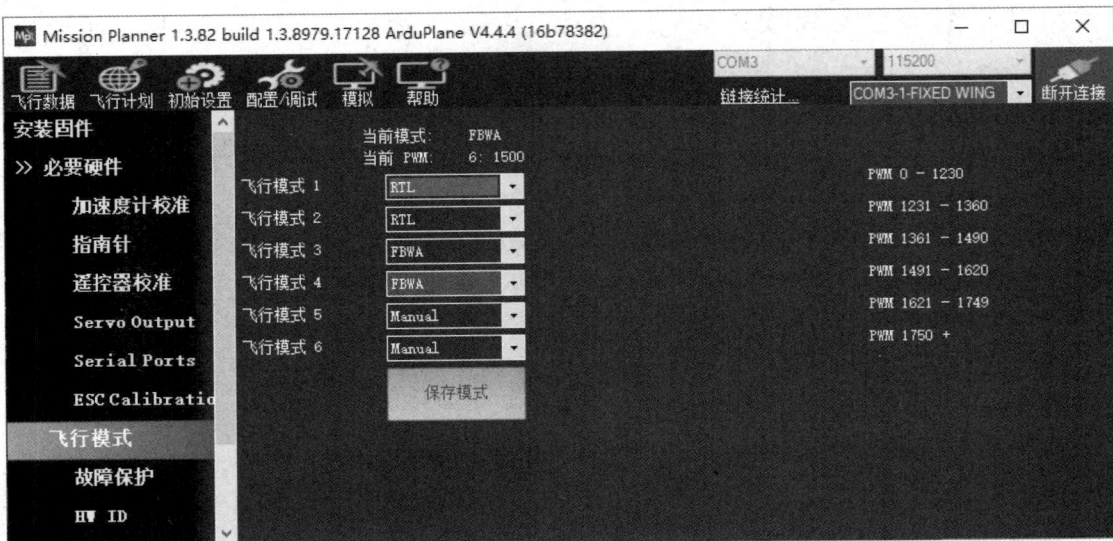

图 3-24 飞行模式的切换

如果使用 3 位拨杆切换飞行模式，那么可以两两一组设置飞行模式。在图 3-24 中，将 3 位拨杆的 3 个位置设置为返航模式（RTL）、电传操控模式（FBWA）和手动模式（Manual）。

2）设置某通道专用于开启特定的飞行模式

任意的遥控器通道，都可以通过其 RC*_OPTION（其中*为通道号）参数设置某通道专用于开启特定的飞行模式。一些常用的设置参数如下。

- 4: RTL：切换至返航模式。
- 16: AUTO Mode：切换至航点模式。
- 51: MANUAL Mode：切换至手动模式。
- 55: GUIDED Mode：切换至导向模式。
- 56: LOITER Mode：切换至定点留待模式。
- 72: CIRCLE Mode：切换至盘旋模式。
- 77: TAKEOFF Mode：切换至抛飞模式。
- 92: FBWA Mode：切换至增稳模式。
- 150: CRUISE Mode：切换至定高、定向模式。

将某些通道设置为上述选项后，即可通过 PWM 高位将当前的飞行模式切换至指定模式。

3. 通道输出的设置

无人机对遥控器传递来的通道数据进行处理后，还需要通过 PWM 协议将这些数据输出，并用于电机转速和舵机的控制。对于一般的单发无人机而言，仅需要将前 4 个通道以 AETR 的顺序分别输出副翼（Aileron）、升降舵（Elevator）、油门（Throttle）和方向舵（Rudder）的控制信号，如图 3-25 所示。

图 3-25　通道输出设置

　　不过，对于双发动机固定翼无人机来说，建议将两个电机电子调速器分别接入不同的输出通道，并分别设置为 ThrottleLeft 和 ThrottleRight，即可通过两个电机的差动实现无人机的转弯，增强无人机的稳定性。

> **提示**　　通道输出设置完成后，建议再次进行电子调速器的校准，以便于油门输出准确。具体方法：将油门信号线拆除，启动飞行控制器后将遥控器油门拉到最低、偏航打到最右，进行解锁。解锁后将油门推到最高，接上油门信号线，再将油门拉到最低，直到听到"滴滴"两声后表明校准成功。

　　读者可以将无人机切换到手动模式或者电传操控 A 模式，尝试通过遥控器改变各个舵面，推动油门（解锁前注意拆卸螺旋桨避免发生危险），观察舵面运动和油门是否反向。如果反向，那么在对应的通道勾选 "Reverse" 复选框即可改变其方向。

> **提示**　　对于油门通道来说，要注意将其中位点（Trim）的位置设置为最低（Min）。

对于不同舵面布局的无人机，还可以进行以下设置。

- 如果无人机存在襟翼（Flap），还可以专门设置 Flap 通道。如果没有单独的襟翼，那么可以将副翼和襟翼合二为一，将左右两个副翼分别设置为 FlaperonLeft 和 FlaperonRight。
- 如果无人机采用飞翼布局，则视为无人机的升降舵和副翼合二为一了，可以将左右两个舵面分别设置为 ElevonLeft 和 ElevonRight。
- 如果无人机采用 V 尾布局，则视为无人机的升降舵和方向舵进行了融合，可以将左右两个尾舵分别设置为 VTailLeft 和 VTailRight。

> **提示**
>
> 其实，对于常规布局的固定翼无人机，也可以通过 KFF_RDDRMIX 参数（默认为 0）实现副翼和升降舵的混控。

3.2.5 其他设置

本节介绍另外 3 个比较重要的 Ardupilot 设置，分别是 OSD 设置、电池校准和故障保护。

1. OSD 设置

对于模拟图传来说，可以设置图传回传界面，默认的回传界面如图 3-26 所示。

图 3-26　默认的回传界面

在 Mission Planner 的"调试/配置"界面选择"Onboard OSD"选项，可以对 OSD 的布局和显示内容进行设置，如图 3-27 所示。

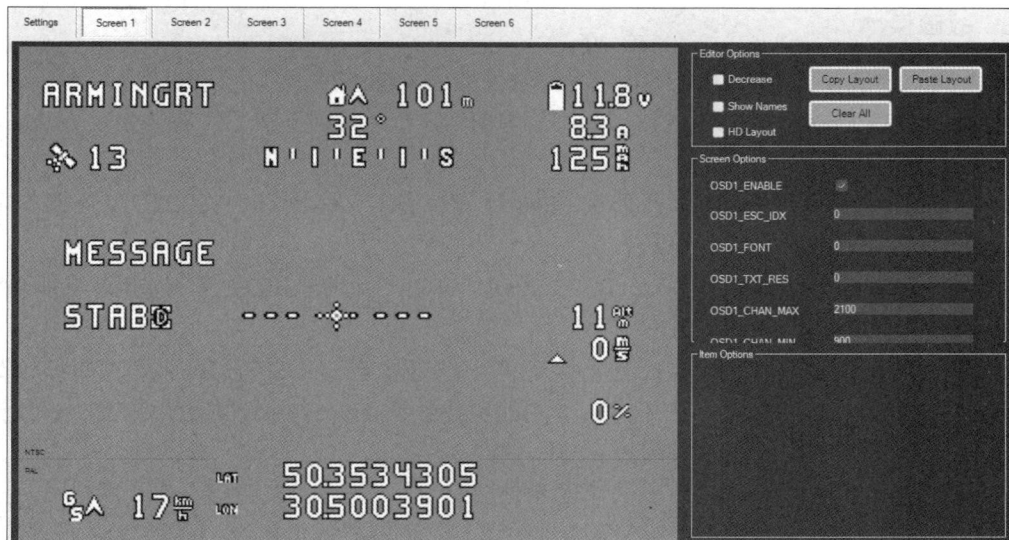

图 3-27　OSD 设置界面

无人机速度包括空速（Air Speed，AS）、地速（Ground Speed，GS）和风速（Wind Speed，WS），并且地速和风速均有箭头指向（空速的方向始终固定为正前方），这三者之间的关系如下：

$$GS=AS+WS$$

在没有安装空速计的情况下，OSD 通常只显示地速，没有空速和风速的显示。

2. 电池校准

在 Mission Planner 的"初始设置"界面选择"电池监测器"选项，检查监控器、传感器和 APM 版本设置是否正确，将电池容量设置为实际的电池容量，如图 3-28 所示。通过万用表测量电池的电压和电流，并填入"测量电池电压"和"测量电流"数值框以校准数据，其中带有"（计算过）"的值即飞行控制器经过校准后计算的值。

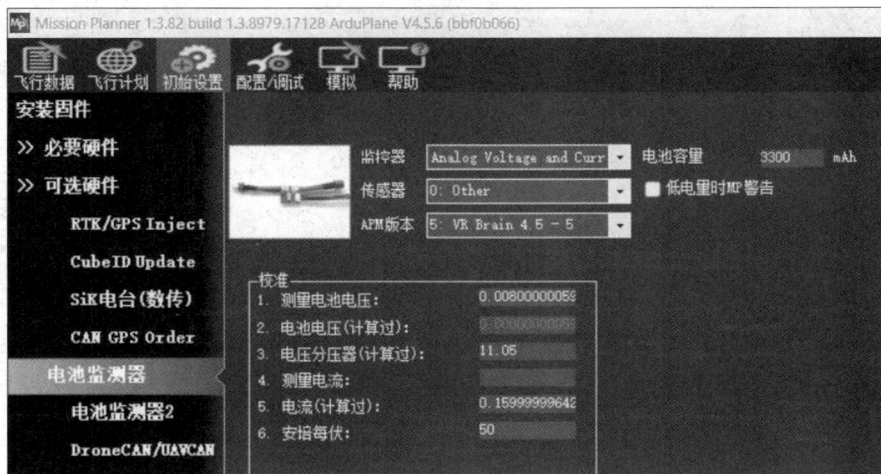

图 3-28　电池监测器设置

3. 故障保护

无人机的故障保护是指在无人机遥控信号丢失、电池故障、地面站故障、扩展卡尔曼滤波器（Extended Kalman Filter，EKF）算法故障等影响到无人机正常工作后的处理方式。触发故障保护的主要原因如下。

- 遥控信号丢失：遥控信号丢失或油门信号低于 FS_THR_VALUE，且时间超过 RC_FS_TIMEOUT 秒即可触发。
- 电池故障：当电池电压小于 BATT_LOW_VOLT 超过 10s 或者电池能源消耗超过 BATT_LOW_MAH 即可触发。
- 地面站故障：地面站 MAVLink 心跳包停止且超过 FS_GCS_TIMEOUT 秒即可触发。
- EKF 算法故障：EKF 算法中计算采用的罗盘数据、位置数据和速度数据的 EKF 方差高于 FS_EKF_THRESH 且超过 1s 即可触发。
- 振动故障：当 EKF 算法所得的速度和位置信息出现较大波动且超过 1s 后触发。
- 起飞电机故障：电机转速未达预期时触发，防止电机或电机因损坏而未以最低转速运行时起飞翻转。

除了上述情况，地形数据丢失故障、监测到无人机碰撞、降落伞故障或其他 Watchdog 监测到的故障都可以启动故障保护。

在 Mission Planner 中，可以设置遥控信号丢失、电池故障和地面站故障触发故障保护的相关参数，如图 3-29 所示。

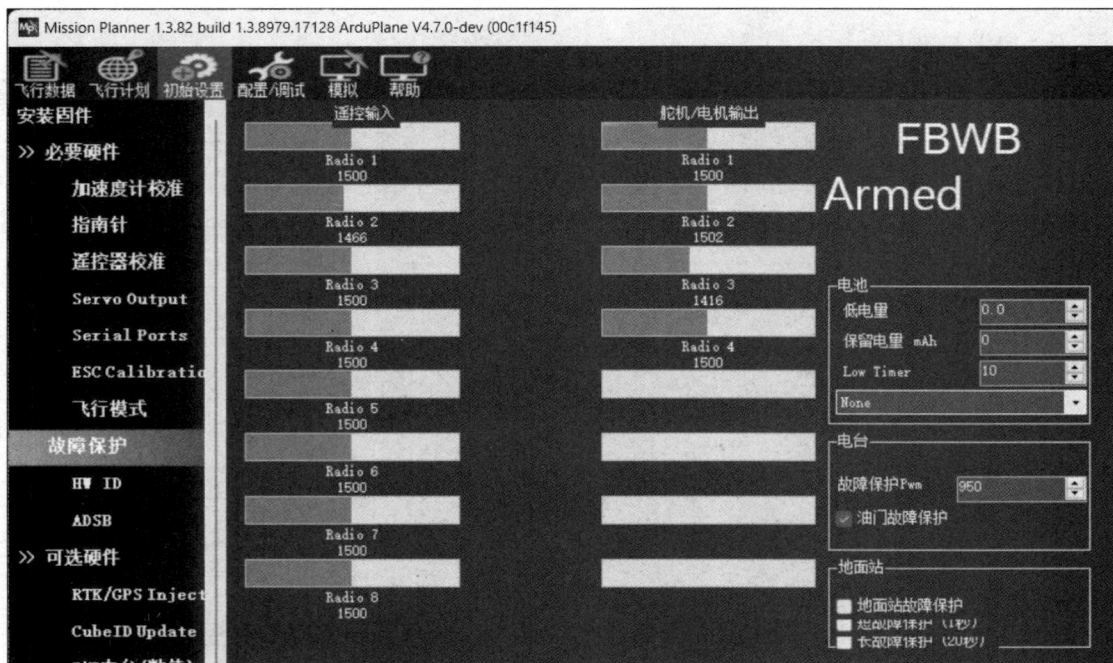

图 3-29　故障保护的相关参数

提示　　　为了检测电池故障，需要安装电池检测器，并设置 BATT_MONITOR 等相关参数。

Ardupilot 故障保护包括两个阶段，分别是短期故障保护阶段和长期故障保护阶段。短期故障保护阶段的默认动作是进入到盘旋模式（CIRCLE）下，长期故障阶段的默认动作是进入到返航模式（RTH）下。相关的参数如下所示。

- FS_SHORT_TIMEOUT ：默认值为 1.5s，即故障发生后的 1.5s 后开始执行短期失控保护。
- FS_SHORT_ACTN ：默认值为 0，即短期故障保护阶段的默认动作为进入到盘旋模式下，但如果无人机正在执行飞行任务（或处在导向模式 GUIDED 或定点模式 LOITER 下），则不进行任何操作。
- FS_LONG_TIMEOUT：默认值是 5s，即当进入短期故障保护阶段 5s 后开始执行长期故障保护。
- FS_LONG_ACTH：默认值为 0，长期故障保护阶段的执行动作。当该值为 0 时，如果在手动、自稳等模式下，则会自动返航；如果在自动、导向等模式下，则继续执行任务。当该值为 1 时，无论处在何种模式下都会返航。当该值为 2 时，会进入到 FBWA 模式。当该值为 3 时，会打开降落伞（如果已经安装相关设备）。当该值为 4 时，会进入到自动模式下。

无人机返航时，默认的返航高度为 100m（RTL_ALTITUDE 参数）。如果返航前的高度超过 100m，则会一边返航一边降低高度；如果返航高度在 100m 以下，则会爬升到相应高度后再执行返航动作。

3.3　让 Ardupilot 当家做主

绝大多数的飞行任务，需要执行许多自定义任务，需要无人机自主飞行。本节介绍如何通过 Audupilot 实现任务的自动执行，以及如何实现自动起飞和自动降落。

3.3.1　执行飞行任务

设计飞行任务时，无须连接任何无人机。设计完成后，即可将设计好的飞行任务上传到无人机中。下面介绍如何使用 Ardupilot 设计并执行飞行任务。

1. 设计飞行任务

在 Mission Planner 中，单击"飞行计划"按钮，即可进入"飞行计划"界面，如图 3-30 所示。

图 3-30 "飞行计划"界面

在上述界面中，地图显示整个任务的概览和主要航点，下方的表格显示任务的所有命令和航点（默认情况下没有任何航点），右侧的按钮用于加载航点文件或写入航点等。

在设置航点之前，需要确认几个非常重要的参数：初始点和高度模式。高度包括相对高度、绝对高度和地形高度。如果飞行任务较为简单，范围较小且地形起伏较缓，则选择相对高度即可；如果飞行任务范围大或地形较为复杂，则建议使用绝对高度或地形高度。

初始点即拟执行无人机任务的起飞位置，也是无人机的返航点。不过，实际执行无人机任务时，无人机返航点可以与初始点存在一定的差异。在地图上随便点选位置，即可创建一个新的航点，作为初始点。

随后，将会提示"You must have a home altitude"，此时输入返航高度即可，如图 3-31 所示。起始点的位置可以单击界面右下角的"起始位置"按钮查看。当无人机连接到 Mission Planner 时，可以单击"起始位置"按钮将当前的无人机位置设置为起始位置。

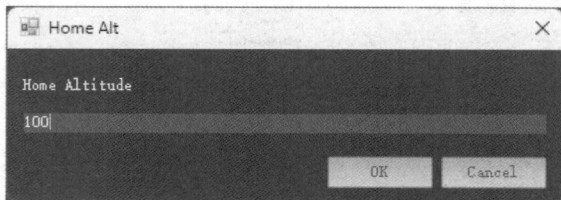

图 3-31 返航高度

再次在地图上单击某个位置，即可创建新的航点，如图 3-32 所示。此时，在下方的表格中也可以查询到新航点的位置信息等。航点用绿色定位符表示，并显示航点的序号。周围的白色虚线表示航点接受半径范围。

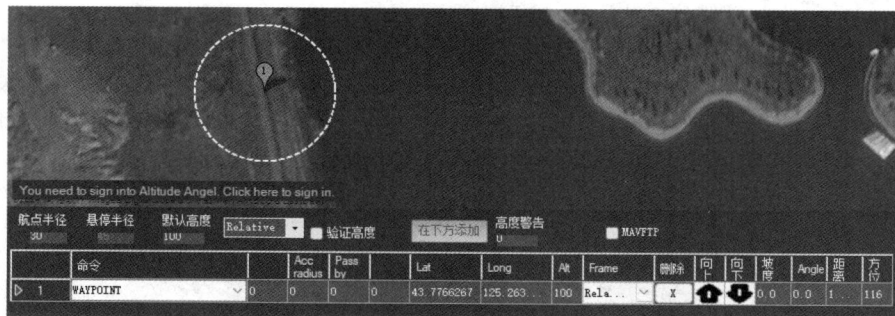

图 3-32 创建新的航点

每个航点都有 4 个自定义参数。

- 悬停时间：到达航点后的悬停时间，单位为秒。对于固定翼无人机而言，忽略该参数。
- 接受半径：当进入航点接受半径范围时，视为到达航点，单位为米。当该值设置为 0 时，以任务的航点半径为准。
- 通过距离：通过航点时保持航向的飞行距离，单位为米。当该值设置为 0 时，仅路过航点。
- 航向：进入航点时的航向，单位为度。对于固定翼无人机而言，忽略该参数。

> **提示**
>
> 在某些版本的 Ardupilot 中，通过距离为环绕半径，即在该航点以环绕半径环绕一定的时间。

多选择几个航点可以发现，航点上的数字表示航点的顺序，且有黄线将这些航点连接了起来：黄色实线表示航点之间的连线，虚线表示进入航线和离开航线返航的连线，如图 3-33 所示。

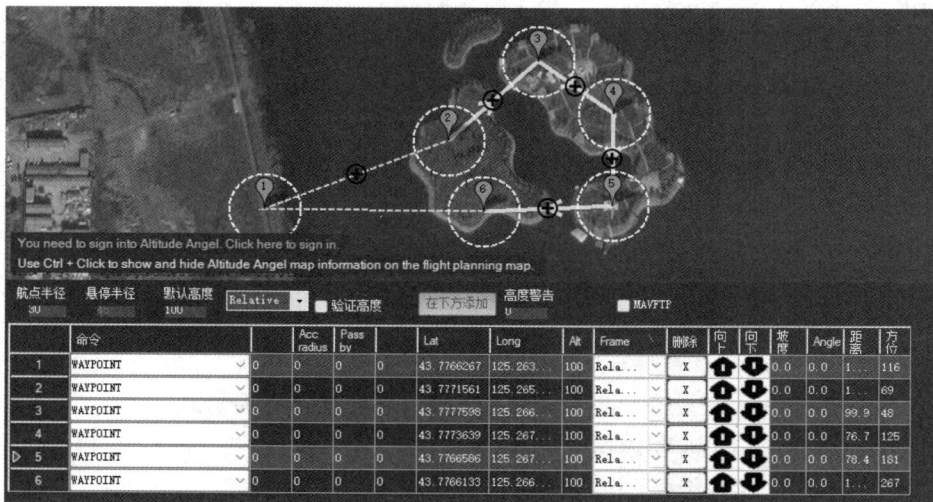

图 3-33 选择多个航点

2. 保存飞行任务

单击"保存航点文件"按钮即可将航点任务存储为文件。飞行任务可以采用 waypoints 格式或 mission 格式存储。其中，waypoints 格式为纯文本格式，可以再次被 Mission Planner 加载；mission 格式为 JSON 格式，不能再次被 Mission Planner 加载。

waypoints 格式中的第一行表示航点的基本信息（版本信息等），其后的每一行均表示一个航点，其中第一个航点为返航点，如下所示。

```
QGC WPL 110
0   1   0   0   0   0   0   0   0   0   1
1   0   3   16   0.00000000   0.00000000   0.00000000   0.00000000   43.77662670 125.26388150   100.000000   1
2   0   3   16   0.00000000   0.00000000   0.00000000   0.00000000   43.77715610 125.26577260   100.000000   1
3   0   3   16   0.00000000   0.00000000   0.00000000   0.00000000   43.77775980 125.26669390   100.000000   1
4   0   3   16   0.00000000   0.00000000   0.00000000   0.00000000   43.77736390 125.26747610   100.000000   1
5   0   3   16   0.00000000   0.00000000   0.00000000   0.00000000   43.77665860 125.26746550   100.000000   1
6   0   3   16   0.00000000   0.00000000   0.00000000   0.00000000   43.77661330 125.26613700   100.000000   1
```

3. 插入飞行动作

在执行航点任务的过程中，可以进行特定的工作，如拍照、停留、改变飞行状态等。Ardupilot 的任务设计符合 MAVLink 协议，因此，其飞行动作也需要通过典型的 MAVLink 的 3 种命令实现，分别是导航命令、动作命令和条件命令。

- 导航命令：用于控制无人机的移动，如起飞、降落、飞往特定位置等。
- 动作命令：用于控制无人机执行特定的动作，如拍照、录像、控制舵机、改变飞行速度等。
- 条件命令：用于设置动作命令的条件，如延迟执行动作等。

导航命令以 MAV_CMD_NAV_ 开头（以下命令均省略了此开头），主要包括如下。

- WAYPOINT：飞往特定的航点，上述创建的任务中主要采用了该动作。
- LOITER_UNLIM：在某个点附近环绕（无时间限制）。
- LOITER_TURNS：在某个点附近环绕（特定圈数）。
- LOITER_TIME：在某个点附近环绕（特定时间）。
- LOITER_TO_ALT：在某个点附近环绕，并达到某个高度。在起飞或者降落时用于调整无人机的高度。
- RETURN_TO_LAUNCH：回到返航点，或者最近的集结点。
- LAND：降落。
- TAKEOFF：起飞。
- DELAY：延迟一段时间再执行下一个命令。
- VTOL_TAKEOFF：VTOL 垂直起飞。
- VTOL_LAND：VTOL 垂直降落。
- PAYLOAD_PLACE：VTOL 垂直下降，用于投放、放置、更换负载。
- SCRIPT_TIME：在一定时间内执行 Lua 脚本。
- IMAGE_START_CAPTURE：开始拍摄照片。
- IMAGE_STOP_CAPTURE：停止拍摄照片。

- SET_CAMERA_ZOOM：相机变焦。
- SET_CAMERA_FOCUS：相机对焦。
- SET_CAMERA_SOURCE：设置相机源。
- VIDEO_START_CAPTURE：开始录制视频。
- VIDEO_STOP_CAPTURE：停止录制视频。
- ALTITUDE_WAIT：等待飞行器到达一定高度或者具有一定的下降率，该命令通常应用于飞艇或者热气流。
- CONTINUE_AND_CHANGE_ALT：沿着当前的飞行路线爬升或者下降到特定的高度。
- DO_JUMP：跳转到特定的位置（序号）执行任务（可以循环指定次数）。
- JUMP_TAG：定义标签。
- DO_JUMP_TAG：跳转到特定的标签执行任务（可以循环指定次数）。
- UNKNOWN：未知。

动作命令以 DO_ 开头，主要包括如下。

- DO_SEND_SCRIPT_MESSAGE：发送 Lua 脚本信息。
- DO_VTOL_TRANSITION：改变 VTOL 无人机的模式（固定翼模式、多旋翼模式）。
- DO_AUX_FUNCTION：执行辅助功能（类似于 RC 通道拨杆的控制方式，包括 3 个挡位）。
- DO_GRIPPER：改变夹具状态，用于空投、释放开关等。
- DO_LAND_START：准备开始降落。
- DO_SET_ROI：设置兴趣区域（ROI），用于云台的指向控制。
- DO_INVERTED_FLIGHT：切换正飞、倒飞状态。
- DO_SET_CAM_TRIGG_DIST：设置相机拍摄触发距离，即每隔一段时间拍摄一个相片，常用于航测任务。
- DO_CHANGE_SPEED：改变飞行速度。
- DO_SET_HOME：设置返航点。
- DO_SET_RELAY：设置继电器的状态。
- DO_REPEAT_RELAY：重复设置继电器的状态。
- DO_SET_SERVO：设置舵机位置。
- DO_REPEAT_SERVO：重复设置舵机位置。
- DO_DIGICAM_CONFIGURE：配置板载相机控制参数。
- DO_DIGICAM_CONTROL：触发相机快门，拍摄照片。
- DO_MOUNT_CONTROL：设置云台的朝向（俯仰、横滚和偏航）。
- DO_GIMBAL_MANAGER_PITCHYAW：以一定的速度改变云台的偏航和俯仰。
- DO_PARACHUTE：打开降落伞。
- DO_FENCE_ENABLE：设置地理围栏状态。
- DO_SPRAYER：打开、关闭喷雾装置。
- DO_AUTOTUNE_ENABLE：打开和关闭自动调参模式（AUTOTUNE）。
- DO_ENGINE_CONTROL：打开和关闭内燃机（ICE）。
- DO_SET_RESUME_REPEAT_DIST：设置任务回放距离。

条件命令以 CONDITION_ 开头，主要包括如下。
- CONDITION_DELAY：延迟一段时间。
- CONDITION_DISTANCE：延迟一段距离。
- CONDITION_YAW：改变航向。

4. 执行飞行任务

将无人机连接至 Mission Planner，单击"写入航点"按钮将任务上传到无人机中，或者单击"Write Fast"按钮快速写入无人机任务。此时，无人机中就保存了当前的飞行任务。当无人机重启后，这些任务仍然存在于无人机中。

> **提示**　在写入航点后，可以再次读取航点以确认这些航点上传成功。

随后，将无人机切换到自动模式，则无人机将自动执行这些飞行任务。

3.3.2　自动创建航点

在 Mission Planner 的"飞行计划"界面中，在地图上右击，将会出现自动航点下拉菜单，其中包括了如下选项。
- 创建航点圈。
- 创建曲线圈。
- 区域。
- 文本。
- 创建环绕航测航线。
- 区域航测。
- 横向航测。
- 区域航测第二代。
- 简单区域航测。

本节介绍一些常用的创建自动航点的功能。

1. 创建航点圈

通过该功能，可以创建围绕特定位置进行盘旋的航点圈，如图 3-34 所示。在"飞行计划"界面中，在地图上的某个位置（环绕位置）右击，选择"自动航点"→"创建航点圈"选项，即可弹出若干对话框，其提示和功能如下。
- Radius：环绕半径，默认为 50m。
- Number of points to generate circle：创建的航点数量，默认为 20 个。
- Direction of circle (-1 or 1)：环绕方向，-1 表示逆时针，1 表示顺时针，默认为 1。
- Angle of first point (whole degrees)：第一个点的位置，以正北为起点，按顺时针的角度

定义。默认为 0°位置，即环绕点的正北位置。

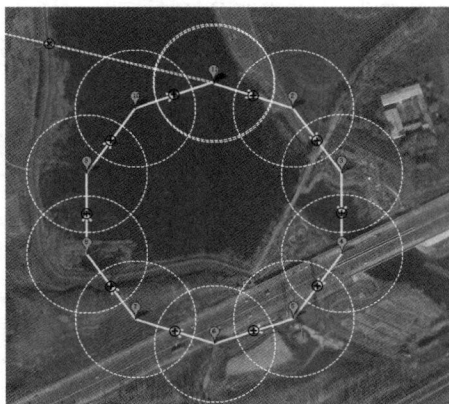

图 3-34　航点圈

2. 创建航测区域

创建航测区域，首先需要绘制多边形图形（或者通过文件加载区域位置）。在地图上右击，选择"绘制多边形"→"Draw a Polygon"选项，然后在地图上点选位置，即可绘制多边形作为航测区域。

在地图上右击，选择"自动航点"→"Survey (Grid)"选项，界面右侧出现如图 3-35 所示的选区。此时，Mission Planner 会自动生成航线。用户还可以通过右侧的"Camera"选项选择合适的相机，在"Altitude"数值框中输入合适的高度，在"Angle"数值框中输入合适的拍摄角度，使 Mission Planner 根据其视场角和高度来合理地规划航线。

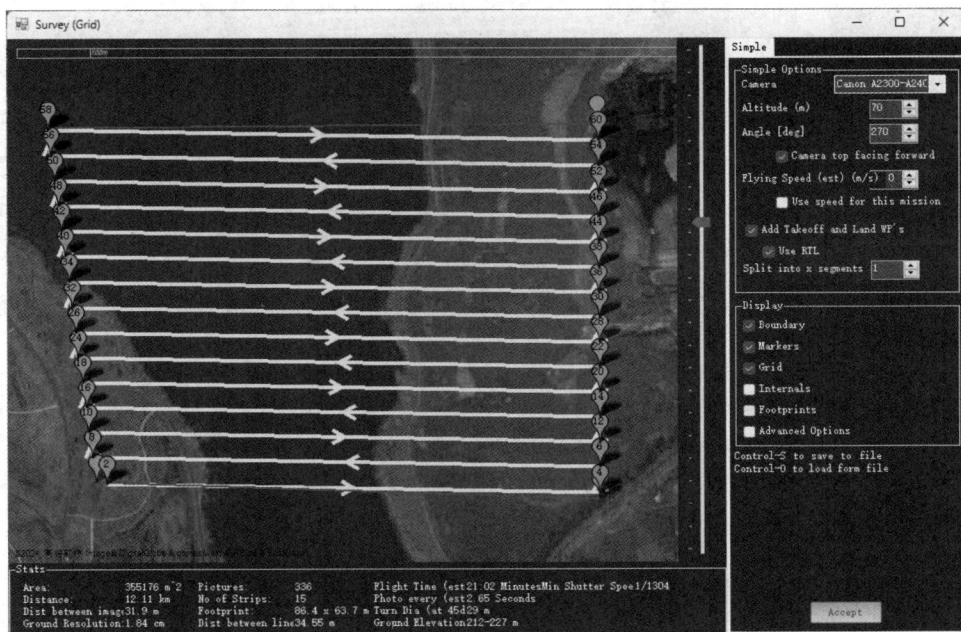

图 3-35　航测区域

单击"Accept"按钮确认航线。创建完毕后，可以在命令列表中查看到该航线通过DO_SET_CAM_TRIGG_DIST 设置的拍摄间距约为 31.85m。在非航线过程中，将拍摄距离设置为 0m（不拍摄），并在开始增加了 TAKEOFF 命令，在结尾增加了 RETURN_TO_LAUNCH命令。区域航测的任务命令列表如图 3-36 所示。

	Command		Dist (m)							Frame		Delete			Grad %	Angle	Dist	AZ
1	TAKEOFF	∨	20	0	0	0			30	Rela...	∨	X	🡑 🡓		0	0	0	0
2	WAYPOINT	∨	0	0	0	43.7702248	125.267...	70	Rela...	∨	X	🡑 🡓		58.1	30.1	1...	84
3	DO_SET_CAM_TRIGG_DIST	∨	31.8500003...	1	0	0		0	Rela...	∨	X	🡑 🡓		0.0	0.0	6...	91
4	WAYPOINT	∨	0	0	0	43.7700940	125.275...	70	Rela...	∨	X	🡑 🡓		0.0	0.0	6...	91
5	DO_SET_CAM_TRIGG_DIST	∨	0	0	1	0		0	Rela...	∨	X	🡑 🡓					
6	WAYPOINT	∨	0	0	0	43.7704051	125.275...	70	Rela...	∨	X	🡑 🡓		0.0	0.0	34.6	360
7	DO_SET_CAM_TRIGG_DIST	∨	31.8500003...	0	1	0		0	Rela...	∨	X	🡑 🡓		0.0	0.0	6...	271
8	WAYPOINT	∨	0	0	0	43.7705395	125.267...	70	Rela...	∨	X	🡑 🡓		0.0	0.0	6...	271
9	DO_SET_CAM_TRIGG_DIST	∨	0	0	1	0		0	Rela...	∨	X	🡑 🡓					

图 3-36　区域航测的任务命令列表

区域航测第二代提供了更加智能的航线规划方法，绘制好航测区域后，在地图上右击，选择"自动航点"→"Survey (Gridv2)"选项即可打开如图 3-37 所示的界面。

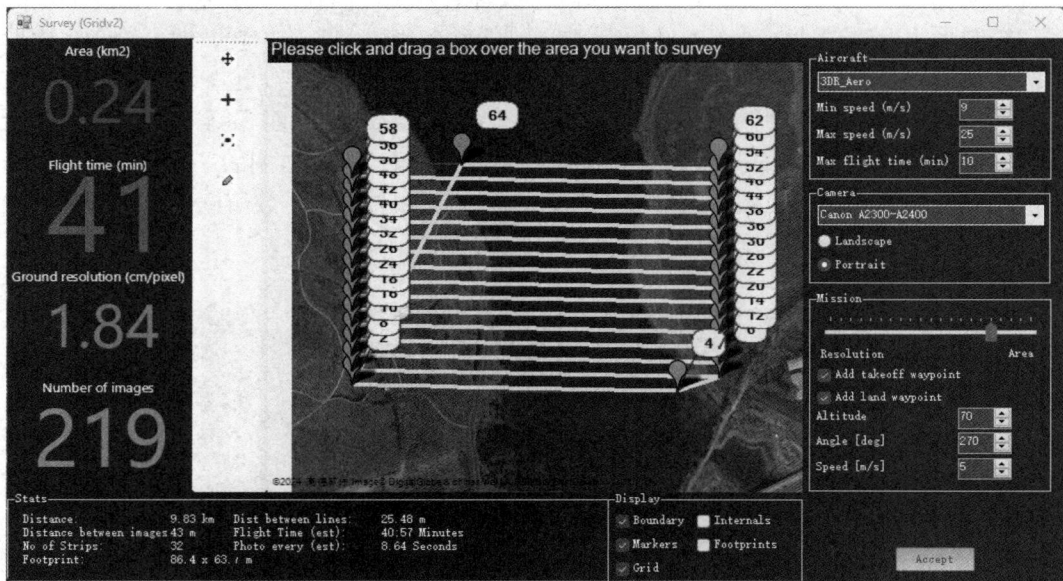

图 3-37　创建区域航测（Gridv2）

在这个界面中，不仅可以在"Aircraft"选区中选择无人机类型，在"Camera"选区中选择相机类型，还可以在"Mission"选区中设置合适的高度、角度和速度。航线航测面积、飞行时间、航测的分辨率、拍摄相机的数量可以清晰地显示在左侧的面板中。单击"Accept"按钮即可创建航线。

3. 创建环绕航测航线

在地图上的某个位置（环绕位置）右击，选择"自动航点"→"创建环绕航测航线"选项，即可创建环绕某个目标地物的航测航线，以进行航测数据采集。此类航线通常用于对某个地物进行 3D 建模。为了生成这样的航测航线，需要输入以下参数。

- 开始高度：开始环绕的高度，单位为米。
- 结束高度：结束环绕的高度，单位为米。
- 高度间隔：每次环绕的高度差，单位为米。
- 环绕半径：环绕目标 ROI 的半径，单位为米。
- 照片数量：每圈环绕拍摄的照片数量，单位为个。没圈的航点数量为该数量加一。
- 开始航向：开始环绕的航向，单位为度。

比如，开始高度为 10m，结束高度为 20m，高度间隔为 5m，环绕半径为 50m，照片数量为 12 个，开始航向为 0°，则生成如图 3-38 所示的航线，共 79 个命令。第一个命令为 DO_SET_ROI，定义需要环绕的位置，随后，分为 3 圈环绕（10m、15m 和 20m），每一圈都包括 13 个航点（WAYPOINT）和 13 个拍照动作（DO_DIGICAM_CONTROL），总共为 78 个命令。

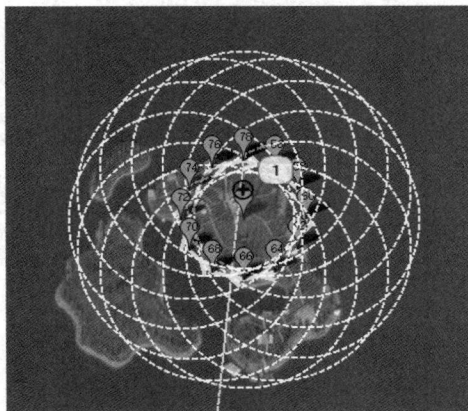

图 3-38　航线示例

4．创建文本航线

在地图上右击，选择"自动航点"→"文本"选项，即可通过文本字符创建航线。通过 Dong 这 4 个字符创建的文本航线如图 3-39 所示。

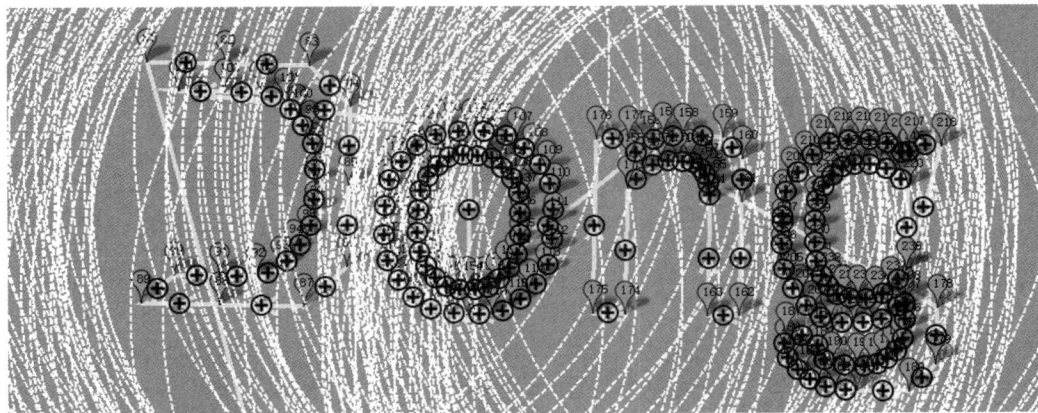

图 3-39　通过 Dong 这 4 个字符创建的文本航线

3.3.3 自动起飞

起飞和降落是无人机最容易发生危险的两个动作。在执行这两个动作时，无人机距离地面较近很容易受到近地面障碍物和微环境的影响，对于操作员来说，需要时刻注意无人机的姿态是否正确，操作员在紧张的情绪下也很容易操作失误。因此，对于执行任务的无人机来说，最好让其自动起飞和自动降落，通过飞行控制器来降低飞行难度，从而实现更加简单的飞行。

在 ArduPlane 中，起飞模式专门用于无人机的自动起飞，只需要将某个遥控器通道的 RC*_OPTION 选项设置为 77（TAKEOFF Mode）即可实现无人机的自动起飞，如图 3-40 所示。

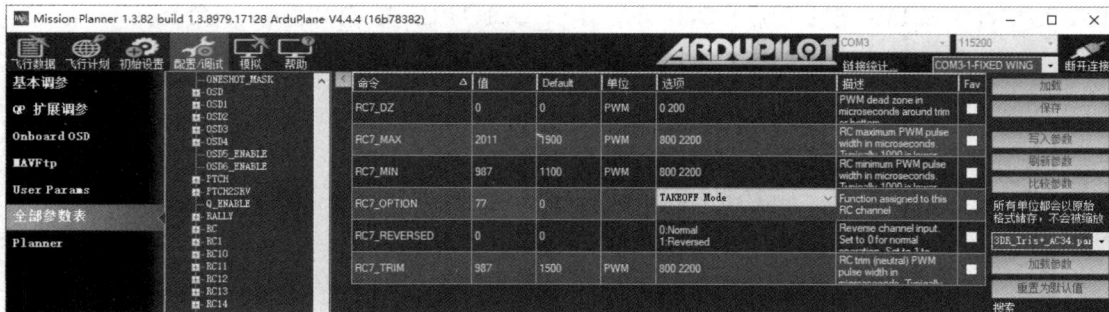

图 3-40　通过遥控器通道实现自动起飞

> **提示**
>
> 也可以在飞行任务中增加自动起飞命令，其原理是类似的。

一些常见的自动起飞参数如下。

- TKOFF_ALT：起飞后达到的高度，默认为 50m。
- TKOFF_DIST：起飞时盘旋升高的范围，默认为 200m。
- TKOFF_LVL_PATCH：起飞时的俯仰角度，默认为 15°。
- TKOFF_LVL_ALT：起飞时机翼保持水平的高度，默认为 5m。

对于手抛起飞和弹射起飞方式，还需要注意以下参数。

- TKOFF_THR_MAX：起飞时的最大油门，默认为 0，表示使用 THR_MAX 参数设置的最大油门。该参数可以从 0 设置到 100。为了避免顺风起飞动力不足的情况，建议保持默认值即可。
- TKOFF_THR_MINACC：起飞时的最小加速度，单位为米每平方秒，默认为 0，即禁用该参数。该参数表示当无人机的前向加速度到达某个值后才启动油门，建议将该参数设置为 3。如果采用弹射起飞方式，那么建议设置为 15。
- TKOFF_THR_DELAY：自动起飞触发后，间隔该时间后再启动油门，默认为 0。如果采用弹射起飞方式，那么建议设置为 1s；如果采用手抛起飞方式，那么保持默认即可。

- TKOFF_THR_MINSPD：起飞时的最小地速（GPS 地面速度），单位为米每秒，默认为 0，即禁用该参数。该参数表示当无人机的前向速度到达某个值后才启动油门，建议将该参数设置为 2。如果采用弹射起飞方式，则建议设置为 4。

对于滑跑起飞方式，还需要注意以下参数。

- TKOFF_TDRAG_ELEV：滑跑阶段升降舵设置，默认为 0。前三点起落架建议设置为负值（向下），后三点起落架建议设置为正值（向上），以便于增强转向能力。
- TKOFF_TDRAG_SPD1：滑跑阶段转向切换速度，默认为 0m/s。建议根据无人机的性能设置为 3m/s。超过该速度，Ardupilot 将升降舵归零，通过方向舵来控制转向，而不是通过转向轮来控制转向。该速度不得低于方向舵有舵效前的速度。
- TKOFF_THR_SLEW：油门加速比，表示每秒油门增加的比例，默认为 0%。
- TKOFF_ROTATE_SPD：抬轮速度，该速度不得低于无人机的失速速度。

3.3.4　自动降落

滑降是无人机降落的主要方式。滑降是指无人机在靠近地面时，机翼产生的升力与地心引力平衡，以控制下降的速度和姿态，从而实现平稳降落。在滑降过程中，无人机一般会沿着一个倾斜的路径进行，依赖于一定的空气动力学原理。操作员或自动飞行控制系统会逐步降低无人机的速度，同时进行合理的俯仰调整，以便使无人机在适当的高程和速度上开始接地。

总能量控制系统（Total Energy Control System，TECS）是无人机进近的重要方法。TECS 不仅控制飞机的总能量大小，并且调配总能量中动能和势能的分配，从而使无人机在合理的高度和速度上进近。

1．自动降落依赖的硬件

为了更加精准地估算当前的能量，无人机自动着陆至少需要空速计和测距仪（见图 3-41）。空速计用于测量当前无人机的空速，进而估算当前无人机的动能；测距仪用于测量当前无人机的高度，进而估算当前无人机的势能。

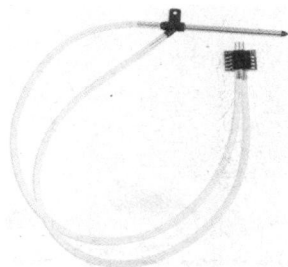

（a）空速计　　　　　　　　　　　　（b）测距仪

图 3-41　空速计和测距仪

> **提示**
>
> 虽然机载 GNSS 设备可以测量无人机的高度和地速，但是它们的值与实际距离地面的高度和空速仍然存在差距，因此效果并不佳。

（1）空速计：通过皮托管（空速管）测量撞风面的总压和侧面的静压之间的关系，从而计算指示空速。

$$V_{\text{IAS}} = \sqrt{2(P_t - P_s)/\rho}$$

式中，V_{IAS} 为指示空速；P_t 为总压；P_s 为静压；ρ 为空气密度。

（2）测距仪：测距模块可以选用激光测距模块和超声波测距模块。激光测距精度更高，并且测距距离更大，一般可达 100m 以上的精准测距。超声波测距的测距距离相对较小，一般不超过 5m，但是成本较低。固定翼无人机的降落功能不需要较大的测距距离，因此采用超声波测距模块就可以满足需求。

> **提示**
>
> 测距仪的安装需要垂直地面向下，因此建议此类无人机配备起落架，以免地面杂物损坏测距仪。

2. 自动降落的阶段

与自动起飞不同，自动降落没有单独的飞行模式。要让无人机自动着陆，需要在自动任务中添加 NAV_LAND 命令，指示着陆点的纬度、经度和高度，以及是否允许中止自动着陆。到达前一个航点后，无人机将下降并导航至着陆点。

自动降落分为预进近阶段、进近阶段和平飘阶段，如图 3-42 所示。

- 预进近阶段：准备开始降落，无人机将下降到一定高度。
- 进近阶段：无人机将沿着航线释放能量，降低高度，飞向着陆区域。
- 平飘阶段：无人机以接近失速的速度滑行，并进行着陆。

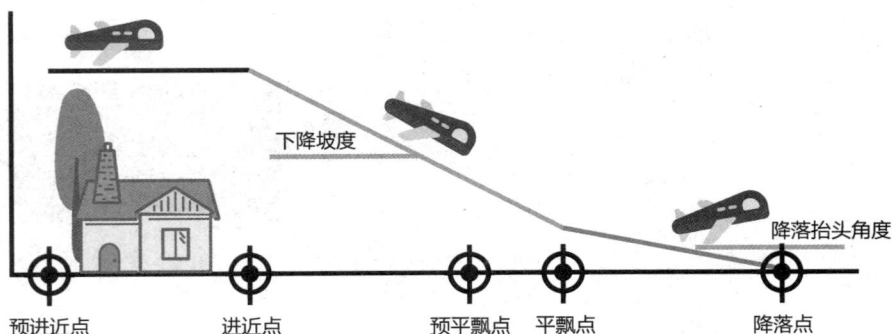

图 3-42　自动降落的阶段

图 3-42 中一些关键点的功能如下。

- 预进近点（Pre-Approach Waypoint）：普通航点，用于使无人机朝向正确的航向。
- 进近点（Approach Waypoint）：普通航点，用于确定开始进近的位置。
- 预平飘点（Pre-Flare Point）：由 LAND_PF_SEC 和 LAND_PF_ALT 参数确定（符合两者之一的条件即可进入预平飘阶段），用于控制无人机进入平飘阶段的速度（减速）。
- 平飘点（Flare Point）：由 LAND_FLARE_SEC 和 LAND_FLARE_ALT 参数确定（符合两者之一的条件即可进入平飘阶段），用于进入降落阶段，关闭油门。
- 降落点（Land Point）：由 NAV_LAND 任务确定降落位置，即期望触地降落位置。在大多数情况下，降落的高度应设置为 0。

1）预进近阶段

预进近阶段只需要设置一个航点即可。这个航点需要设置在无人机降落滑道的不远处，用于在进近阶段前控制无人机的姿态和航向。这个点的设置没有特别的规定，可以根据实际情况进行设置，但是要注意避开障碍物。

2）进近阶段

进近阶段开始后，TECS 参与控制速度和高度，其主要参数如下。

- TECS_LAND_ARSPD：进近速度，应当设置得大于无人机的失速速度。
- TECS_LAND_SPDWGT：进近时空速和高度控制的权重，–1 表示自动控制，2 表示完全速度控制，0 表示完全高度控制。
- TECS_SINK_MAX：进近时下降率的最大值。
- TECS_SINK_MIN：进近时下降率的最小值。

3）平飘阶段

从预平飘点开始，无人机将开始通过以下参数控制无人机进行平飘，自动驾驶仪将关闭油门并保持当前航向。

- LAND_PF_SEC：进入预平飘阶段后的降落时间。
- LAND_PF_ALT：进入预平飘点的高度。
- LAND_PF_ARSPD：进入预平飘点后的空速，可以略大于失速速度。
- LAND_FLARE_ALT：进入平飘阶段的高度，一般为 2~4m。
- LAND_FLARE_SEC：进入平飘阶段后的降落时间，一般为 1~5s。
- TECS_LAND_SINK：平飘阶段下降率，平飘后的下降率，一般为 0.1~0.3m/s。
- LAND_PITCH_DEG：平飘阶段的俯仰角度，默认为 10°。

在最后的降落阶段，会将无人机抬头，确保以正确的姿态落地，相关的参数如下。

- LAND_PITCH_CD：降落时的抬头角度，一般为 300~500（表示 3°~5°）。
- LAND_DISARMDELAY：落地静止后的上锁时间，默认为 5s。
- RNGFND_LANDING：将测距模块用于降落。
- TECS_LAND_THR：降落时的油门比例大小，默认为 0.1%。

3. 自动降落的实现

通过 QGroundControl 可以更加方便地创建降落任务，如图 3-43 所示。

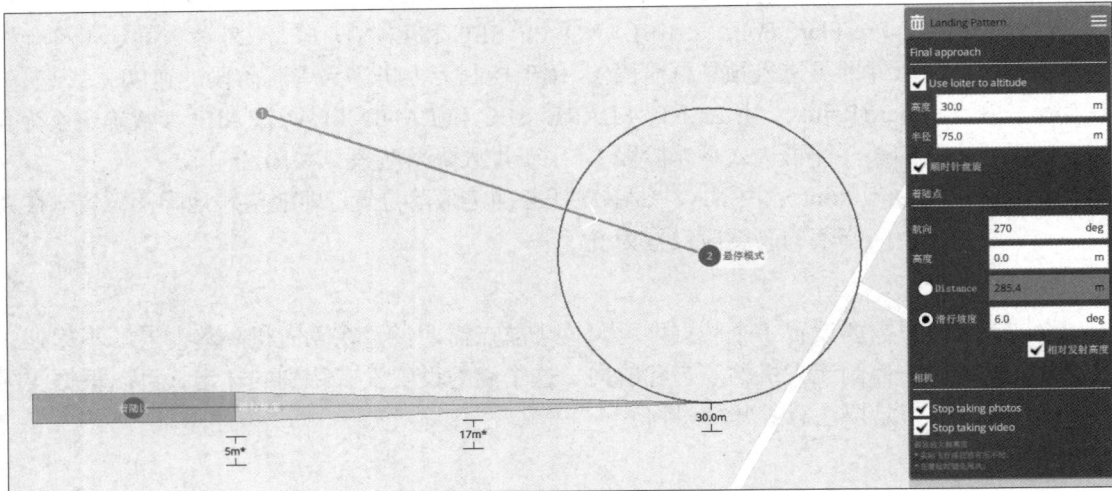

图 3-43 创建降落任务

当在 QGroundControl 中创建了一个降落任务后，在 Mission Planner 中读取该任务，可以发现包括了 3 个命令（见图 3-44）：

- DO_LAND_START：开始降落命令，无须设置任何参数。
- LOITER_TO_ALT：盘旋下降命令，需要设置目标高度（Alt）、半径（Radius）和盘旋方向，这几个参数对应于 QGroundControl 中在"Final approach"中设置的参数。这个阶段是从预进近点下降到进近点的过程，注意盘旋半径内无障碍物。
- LAND：降落命令，这个阶段将开始下降坡度，并在到达平飘点后进行滑行降落。滑行坡度通常设置为 6°。在 QGroundControl 中可以查到过滑行坡度的各个位置的大概高度，以及着陆区的基本位置。

	命令		Radius	1×Exit Tange	Lat	Long	Alt	Frame		删除	向上	向下	坡度	Angle	距离	方位角
1	TAKEOFF	v	15	0	0	0	0	Absolute	v	X			0	0	0	0
2	DO_LAND_START	v	0	0	0	0	0	Absolute	v	X			0	0	0	0
▷ 3	LOITER_TO_ALT	v	0	75	1	-35.363	149.161	40	Relative	v	X			11.3	6.5	365.7	231
4	LAND	v	0	0	1	-35.364	149.157	0	Relative	v	X			-10.3	-6.9	389.9	259

图 3-44 降落命令

3.4 本章小结

本章详细介绍了 Ardupilot 飞行控制器的使用与配置，包括其特点、地面站的使用、固件烧录、参数设置、传感器校准，以及飞行任务的规划与执行。Ardupilot 作为一款开源且成熟的飞行控制器，支持多种设备和架构，拥有完善的社区支持。通过 Mission Planner 等地面站，用户可以方便地进行设备调参、任务规划和远程监控。固件烧录和参数设置是飞行前的重要准备，而传感器校准则确保了飞行的安全性和稳定性。此外，本章还介绍了如何通过 Mission Planner 设计飞行任务，包括手动创建航点、自动创建航点，以及实现自动起飞和自动降落。通过这些内容，读者可以掌握使用 Ardupilot 进行无人机开发和飞行的基本技能。

3.5　习题

（1）如何通过 Mission Planner 连接 Ardupilot 设备？

（2）在 Mission Planner 中，如何查找和修改 Ardupilot 的参数？

（3）为什么需要对加速度计和指南针进行校准？校准的具体步骤是什么？

（4）如何设置遥控器通道用于解锁和切换飞行模式？

（5）通过 Mission Planner 设计一个简单的飞行任务。

（6）自动起飞和自动降落需要设置哪些关键参数？

（7）在自动降落过程中，预进近阶段、进近阶段和平飘阶段的作用分别是什么？

第4章

编译 Ardupilot 与 SITL

本章主要讲解如何编译和烧录 Ardupilot，以及如何编译 Ardupilot 用于 SITL 模拟。

4.1 Ardupilot 的编译和烧录

本节介绍如何将 Ardupilot 编译为可烧录的固件，并运行到设备中。

4.1.1 安装 WSL

Ardupilot 的编译需要在 Linux 中完成。在 Windows 中，可以借助 WSL（Windows Subsystem for Linux）来模拟 Linux 环境。本节将详细介绍 WSL（Ubuntu 子系统）的安装方法。在 Windows 终端（如 CMD 或者 Powershell），通过以下命令即可查询可用的 WSL 镜像。

```
wsl --list --online
```

参数可以简写为"-l -o"，命令如下。

```
wsl -l -o
```

该命令需要在联网环境下执行。执行完成后，即可输出类似的以下信息。

```
以下是可安装的有效分发的列表。
使默认分发用"*"表示。
使用 'wsl --install -d <Distro>' 安装。

  NAME                        FRIENDLY NAME
* Ubuntu                        Ubuntu
  Debian                        Debian GNU/Linux
  kali-linux                    Kali Linux Rolling
  Ubuntu-18.04                  Ubuntu 18.04 LTS
  Ubuntu-20.04                  Ubuntu 20.04 LTS
  Ubuntu-22.04                  Ubuntu 22.04 LTS
  Ubuntu-24.04                  Ubuntu 24.04 LTS
  OracleLinux_7_9               Oracle Linux 7.9
  OracleLinux_8_7               Oracle Linux 8.7
  OracleLinux_9_1               Oracle Linux 9.1
  openSUSE-Leap-15.6            openSUSE Leap 15.6
```

SUSE-Linux-Enterprise-15-SP5	SUSE Linux Enterprise 15 SP5
SUSE-Linux-Enterprise-15-SP6	SUSE Linux Enterprise 15 SP6
openSUSE-Tumbleweed	openSUSE Tumbleweed

在本书中，选择对于用户较为友好的 Ubuntu 操作系统。通过以下命令即可安装 Ubuntu 子系统。

```
wsl --install --distribution Ubuntu
```

在本书后面编译 OpenIPC 环境需要 Ubuntu-24.04 环境，因此，也可以直接安装 Ubuntu 的 24.04 LTS 版本，命令如下。

```
wsl --install --distribution Ubuntu-24.04
```

> **提示**　如果在安装过程中出现 "WslRegisterDistribution failed with error: 0x800701bc"，说明 WSL 版本过低，可以尝试使用 wsl – update 命令更新后再试。

安装时联网状态要正常，并且具有足够的磁盘空间。如果一切正常，那么输出信息结果类似如下。

```
正在安装: 虚拟机平台
已安装 虚拟机平台。
正在安装: 适用于 Linux 的 Windows 子系统
已安装 适用于 Linux 的 Windows 子系统。
正在安装: Ubuntu
已安装 Ubuntu。
请求的操作成功。直到重新启动系统前更改将不会生效。
```

重启计算机后再次执行以上命令，输出结果如下。

```
Ubuntu 已安装。
正在启动 Ubuntu...
Installing, this may take a few minutes
Please create a default UNIX user account. The username does not need to match your Windows username.
For more information visit: https://aka.ms/wslusers
Enter new UNIX username: <输入用户名>
New password:<输入密码>
Retype new password:<再次输入密码>
passwd: password updated successfully
Installation successful!
```

此时，Ubuntu 子系统已经安装到 Windows 环境中了。在 Windows 终端，执行 wsl 命令即可进入 Ubuntu 子系统，如下所示。

```
To run a command as administrator (user "root"), use "sudo <command>".
See "man sudo_root" for details.

Welcome to Ubuntu 22.04.3 LTS (GNU/Linux 5.15.153.1-microsoft-standard-WSL2 x86_64)
```

```
* Documentation:    https://help.ubuntu.com
* Management:       https://landscape.canonical.com
* Support:          https://ubuntu.com/advantage


This message is shown once a day. To disable it please create the
/home/dongyu/.hushlogin file.
dongyu@DongyuPC:~$
```

4.1.2　在 Linux 中编译 Ardupilot

在 Linux 中编译 Ardupilot 分为以下几个步骤。

- 下载 Ardupilot 源代码。
- 下载 Ardupilot 相关依赖。
- 安装子模块。
- 编译 Ardupilot。

本节以 Ubuntu 操作系统为例，介绍如何在 Linux 中编译 Ardupilot。

1.　下载 Ardupilot 源代码

首先，我们需要准备 Ardupilot 源代码。目前，Ardupilot 源代码托管在 Github 平台上。因此，可以通过 git 命令下载 Ardupilot 代码仓。默认情况下，Ubuntu 已经包含了 git 命令。如果没有 git 命令，那么可以通过 apt 工具进行下载，命令如下。

```
sudo apt install git -y
```

随后，即可通过以下命令下载 Ardupilot 源代码。

```
git clone https://github.com/Ardupilot/Ardupilot.git
```

如果下载过程一切顺利，那么命令行会输出如下信息。

```
Cloning into 'Ardupilot'...
remote: Enumerating objects: 470906, done.
remote: Counting objects: 100% (665/665), done.
remote: Compressing objects: 100% (389/389), done.
remote: Total 470906 (delta 366), reused 458 (delta 271), pack-reused 470241 (from 1)
Receiving objects: 100% (470906/470906), 371.35 MiB | 2.92 MiB/s, done.
Resolving deltas: 100% (351109/351109), done.
Updating files: 100% (6519/6519), done.
```

2.　下载 Ardupilot 相关依赖

为了能够顺利编译 Ardupilot，需要准备相关依赖。幸运的是，Ardupilot 官方网站已经为我们准备好了安装脚本，即代码仓根目录下的 Tools/environment_install/install-prereqs-ubuntu.sh 文件。

如果读者使用其他操作系统，也可尝试使用其他脚本。

- APM_install.sh：安装编译 APM 固件的环境（仅针对 APM 设备）。
- install-prereqs-mac.sh：在 macOS 系统中安装编译环境。
- install-prereqs-windows.ps1：在 Windows 系统中安装编译环境。
- install-prereqs-openSUSE-Tumbleweed.sh：在 OpenSUSE 系统中安装编译环境。
- install-prereqs-alpine.sh：在 Alpine Linux 系统中安装编译环境。
- install-prereqs-arch.sh：在 Arch Linux 系统中安装编译环境。
- install-prereqs-windows-andAPMSource.ps1：在 Windows 系统中安装 APM 编译环境（仅针对 APM 设备）。

> **提示**
>
> Alpine 和 Arch 是较为常用的轻量级 Linux 发行版。

在 Ubuntu 环境下进入 Ardupilot 源代码目录（如/home/dongyu/Ardupilot），执行以下命令即可下载相关依赖。

```
./Tools/environment_install/install-prereqs-ubuntu.sh -y
```

该安装过程需要一段时间，需要开发者耐心等待（根据计算机的性能不同，一般为 10~30min）。

安装完成后，会出现"Tools/environment_install/install-prereqs-ubuntu.sh end"提示，如图 4-1 所示。

图 4-1　Ardupilot 相关依赖安装完毕提示

> **提示**
>
> 如果在安装相关依赖的过程中出现了"Waiting for headers"提示，一般来说是更新 apt 源出现了问题，可以通过依次执行 sudo apt clean、sudo apt upgrade 和 sudo apt update 命令解决问题。

由于该脚本修改了~/.profile 配置文件，因此接下来可以通过执行以下命令使得.profile 配置文件生效（重启 Ubuntu 子系统也可以达到同样的效果）。

```
source ~/.profile
```

3. 安装子模块

Ardupilot 中包含了诸如 ChibiOS、DroneCAN、MAVLink 等子模块（Submodules），因此在正式编译 Ardupilot 之前需要通过 submodule-sync.sh 脚本安装这些子模块。在正常情况下，如果开发者已经执行了上述 install-prereqs-ubuntu.sh 脚本，那么子模块应当已经安装完成了。不过，为了保险起见，还是建议开发者再执行一遍 submodule-sync.sh 脚本，检查这些子模块是否已被正常下载，命令如下。

```
./Tools/gittools/submodule-sync.sh
```

> **提示**　为了方便起见，在通过 git clone 命令下载代码仓时，加上--recurse-submodules 参数可以下载相应的子模块。

如果一切正常，安装子模块的提示如下所示。

```
Synchronizing submodule url for 'modules/ChibiOS'
Synchronizing submodule url for 'modules/CrashDebug'
Synchronizing submodule url for 'modules/CrashDebug/CrashCatcher'
Synchronizing submodule url for 'modules/CrashDebug/CrashCatcher/CppUTest'
Synchronizing submodule url for 'modules/CrashDebug/mri'
Synchronizing submodule url for 'modules/CrashDebug/mri/CppUTest'
Synchronizing submodule url for 'modules/DroneCAN/DSDL'
Synchronizing submodule url for 'modules/DroneCAN/dronecan_dsdlc'
Synchronizing submodule url for 'modules/DroneCAN/libcanard'
Synchronizing submodule url for 'modules/DroneCAN/libcanard/drivers/avr/avr-can-lib'
Synchronizing submodule url for 'modules/DroneCAN/pydronecan'
Synchronizing submodule url for 'modules/Micro-CDR'
Synchronizing submodule url for 'modules/Micro-XRCE-DDS-Client'
Synchronizing submodule url for 'modules/gbenchmark'
Synchronizing submodule url for 'modules/gsoap'
Synchronizing submodule url for 'modules/gtest'
Synchronizing submodule url for 'modules/lwip'
Synchronizing submodule url for 'modules/mavlink'
Synchronizing submodule url for 'modules/mavlink/pymavlink'
Synchronizing submodule url for 'modules/waf'
```

当所有的子模块安装完成后，即可正式编译 Ardupilot 了。

4. 编译 Ardupilot

不同设备编译 Ardupilot 时需要通过不同的子模块，也需要不同的编译工具。因此，在编译 Ardupilot 之前，需要查看并选择目标设备。在官方的 Ardupilot 代码仓中，可以通过以下命令查看当前支持的设备。

```
./waf list_boards
```

输出结果如下所示。

```
3DRControlZeroG ACNS-CM4Pilot ACNS-F405AIO aero AeroFox-Airspeed AeroFox-Airspeed-DLVR AeroFox-GNSS_F9P
AeroFox-PMU airbotf4 AIRLink Airvolute-DCS2 AnyleafH7 Aocoda-RC-H743Dual AR-F407SmartBat ARK_CANNODE
ARK_GPS  ARK_RTK_GPS  ARKV6X  AtomRCF405NAVI  bbbmini  BeastF7  BeastF7v2  BeastH7  BeastH7v2 ...
SpeedyBeeF405WING speedybeef4v3 speedybeef4v4 SPRacingH7 SPRacingH7RF SuccexF4 sw-boom-f407 sw-nav-f405 sw-spar-
f407 Swan-K1 TBS-Colibri-F7 thepeach-k1 thepeach-r1 TMotorH743 vnav VRBrain-v51 VRBrain-v52 VRBrain-v54 VRCore-v10
VRUBrain-v51 VUAV-V7pro YJUAV_A6 YJUAV_A6SE YJUAV_A6SE_H743 YJUAV_A6Ultra ZeroOneX6 ZubaxGNSS zynq
```

比如，当测试设备为 SpeedyBeeF405WING 时，可以通过以下命令配置目标设备为 SpeedyBeeF405WING。

```
./waf configure --board SpeedyBeeF405WING
```

输出结果类似如下。

```
Setting top to                          : /mnt/d/test/Ardupilot
Setting out to                          : /mnt/d/test/Ardupilot/build
Autoconfiguration                       : enabled
Checking for program 'python'           : /usr/bin/python3
Checking for python version >= 3.6.9    : 3.10.12
Setting board to                        : SpeedyBeeF405WING
Using toolchain                         : arm-none-eabi
Checking for 'g++' (C++ compiler)       : /usr/lib/ccache/arm-none-eabi-g++
Checking for 'gcc' (C compiler)         : /usr/lib/ccache/arm-none-eabi-gcc
Checking for program 'arm-none-eabi-nm' : /opt/gcc-arm-none-eabi-10-2020-q4-major/bin/arm-none-eabi-nm
Checking for c flags '-MMD'             : yes
Checking for cxx flags '-MMD'           : yes
CXX Compiler                            : g++ 10.2.1
Checking for program 'make'             : /usr/bin/make
...
Checking for HAVE_MEMRCHR               : no
Configured VSCode Intellisense:         : no
DC_DSDL compiler in                     : /mnt/d/test/Ardupilot/modules/DroneCAN/dronecan_dsdlc
Source is git repository                : yes
Update submodules                       : yes
Checking for program 'git'              : /usr/bin/git
Gtest                                   : STM32 boards currently don't support compiling gtest
Checking for program 'arm-none-eabi-size' : /opt/gcc-arm-none-eabi-10-2020-q4-major/bin/arm-none-eabi-size
Benchmarks                              : disabled
Unit tests                              : disabled
Scripting                               : maybe
Scripting runtime checks                : enabled
Debug build                             : disabled
Coverage build                          : disabled
Force 32-bit build                      : disabled
Checking for program 'rsync'            : /usr/bin/rsync
```

```
Removing target_list file /mnt/d/test/Ardupilot/build/SpeedyBeeF405WING/target_list
'configure' finished successfully (16.382s)
```

随后，即可通过 waf 命令进行 Ardupilot 编译。编译 Ardupilot 时需要指定飞行器类型。比如，当飞行器类型为固定翼（plane）时，编译构建命令如下。

```
./waf plane
```

> **提示**
>
> 如果目标设备为四旋翼无人机，那么其编译构建命令为./waf copter。

如果编译成功（根据计算机的性能不同，所需时间为 5~15min），则会提示 "plane finished successfully"，如图 4-2 所示。

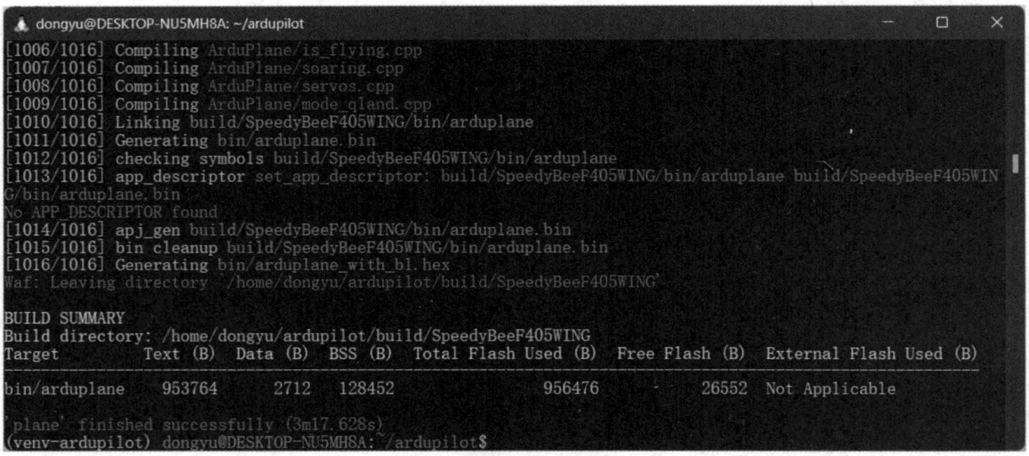

图 4-2　Ardupilot 编译成功提示

此时，即可在代码根目录下的 build/SpeedyBeeF405WING/bin 中找到编译后的固件，如图 4-3 所示。

图 4-3　编译后的固件

其中，arduplane.bin 是一般固件；arduplane_with_bl.hex 是带有 Bootloader 的固件文件。当开发者需要重新编译时，可以清理整个代码仓，命令如下。

```
./waf clean
```

5. 烧录固件

编译完成后，可以通过以下命令将代码上传到指定设备。

```
./waf plane --upload
```

> **提示**　如果出现无法找到 serial 包的情况，那么可以通过 pip install serial 命令下载 serial 包。

稍后片刻，会出现如下提示。

```
Loaded firmware for 452,0, size: 956488 bytes, waiting for the bootloader...
If the board does not respond within 1-2 seconds, unplug and re-plug the USB connector.
```

此时，将设备重新插拔后连接至 WSL 设备即可自动上传固件。当然，如果需要在 WSL 中访问连接到 Windows 中的设备，那么需要安装 Usbipd 软件提供支持。Usbipd 软件是一种用于管理 USB/IP（USB over IP）服务的命令行工具，主要用于在 Windows 中共享本地连接的 USB 设备。它允许其他计算机（如 Linux 客户端或 WSL 2 环境）通过网络访问这些设备。

```
usbipd list # 查询
usbipd bind --busid <busid>
usbipd attach --wsl --busid 1-2
usbipd detach --busid 1-2
```

在 Ubuntu 中，可以通过 lsusb 命令查询 USB 设备，通过 ls /dev/tty*命令查询 USB 的设备文件。

```
dongyu@DESKTOP-NU5MH8A:~/Ardupilot$ lsusb
Bus 001 Device 001: ID 1d6b:0002 Linux Foundation 2.0 root hub
Bus 001 Device 002: ID 1209:5741 Generic SpeedyBeeF405WING
Bus 002 Device 001: ID 1d6b:0003 Linux Foundation 3.0 root hub
```

> **提示**　如果未找到 lsusb 命令，那么可以通过 sudo apt install usbutils 命令安装 USB 工具集。

通过以下命令也可以上传固件。

```
./Tools/scripts/uploader.py --port /dev/ttyUSB1 --baud-bootloader-flash "921600" --baud-flightstack "921600"
~/Ardupilot/build/SpeedyBeeF405WING/bin/arduplane.apj
```

当然，在 Mission Planner 中，也可以烧录生成的 arduplane.apj 文件。在"初始设置"界面选择"安装固件"选项，单击"Load custom fireware"按钮，选择 arduplane.apj 文件后，即可开始烧录。当界面中提示"Upload done"时即说明烧录完成。

4.2 仿真飞行

为了方便任务参数的调试，可以通过仿真飞行的方式对飞行任务进行模拟。Ardupilot 支持 SITL 仿真模拟，方便与一些仿真软件如 Gazebo、AirSim、CRRCSim 等，或者一些飞机游戏软件如 X-Plane 10、RealFight 等进行通信，实现更加真实的仿真效果。

> **提示**　SITL 是"Software In The Loop"的缩写，意为循环中的软件。它是一种模拟技术，允许开发者在没有实际硬件的情况下测试和开发软件。

本节介绍如何使用 SITL 仿真工具，以及如何实现无人机的模拟控制。

4.2.1　使用 Mission Planner 运行 SITL 仿真软件

1. 启动 SITL 仿真软件

在 Mission Planner 的"模拟"界面中，集成了 SITL 模拟工具，如图 4-4 所示。

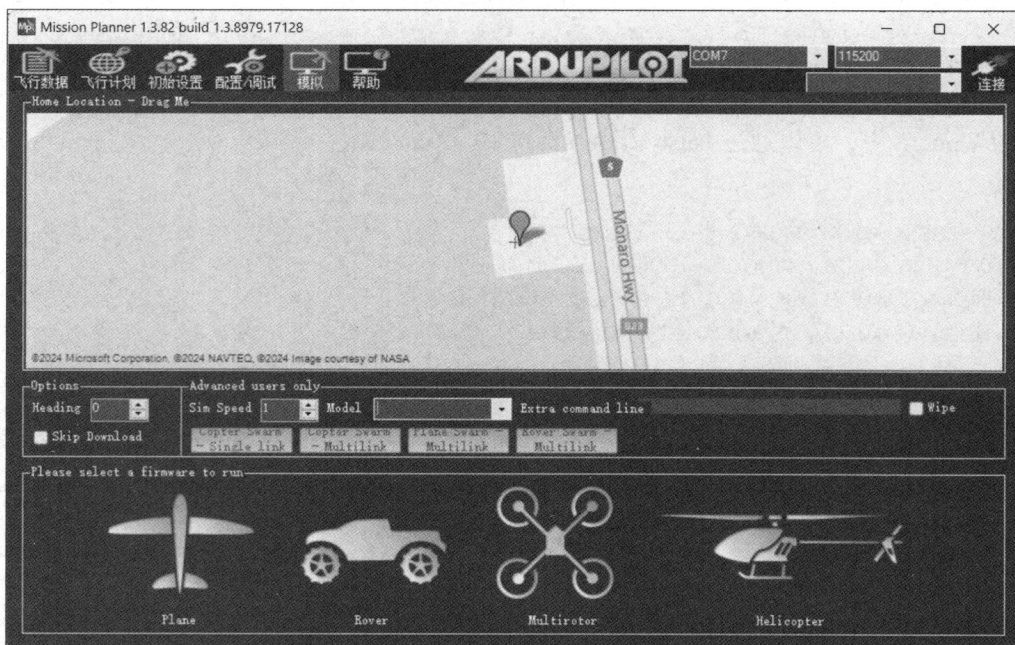

图 4-4　SITL 模拟工具

在该界面中，单击"Plane"按钮下载并使用固定翼无人机仿真软件，弹出如图 4-5 所示的提示。

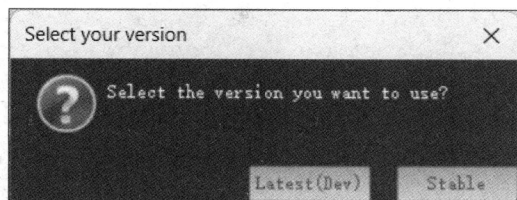

图 4-5　提示

单击"Latest(Dev)"按钮可以下载到最新的仿真软件，单击"Stable"按钮可以下载其稳定版本。随后，将会出现"Download sitl software"提示。稍等片刻（大约 1min），SITL 仿真软件将会自动运行并连接到 Mission Planner 地面站中。

首次下载 SITL 仿真软件后，可在"C:\Planner"目录下找到 SITL 仿真软件，包括 ArduPlane.exe 应用程序、sim_vehicle.py 软件等。因此，可以在命令行中启动 SITL 仿真软件，命令如下。

```
C:\Users\dongy\Documents\Mission Planner\sitl>ArduPlane.exe -M plane
```

其中，-M 参数表示指定的无人机类型。类似地，还可以使用-O 参数指定无人机的初始位置，命令如下。

```
ArduPlane.exe -M plane -O 43.7775780,125.2634794,100,0
```

其中，-O 后的 4 个参数用逗号隔开，前两个参数为经纬度位置，第 3 个参数为起始点高度，为 100m，第 4 个参数为初始航向，为 0°。

SITL 仿真软件运行后，将出现如下提示，说明软件启动正常。

```
Starting sketch 'ArduPlane'
Starting SITL input
Using Irlock at port : 9005
bind port 5760 for SERIAL0
SERIAL0 on TCP port 5760
Waiting for connection ....
```

在 Mission Planner 中，将连接方式选择为"TCP"，再单击"连接"按钮，将会分别提示 SITL 仿真软件的 IP 地址和端口设置。在默认情况下，保持 IP 为本机地址 127.0.0.1，且访问端口为 5760 即可。连接完成后，即可出现 TCP5670-1-FIXED WING 的连接选项，如图 4-6 所示。

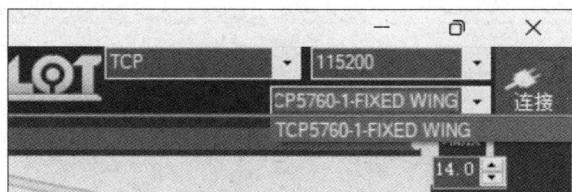

图 4-6　连接 SITL 仿真软件

连接完成后，可在 SITL 仿真软件中出现如下提示。

```
Connection on serial port 5760
Smoothing reset at 0.001
bind port 5762 for SERIAL1
SERIAL1 on TCP port 5762
bind port 5763 for SERIAL2
SERIAL2 on TCP port 5763
validate_structures:526: Validating structures
Waiting for internal clock bits to be set (current=0x00)
```

在 Mission Planner 中，连接成功后可以在接口查看到 SITL 无人机的相关数据，并在地图上查看到无人机的位置。此时，我们就可以在 Mission Planner 中进行任务设计和相关测试工作了，如图 4-7 所示。

图 4-7　通过 SITL 进行任务设计和相关测试工作

在 Mission Planner 中，无人机的前方有几个不同颜色的线条。其中，红色线条表示当前航向，绿色线条表示意图航向，黑色线条表示 GPS 航向，黄色线条表示航点方位，粉色线条表示意图转弯轨迹，如图 4-8 所示。

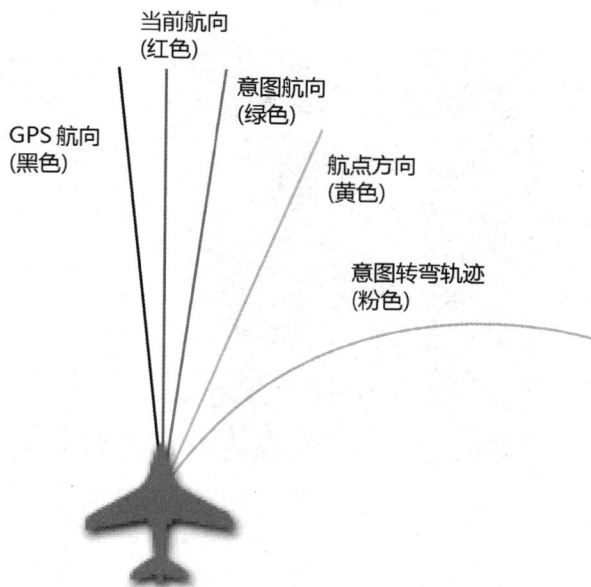

GPS 航向
(黑色)

当前航向
(红色)

意图航向
(绿色)

航点方向
(黄色)

意图转弯轨迹
(粉色)

图 4-8　预测无人机的航迹

2. 使用游戏摇杆控制 SITL 模拟无人机

在 Mission Planner 中，还可以使用游戏摇杆来控制无人机，这是一种通过 RC_OVERRIDES 来代替遥控器的重要方式。在"飞行数据"界面的"动作"选项卡中，可以查看到一系列用于操控无人机的工具，如图 4-9 所示。

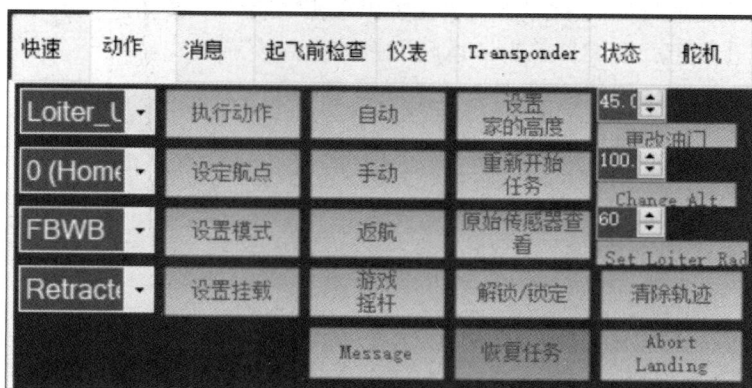

图 4-9　"动作"选项卡

单击"游戏摇杆"按钮，选择已经连接至主机的游戏摇杆设备。这里连接的是北通的阿修罗 SE，因此通过 USB 连接至主机以后，即可查询到[BETOP CONTROLLER]设备。随后，即可设置各个摇杆和按钮的功能，如图 4-10 所示，其中 RC1~RC16 用于设置各个摇杆的通道，But1~But12 用于按钮的功能设置。为了能够自动识别各个摇杆或者按钮，可以在单击"Auto Detect"按钮后移动摇杆（或在单击"Detect"按钮后按下按钮）自动识别。一般来说，游戏手柄的左侧摇杆分别代表 X 和 Y 控制器轴，右侧摇杆分别代表 Z 和 Rz 控制器轴。

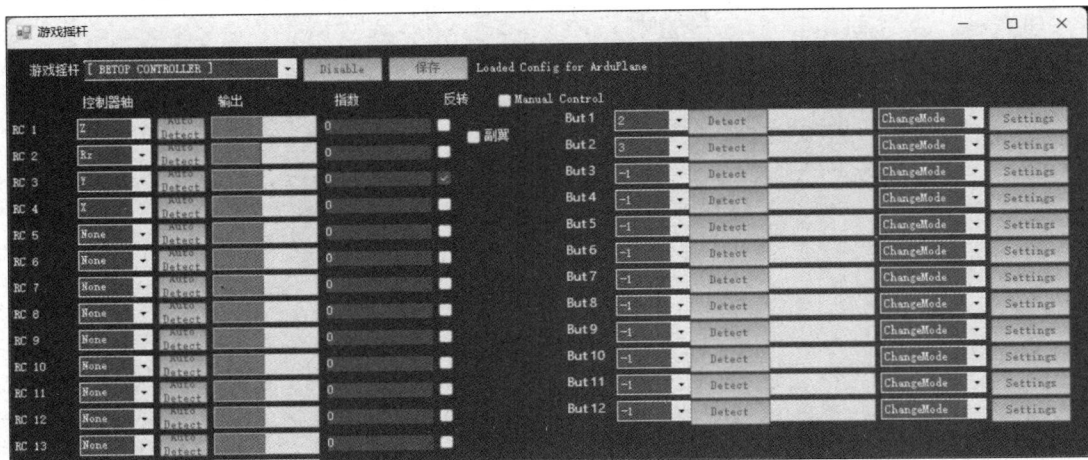

图 4-10　设置各个摇杆和按钮的功能

> **提示**
>
> 　　对于航模遥控器来说，还可以通过 SITL 运行命令 - rc-in-port 设置遥控器的端口，从而实现使用遥控器控制 SITL 模拟无人机。

当然，我们还可以在"动作"选项卡中执行很多常用的无人机动作，其主要功能如下。

- 执行动作：执行特定的无人机动作。
- 设定航点：设置当前位置为航点。
- 设置模式：设置具体的飞行模式。也可以单击"自动"按钮进入自动模式，单击"手动"按钮进入定点模式，单击"返航"按钮进入返航模式。
- 设置挂载：设置模拟的挂载。
- 设置家的高度：设置返航点的高度。
- 重新开始任务、恢复任务：用于执行自动飞行任务。
- 解锁/锁定：解锁或锁定无人机。
- 终止降落（Abort Landing）：终止无人机的降落程序。

4.2.2　编译 Ardupilot 用于 SITL 模拟

前面介绍了如何直接使用 Mission Planner 内置的 SITL 模拟器。但是，该模拟器功能较弱，如果需要更加强大且直观的模拟器，那么还需要自行编译 Ardupilot。

1. 编译 Ardupilot 目标为 SITL

通过编译 Ardupilot 源代码可以实现功能更加强大的 SITL 模拟器。在配置时，只需要将目标设置为 SITL 模拟器，然后再次编译即可，命令如下。

```
./waf configure --board sitl    # 配置编译目标为 SITL
./waf plane                     # 配置编译设备为固定翼
```

> **提示**
>
> 　　在 Windows 10 的 WSL 环境中，由于 WSL 默认无法正常显示窗口界面，因此需要提前安装 VcXsrv 等图形界面工作。在 Windows 11 的 WSL 环境中则无须此步骤。

　　当然，我们也可以直接在 ArduPlane 目录下执行 sim_vehicle.py 脚本运行模拟器（如果代码目录内没有编译构建 SITL 目标，则会自动执行 waf 命令编译构建），命令如下。

```
sim_vehicle.py -v ArduPlane -w
```

　　参数-w（或－wipe-eeprom）表示清除之前的参数信息（重置信息时使用即可，不需要每次都使用该参数），-v（或－vehicle）表示设备类型，可以为 ArduPlane、ArduCopter、Helicopter、Blimp 等。当程序正常运行时，会弹出如图 4-11 所示的窗口。

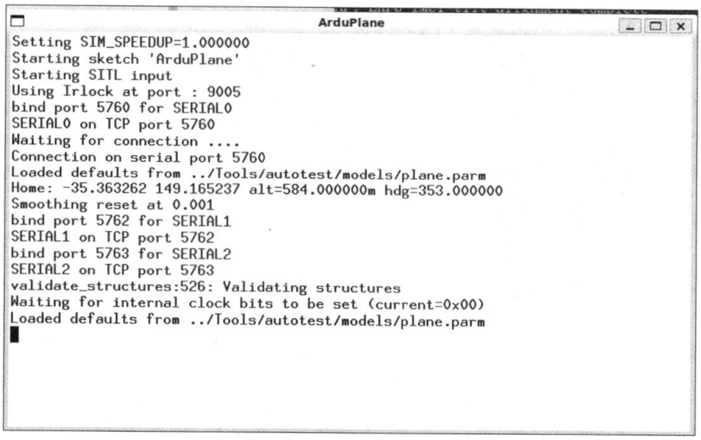

图 4-11　SITL 启动提示窗口

　　在命令行下，也会出现当前 ArduPlane 的回调提示，如图 4-12 所示。

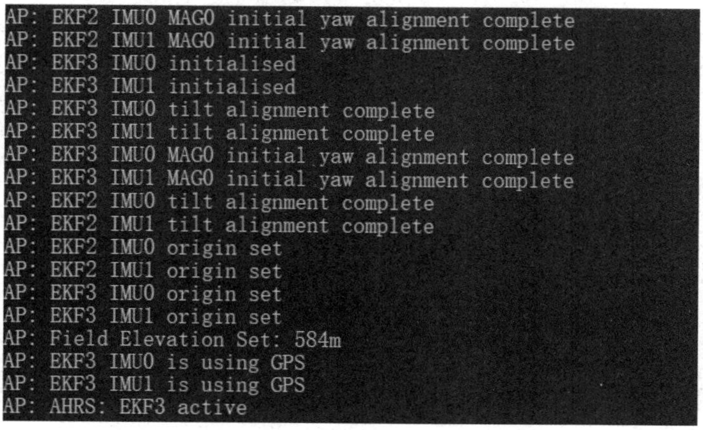

图 4-12　ArduPlane 的回调提示

　　按下回车键即可出现命令行提示。

MANUAL >

说明当前模拟器无人机正处于手动模式下。在这个命令行中，还可键入各类无人机指令。

为了能够直观地展示无人机的位置和参数信息，还可以通过 sim_vehicle.py 脚本的 -console 参数显示命令窗格，通过 - map 参数显示地图窗格，通过 - osd 参数显示 OSD 信息窗格，命令如下。

sim_vehicle.py -v ArduPlane --console --map --osd

命令执行完毕后，除了原始的命令行，还会弹出如图 4-13 所示的几个窗口。

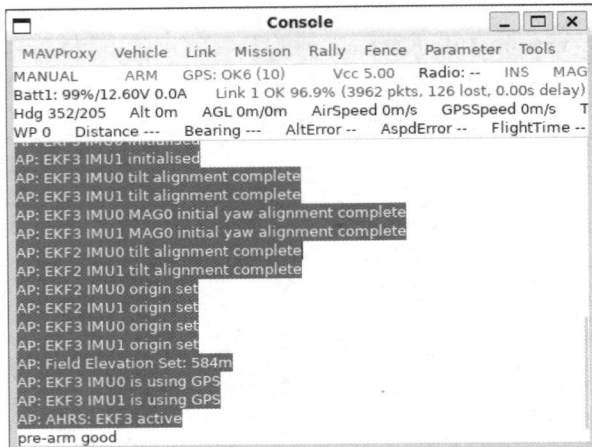

（a）命令窗口

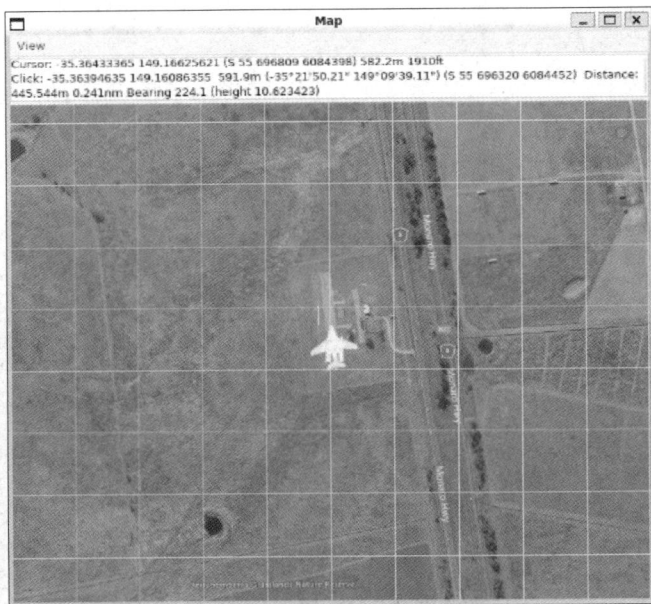

（b）OSD 窗口

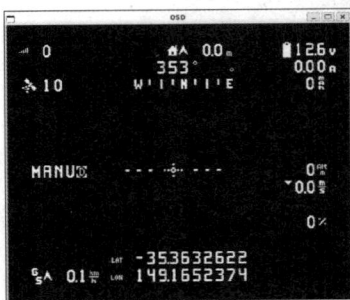

（c）地图窗口

图 4-13　命令窗口、OSD 窗口和地图窗口

最为重要的窗口莫过于命令窗口了。它不仅显示了当前的飞行模式、解锁状态、GIS 数量

等常见的状态信息，还显示了 Ardupilot 返回的一些数据信息。命令窗口顶端菜单的功能如下。

- MAVProxy：设置 MAVLink 连接的基本参数，显示地图、OSD 等回传信息。
- Vehicle：显示当前连接的设备信息。
- Link：查看当前的连接状态，新增、删除现有的 MAVLink 连接。
- Mission：创建、查看、删除自动任务。
- Rally：创建、查看、删除集结点。
- Fence：创建、查看、删除围栏。
- Parameter：设置无人机参数。
- Tools：查看输入通道和输出通道的信息。

如果开发者希望使用不同类型的无人机，那么还可以通过-f（‒frame）参数细化无人机类型。比如，对于固定翼无人机来说，默认的类型为 plane，还可以是 quadplane（垂直起降固定翼无人机）、quadplane-tri（三电机垂直起降固定翼无人机）、plane-jet（涡喷固定翼无人机）、plane-vtail（V 尾结构固定翼无人机）、plane-elevon（飞翼结构固定翼无人机）、plane-3d（3D 固定翼无人机）等。　例如，模拟垂直起降固定翼无人机，命令如下。

```
sim_vehicle.py -v ArduPlane -f quadplane --console --map --osd
```

2. 使用 Mission Planner 连接 SITL 模拟器

如果 Mission Planner 和 SITL 模拟器均在同一个操作系统（如 Ubuntu）中运行，那么直接通过 TCP 协议 127.0.0.1 地址和 5760 端口即可连接。但是，如果采用 WSL 模式运行 SITL 且在 Windows 环境中运行 Mission Planner，那么连接时需要指定特定的 IP 地址。为了能够将 WSL 和 Windows 宿主操作系统处于同一个网段下，需要在 WSL 设置中将网络模式设置为 Nat，如图 4-14 所示。

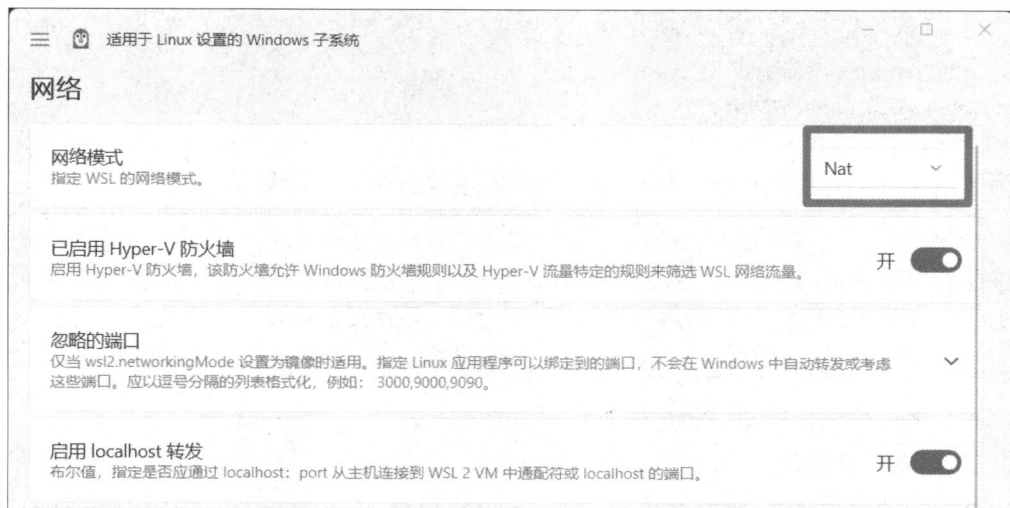

图 4-14　WSL 网络模式设置

随后，在 Windows 中通过以下命令重启 WSL。

```
wsl --shutdown
```

最后，在 WSL 中通过 ip addr 命令查看当前的 IP 地址，如图 4-15 所示。

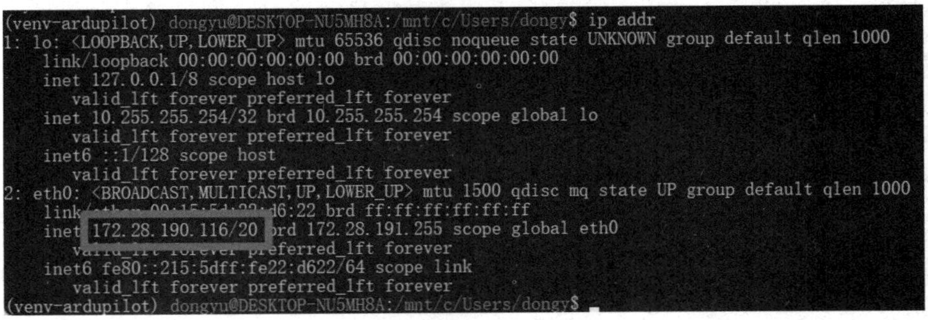

图 4-15　查看当前的 IP 地址

例如，图 4-15 中显示查询到的当前的 IP 地址为 172.28.190.116，且在 Windows 环境中通过 ipconfig 命令查询到了同网段下的 IP 地址，此时即可在 Mission Planner 中通过该 IP 地址和 5670、5762、5763 端口，以及 TCP 协议连接至 SITL 虚拟机了，也可以通过该 IP 地址和 14550 端口，以及 UDP 协议进行连接。

3．修改默认位置和默认参数

下面介绍如何修改 SITL 模拟器启动的默认位置，以及如何修改默认参数。

1）修改默认位置

SITL 模拟器启动的默认位置为澳大利亚首都堪培拉特区的模型飞机俱乐部飞行场。如果需要修改默认位置，那么首先需要在 Ardupilot/Tools/autotest/locations.txt 文件中增加一个地址位置，其文件内容如下。

```
#NAME=latitude,longitude,absolute-altitude,heading
OSRF0=37.4003371,-122.0800351,0,353
OSRF0_PILOTSBOX=37.4003371,-122.0800351,2,270
CMAC=-35.363261,149.165230,584,353
...
```

为了定义一个常用的位置，可以在文件的末尾增加如下一行命令。

```
Changchun=43.777454,125.262959,214,66
```

该位置标记为 Changchun，经度为 125.262959°，纬度为 43.777454°，高程为 214m，默认航向为 66°。保存文件后，即可在执行命令时通过-L 参数指定位置，命令如下。

```
sim_vehicle.py -v ArduPlane -L Changchun --console --map --osd
```

此时，无人机的初始位置将切换到指定位置。

2）修改默认参数

SITL 模拟器的默认参数保存在 Tools/autotest/models/plane.parm 文件中，如下所示。

```
EK2_ENABLE          1              # 启用 EK2
BATT_MONITOR        4              # 电池监测设置
ROLL_LIMIT_DEG 65.00               # 横滚角度限制
LAND_PITCH_DEG 1.00                # 降落抬头角度
```

```
LAND_FLARE_SEC   3              # 降落平飘时间设置
ARSPD_USE        1              # 启用空速
AIRSPEED_MAX     30             # 最大空速
AIRSPEED_MIN     10             # 最小空速
THR_MAX          100            # 最大油门
RC1_MAX          2000           # 第 1 通道最大值
RC1_MIN          1000           # 第 1 通道最小值
RC1_TRIM         1500           # 第 1 通道中值
FLTMODE_CH       8              # 飞行模式通道
```

读者可以直接对该文件进行修改，增加和调整参数。当然，在 SITL 模拟器运行后，也可以在 Mission Planner 中对这些参数进行修改。

4.3　本章小结

本章详细说明了在 Linux 环境下编译 Ardupilot 的步骤，包括下载 Ardupilot 源代码、下载 Ardupilot 相关依赖、安装子模块、编译 Ardupilot 及烧录固件，以及如何编译 Ardupilot 用于 SITL 模拟，运行模拟器并使用命令窗口、地图窗口和 OSD 窗口观察模拟器状态。通过具体步骤和命令，相信读者已经掌握了 Ardupilot 固件编译、烧录，以及 SITL 模拟器的搭建和使用的基本用法，为后续的 Ardupilot 的开发和测试打下基础。

4.4　习题

（1）搭建 Ardupilot 的开发环境，编译最新版本的 Ardupilot 源代码，并烧录到飞行控制器硬件中。

（2）运行 SITL 模拟器，并控制无人机的起飞，了解各个飞行模式的作用和表现。

第**5**章

深入剖析 Ardupilot

本章深入剖析 Ardupilot，从源代码的角度分析各个模块的功能应用，编译 Ardupilot 并运行到设备中。

5.1 认识 Ardupilot 代码

本节将简单介绍 Ardupilot 的源代码结构，以及代码运行的基本原理。

5.1.1 使用 VS Code 浏览 Ardupilot 代码

官方推荐的用于 Ardupilot 编程的集成开发环境（Integrated Development Environment，IDE）包括 Eclipse、VS Code、Atom。本节以 VS Code 为例，介绍如何通过 VS Code 访问到 WSL 中的 Ardupilot 代码。首先，安装 VS Code，之后需要安装其 WSL 插件。该插件可以在 VS Code 中搜索并安装（见图 2-1），也可以通过以下命令安装 WSL 插件。

```
code --install-extension ms-vscode-remote.remote-wsl
```

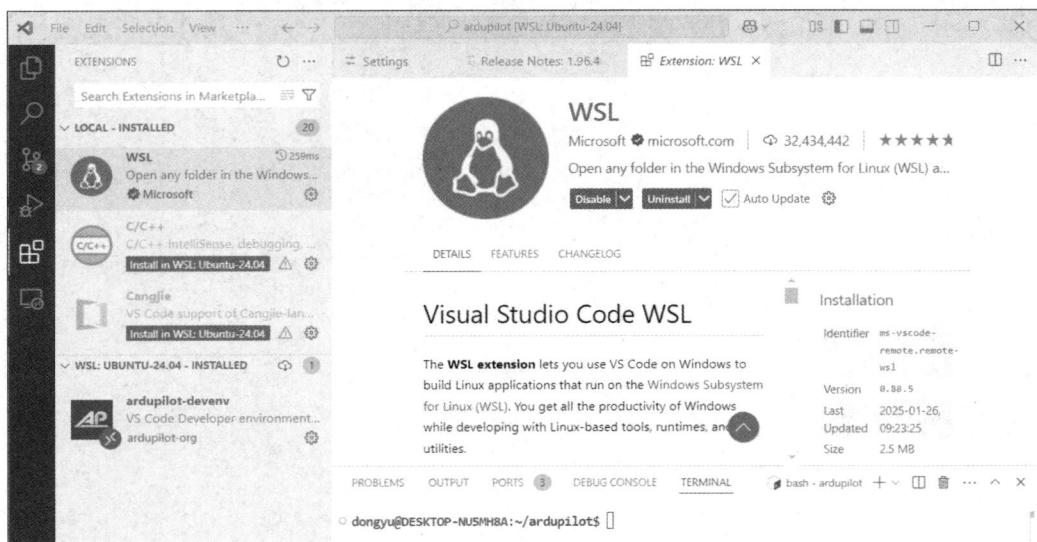

图 5-1 在 VS Code 中安装 WSL 插件

> **提示**　还可以在 VS Code 中安装 Ardupilot-devenv 插件。该插件可以按需生成构建任务，帮助开发者更方便地进行代码编译和调试 Ardupilot 代码。

WSL 插件安装完成后，即可在 VS Code 界面左下角单击"connect WSL"按钮连接至 Ubuntu 操作系统，直到提示"WSL:Ubuntu-24.04"，表示连接成功，如图 5-2 所示。随后，即可在 VS Code 中打开 Ardupilot 的代码目录了，如/home/dongyu/Ardupilot 目录等。

> **提示**　不建议将 Ardupilot 放入 Windows 目录下，在编译和构建时效率不高，并且可能存在潜在的文件系统问题。

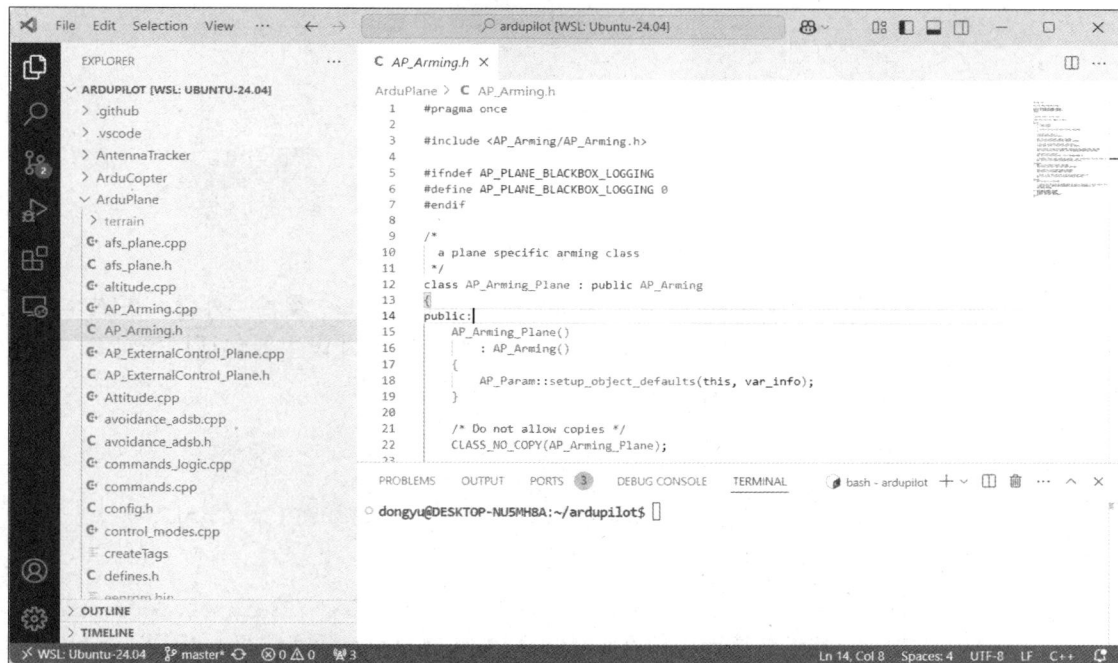

图 5-2　通过"connect WSL"按钮连接至 Ubuntu 操作系统

使用 VS Code 的另外一个好处在于可以在其终端（Termial）工具中直接在 Ubuntu 环境下执行编译构建命令，非常地方便。

5.1.2　Ardupilot 代码结构

Ardupilot 的代码结构主要分为设备层、系统层、核心层、通信层，以及外部的 UI 和 API，如图 5-3 所示。

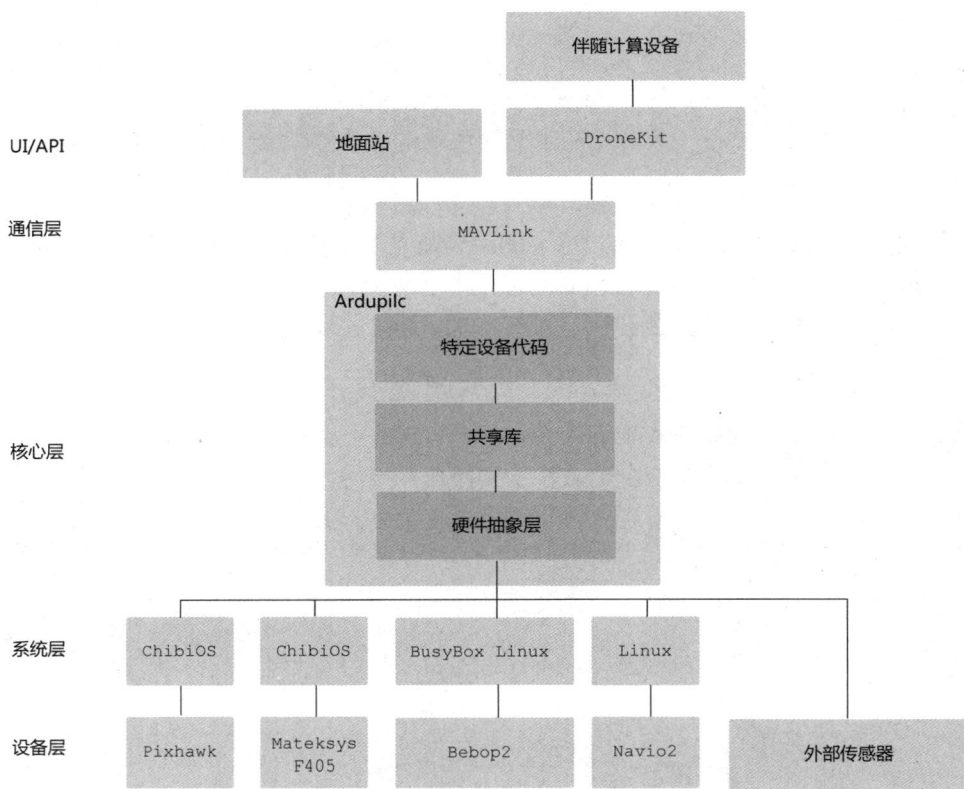

图 5-3　Ardupilot 代码结构

（1）设备层：包括微控制器单元（Microcontroller Unit，MCU）及各类外设。在图 5-3 中，Pixhawk、Mateksys F405、Bebop2、Navio2 是并列的不同设备。外设主要包括用于计算飞行位姿的外部传感器，包括气压计、GPS 等。

> 提示
>
> 连接外部传感器的协议可以是 I2C、UART、SPI 和 CAN。

（2）系统层：Ardupilot 是基于操作系统的。Ardupilot 从 4.0 版本之后，使用 ChibiOS 代替了 NuttX 实时操作系统，这样可以缩小固件体积，并且循环速率更快，定时抖动更小，性能提高。对于 Bebop2、Navio2 这样的设备，需要使用更加完整的 Linux 操作系统。

> 提示
>
> ChibiOS 是一个开源的嵌入式实时操作系统（Real Time Operate System，RTOS），提供全功能的多线程内核和硬件抽象层（Hardware Abstraction Layer，HAL）。它支持多种微控制器平台，具有可移植性和可配置性，适用于需要处理复杂多任务的嵌入式系统开发。

（3）核心层：包括硬件抽象层、共享库（Shared Library）和特定设备代码（Vehicle Specific Code）。

- 抽象层（位于 libraries/AP_HAL）提供了各种系统和设备操作的统一抽象操作代码，包括 AP_HAL_ChibiOS、AP_HAL_ESP32 和 AP_HAL_Linux。AP_HAL_ChibiOS 定义了 Pixhawk、F405 等设备的抽象层，AP_HAL_ESP32 定义了 ESP32 设备的抽象层，AP_HAL_Linux 定义了所有 Linux 设备的抽象层。
- 共享库中包含了各类设备的驱动操作代码和核心算法，比如，AP_AHRS 定义了利用扩展卡尔曼滤波器等工具进行姿态解算的代码，AC_PID 定义了 PID（Proportional-Integral-Perivative）控制核心代码，AP_GPS 定义了 GPS 设备的驱动代码，AP_Mission 定义了任务控制写入和读取的代码等。

> **提示**
>
> 在共享库中，开发者可以找到以 AC_ 和 AP_ 开头的库，其中以 AP_ 开头的库表示 Ardupilot 通用库，以 AC_ 开头的库表示 ArduCopter 多旋翼无人机专用库。

- 特定设备代码中主要包括针对不同设备的独特代码，用于保证 Ardupilot 的稳定和正常运行。

（4）通信层：主要是指 MAVLink 协议层，用于实现地面站、DroneKit 等设备与飞行控制器之间的通信。

（5）UI/API：Ardupilot 的接口部分，用于与用户、开发者和其他外设（伴随计算设备）进行交互。

通过 VS Code 查阅 Ardupilot 的源代码，可以发现其目录如下所示。

- AntennaTracker：天线追踪器源代码目录。
- ArduCopter：多旋翼无人机源代码目录。
- ArduPlane：固定翼无人机源代码目录。
- ArduSub：水下飞行器源代码目录。
- Blimp：飞艇源代码目录。
- Rover：地面探测车源代码目录。
- Tools：各类工具源代码目录。
- benchmarks：Google Benchmark 基准测试。
- libraries：库源代码目录。
- docs：帮助文档目录。

其中，ArduPlane、ArduSub、ArduCopter、Blimp、AntennaTracker 和 Rover 是针对不同设备的主代码目录。这些设备公用的一些库代码存储在 libraries 目录中，如传感器驱动、位姿估算算法（AHRS、EKF 等）、PID 算法等。

5.1.3 关键的 Ardupilot 库

Ardupilot 中常用的算法库如下。

- AP_Common：公共代码库，定义了诸如时间处理、排序、NMEA（National Marine Electronics Association）导航协议、位置计算、Bitmask 计算等常用的算法和函数。
- AP_Math：数学库，定义了包括矢量计算、矩阵计算、循环冗余校验（Cyclic Redundancy Check，CRC）检查等常用的数学算法和工具。
- AP_InertialNav：通过 GPS 和气压计等数据的惯性导航库。
- AP_Periph：Ardupilot 的外围设备库，支持 STM32 处理器，通过 CAN、MSP 等总线与自动驾驶设备通信。
- AP_Motors：用于多旋翼无人机和直升机的电机控制。
- AP_Mount、AP_Camera、AP_Relay：相机控制和管理库。
- AP_Mission：在 EEPROM 中读取和保存自动任务的库。
- RC_Channel：用于处理 RC 通道的 PWM 数据。
- AC_PID：实现 PID 算法，主要用于控制四旋翼无人机基本姿态的稳定。
- AC_AttitudeControl：多旋翼无人机的姿态控制库。
- AC_WPNav：实现多旋翼无人机航点自动飞行库。
- AP_HAL：硬件抽象层实现库，用于对硬件驱动进行抽象，以便于软件适配。
- AP_AHRS：Ardupilot 航姿参考系统（Attitude and Heading Reference System）库，用于无人机位姿的解算。

Ardupilot 库均包含 AP_、AC_或者 RC_前缀，这些前缀体现了这个库的应用范围。其中，AP_表示这个库应用于 Ardupilot 支持的绝大多数载具，AC_表示这个库主要应用于多旋翼无人机载具，而 RC_表示这个库主要应用于处理遥控设备信息。

Ardupilot 对常用的传感器设计了接口库（Interface Library），主要如下。

- AP_InertialSensor：惯性传感器（加速度计和陀螺仪）的融合算法库，可以进行简单的校正，并为其他库提供标准数据。
- AP_RangeFinder：通过声呐和红外传感器估算距离的库。
- AP_Baro：气压计接口库。
- AP_GPS：GPS 接口库。
- AP_Compass：指南针接口库。
- AP_OpticalFlow：光流传感器接口库。

下面简单介绍 AP_HAL 和 AP_AHRS 库的主要功能。

1. AP_HAL

这是一个硬件抽象层，可以使 Ardupilot 适配多种不同的芯片、设备和操作系统，从而提升其可移植性。AP_HAL 目录本身用于定义需要对不同设备定义的接口，以及一些通用的代码；而 AP_HAL_ChibiOS、AP_HAL_ESP32、AP_HAL_Linux 等目录则是针对不同的设备和操作系统实现的具体代码。

有了 AP_HAL 库以后，在其他库或者载具的主代码中，就可以创建 AP_HAL 库的引用了，代码如下。

```
const AP_HAL::HAL& hal = AP_HAL::get_HAL();
```

AP_HAL 在 HAL.h 中定义，其内部包含了许多操作类的实现，代码如下。

```
public:
        AP_HAL::I2CDeviceManager* i2c_mgr;          // I2C 设备管理器
        AP_HAL::SPIDeviceManager* spi;              // SPI 设备管理器
        AP_HAL::WSPIDeviceManager* wspi;            // WSPI 设备管理器
        AP_HAL::AnalogIn*     analogin;             // 模拟输入
        AP_HAL::Storage*      storage;              // 存储
        AP_HAL::UARTDriver* console;                // 控制台
        AP_HAL::GPIO*          gpio;                // GPIO
        AP_HAL::RCInput*     rcin;                  // 控制输入
        AP_HAL::RCOutput*    rcout;                 // 控制输出
        AP_HAL::Scheduler*   scheduler;             // 调度器
        AP_HAL::Util       *util;                   // 工具
        AP_HAL::OpticalFlow *opticalflow;           // 光流
        AP_HAL::Flash       *flash;                 // FLASH
        AP_HAL::DSP             *dsp;                // DSP 数字信号
#if HAL_NUM_CAN_IFACES > 0
    AP_HAL::CANIface* can[HAL_NUM_CAN_IFACES];
#else
    AP_HAL::CANIface** can;                         // CAN 总线
#endif3
```

对于不同的芯片类型和操作系统，这些操作类的实现均有所不同。有了这些操作类的具体实现，即可直接对设备进行访问控制。一些常见的操作如下。

- 通过 hal.console->printf()函数在控制台上输出字符串。
- 通过 hal.scheduler->delay()和 hal.scheduler->delay_microseconds()函数将程序延迟一段时间。
- 通过 hal.gpio->pinMode()、hal.gpio->read()和 hal.gpio->write()函数访问 GPIO 端口。
- 通过 hal.i2c 和 hal.spi 分别对 I2C 和 SPI 设备进行访问。
- 通过 AP_HAL::millis()和 AP_HAL::micros()函数访问操作系统（设备）的启动时间。

2. AP_AHRS

AP_AHRS 是 Ardupilot 的航姿(航向和姿态)参考系统(Attitude Heading Reference System，AHRS)，用于姿态解算。AP_AHRS 可以通过扩展卡尔曼滤波器和方向余弦矩阵（Direction Cosine Matrix，DCM）将加速度计、陀螺仪和指南针的数据进行融合解算，实时输出对象的航姿数据。

早期的 AP_AHRS 采用 DCM 算法，随着 Ardupilot 的版本不断演进，目前最新的算法版本为 EKF3。Ardupilot 中 AP_AHRS 算法的版本演进如图 5-4 所示。

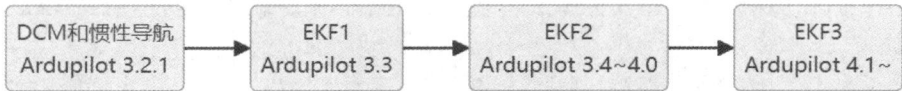

图 5-4　Ardupilot 中 AP_AHRS 算法的版本演进

EKF3 的优点在于可以同时处理多个 IMU 的数据，提供更准确的姿态和位置估计，但计算复杂度高，需要更多的处理资源。DCM 计算方法简单，资源消耗少，可以用在资源受限或简单应用场景下。

在 Ardupilot 全部参数表中，使用 AHRS_EKF_TYPE 可以切换使用 EKF3 和 DCM 算法：当该值为 0 时，强制使用 DCM 算法进行姿态控制；当该值为 2 时，使用 EKF2 算法；当该值为 3 时，使用 EKF3 算法。不过，即使使用 EKF3 算法，如果出现了传感器故障等，那么系统会自动将算法退化到 DCM 算法。启用 EKF3 算法和回退到 DCM 算法的系统提示如下。

```
AHRS: EKF3 ACTIVE    # 启用 EKF3 算法
AHRS: DCM ACTIVE     # 启用（回退）DCM 算法
```

EKF3 算法回退到 DCM 算法的主要原因包括 GPS 干扰、高频振动导致 EKF 算法通过惯性导航求得的载具位置和 GPS 报告的位置不一致等（即使 GPS 处在正常的 3D 定位中）。

> **提示**　对于固定翼无人机来说，回退到 DCM 算法问题并不大；但是对于垂直起降固定翼无人机来说，其 Q 模式下的悬停稳定可能会造成较大影响。

如果开发者并不信任 GPS 数据（如长期处在 GPS 干扰和欺骗环境下），那么可以通过 AHRS_OPTIONS 参数（见图 5-5）强制启用 EKF3 算法。

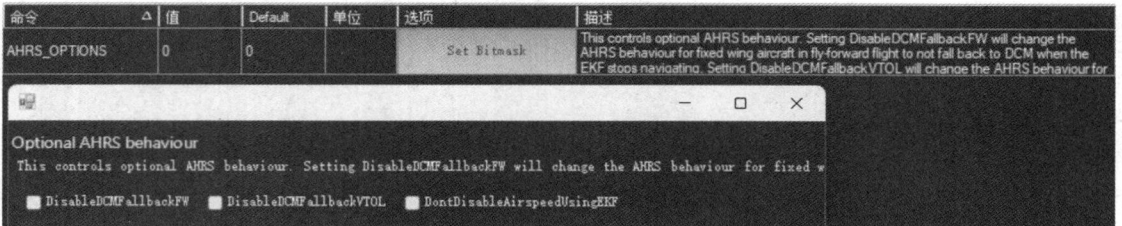

图 5-5　AHRS_OPTIONS 参数设置

在图 5-5 中，第 1 个选项用于避免在普通固定翼无人机模式下回退到 DCM 算法，第 2 个选项用于避免在垂直起降固定翼无人机 Q 模式下回退到 DCM 算法，第 3 个选项用于关闭 EKF 算法的速度参数，避免位置预期错误，从而避免回退到 DCM 算法。

5.1.4　代码启动流程

对于不同类型的载具来说，其代码启动流程略有区别。固定翼无人机（ArduPlane）和多旋翼无人机（ArduCopter）的代码启动基本流程分别如图 5-6、图 5-7 所示。

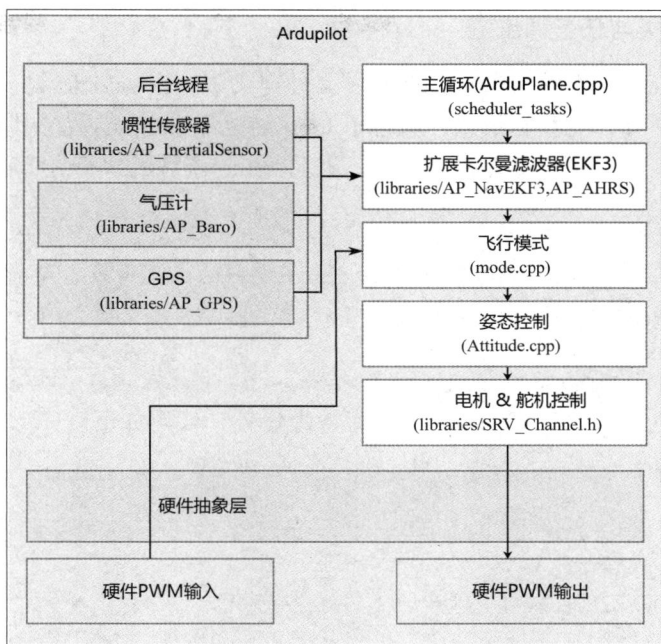

图 5-6　固定翼无人机（ArduPlane）的代码启动基本流程

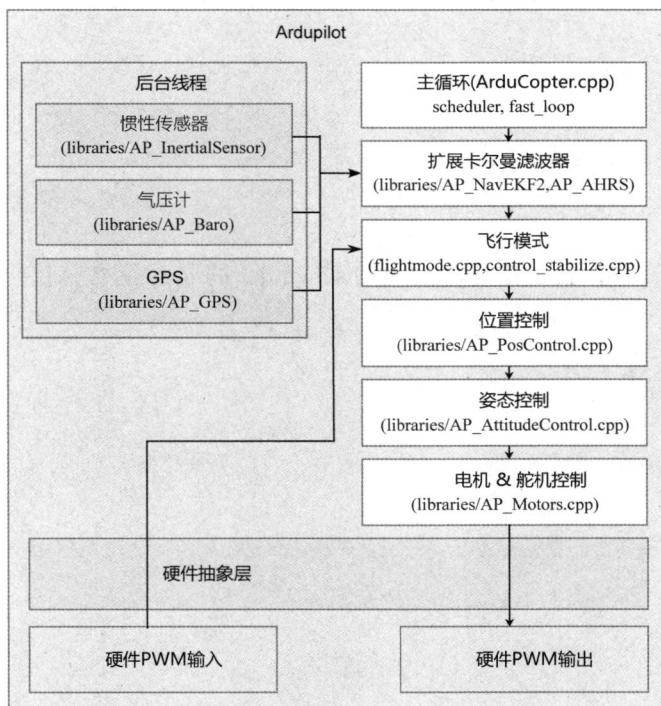

图 5-7　多旋翼无人机（ArduCopter）的代码启动基本流程

可以发现，固定翼无人机和多旋翼无人机的代码启动基本流程是非常类似的，固定翼无人机的姿态控制稍微简单一些。本节将浅析固定翼无人机的代码启动基本流程。

1. ArduPlane 类与任务调度

首先，AP_Vehicle 库中的 AP_Vehicle.cpp 文件定义了 AP_Vehicle 类，这个类是所有载具的公共类，用于管理载具的基本信息，包含了 loop 函数和 setup 函数。其中，setup 函数用于执行单次程序，loop 函数用于循环执行程序，并且 setup 函数的执行在 loop 函数之前。

> **提示**
>
> 这种代码风格起源于 Arduino 设备的应用开发，毕竟 Ardupilot 最早也是针对 Arduino 设备开发的飞行控制器工具。

在 setup 函数中，调用了 AP_Scheduler 库管理任务，代码如下。

```cpp
void AP_Vehicle::setup()
{
    ...
    // AP_Scheduler 的 Task 引用
    const AP_Scheduler::Task *tasks;
    // 任务数量
    uint8_t task_count;
    // 一般将其设置为 MASK_LOG_PM
    uint32_t log_bit;
    // 获取任务列表
    get_scheduler_tasks(tasks, task_count, log_bit);
    // 初始化任务
    AP::scheduler().init(tasks, task_count, log_bit);
    ...
}
```

在 AP_Vehicle 的 loop 函数中，将会调用 scheduler 的 loop 函数，代码如下。

```cpp
// AP_Vehicle.h
// main loop scheduler
AP_Scheduler scheduler;

// AP_Vehicle.cpp
// loop 函数
void AP_Vehicle::loop()
{
    // 调度器循环
    scheduler.loop();
    ...
}
```

调用 scheduler.loop() 函数，将会执行通过 get_scheduler_tasks 获取的任务。在不同载具中，将会实现不同的 get_scheduler_tasks 函数，包含了不同的任务。接下来，让我们关注 ArduPlane.cpp 代码，其中定义了 scheduler_tasks 数组，而这个数组将会被封装到

get_scheduler_tasks 函数中，被 AP_Vehicle 库调用。scheduler_tasks 数组包含了固定翼无人机中的所有任务，代码如下。

```
const AP_Scheduler::Task Plane::scheduler_tasks[] = {
    // AHRS 更新
    FAST_TASK(ahrs_update),
    // 更新模式
    FAST_TASK(update_control_mode),
    // 姿态稳定
    FAST_TASK(stabilize),
    // 输出通道
    FAST_TASK(set_servos),
    // 获取遥控输入数据
    SCHED_TASK(read_radio,                   50,      100,     6),
    // 检查短期故障保护
    SCHED_TASK(check_short_failsafe,    50,      100,     9),
    // 更新速度高度
    SCHED_TASK(update_speed_height,     50,      200,     12),
    // 更新油门
    SCHED_TASK(update_throttle_hover, 100,       90,     24),
    // 通道处理
    SCHED_TASK_CLASS(RC_Channels,
        (RC_Channels*)&plane.g2.rc_channels,
        read_mode_switch,               7,      100, 27),
    SCHED_TASK(update_GPS_50Hz,             50,      300,   30),
    SCHED_TASK(update_GPS_10Hz,             10,      400,   33),
    SCHED_TASK(navigate,                    10,      150,   36),
    SCHED_TASK(update_compass,              10,      200,   39),
    SCHED_TASK(calc_airspeed_errors,    10,      100,   42),
    SCHED_TASK(update_alt,                  10,      200,   45),
    SCHED_TASK(adjust_altitude_target, 10,      200,   48),
    ...

    SCHED_TASK_CLASS(AP_Baro, &plane.barometer, accumulate,   50, 150,   69),
    ...
    SCHED_TASK_CLASS(AP_InertialSensor, &plane.ins,       periodic,           50, 50, 141),
};
```

这些任务按照优先级从上到下排序，并且采用 3 种不同的调度方式，如下所述。

- 快速任务（FAST_TASK）：每次循环都会执行的任务，且一定会被完整地执行。
- 定期任务（SCHED_TASK）：定期执行的任务，其中第 1 个参数指定了需要执行的静态函数，第 2 个参数指定了执行的频率（单位为赫兹），第 3 个参数指定了函数运行所需的预期时间（单位为微秒），如果超出预期时间，那么会被抛弃执行；第 4 个参数指定了优先级（0~255），数字越小，优先级越高。
- 定期执行类中的任务（SCHED_TASK_CLASS）：与 SCHED_TASK 类似，只不过 SCHED_TASK 需要指定静态函数，而 SCHED_TASK_CLASS 需要指定某个类的对象中的函数。其中，第 1 个参数为类名，第 2 个参数为对象，第 3 个参数为需要执行的方法（函数）。随后的 3 个参数分别是频率、预期时间和优先级，其功能与 SCHED_TASK 的参数类似。

这种任务调度方式是 Ardupilot 飞行控制器系统所特有的，与常见的操作系统任务调度有所不同：通过不同的任务调度方式来管理各种任务的执行频率和优先级，确保关键任务能够及时响应，同时优化系统资源的使用。这种设计使得 Ardupilot 在嵌入式系统中表现出色，适用于需要高可靠性和实时性的无人机控制系统。

显然，最为重要的 4 个任务（由 FAST_TASK 调度）函数就是用于更新 AHRS 姿态计算结果的 ahrs_update 函数、用于更新模式的 update_control_mode 函数、用于姿态稳定的 stabilize 函数，以及用于设置输出的 set_servos 函数。

2. 模式类及其子类

在 ArduPlane 载具代码中，定义了模式类及其子类，即在 mode.h 和 mode.cpp 中定义 Mode 类及其子类 ModeAuto、ModeManual 等。不过，ModeAuto、ModeManual 等子类，存放在以 mode_开头的 cpp 文件中。例如，盘旋模式类 ModeCircle 在 mode_circle.cpp 中实现。

在 mode.h 中，通过枚举类型定义了这些模式的枚举值，代码如下。

```
enum Number : uint8_t {
    MANUAL          = 0,        // 手动模式
    CIRCLE          = 1,        // 盘旋模式
    STABILIZE       = 2,        // 稳定模式
    TRAINING        = 3,        // 训练模式
    ACRO            = 4,        // 特技模式
    FLY_BY_WIRE_A   = 5,        // FBWA 模式
    FLY_BY_WIRE_B   = 6,        // FBWB 模式
    CRUISE          = 7,        // 巡航模式
    AUTOTUNE        = 8,        // 自动调参模式
    AUTO            = 10,       // 自动模式
    RTL             = 11,       // 返航模式
    LOITER          = 12,       // 定点模式
    TAKEOFF         = 13,       // 起飞模式
    AVOID_ADSB      = 14,       // ADSB 避让模式
    GUIDED          = 15,       // 导向模式
    INITIALISING    = 16,       // 初始化模式
#if HAL_QUADPLANE_ENABLED
    QSTABILIZE      = 17,       // VTAL 自稳模式
    QHOVER          = 18,       // VTAL 悬停模式
    QLOITER         = 19,       // VTAL 定点模式
    QLAND           = 20,       // VTAL 降落模式
    QRTL            = 21,       // VTAL 返航模式
#if QAUTOTUNE_ENABLED            //
    QAUTOTUNE       = 22,       // VTAL 自动调参模式
#endif
    QACRO           = 23,       // VTAL 特技模式
```

```
#endif
    THERMAL        = 24,            // 热升力模式
#if HAL_QUADPLANE_ENABLED
    LOITER_ALT_QLAND = 25,          // VTAL 定点降落模式
#endif
};
```

> **提示**　ADSB 避让模式（AVOID_ADSB）表示当设备连接了 ADSB 模块时，并且查询到附近有载人飞机，那么无人机将自动切换到 ADSB 避让模式，避免无人机发生碰撞。

模式类定义了许多通用函数和虚拟函数，如进入模式、执行模式、退出模式的函数，以及更新模式、导航的虚拟函数等，代码如下。

```
class Mode
{
public:
    // 构造器
    Mode();
    // 进入模式
    bool enter();
    // 退出模式
    void exit();
    // 执行模式
    virtual void run();
    // 更新模式
    virtual void update() = 0;
    // 对于自动模式来说，实现导航功能
    virtual void navigate() { return; }
    ...
}
```

其中，最为重要的是更新函数 update。在该函数中，将会引导无人机按照该模式预设的方式飞行。在 update_control_mode 函数（通过 FAST_TASK 定义的快速任务）中，将会实时调用模式的 update 函数，代码如下。

```
void Plane::update_control_mode(void)
{
    // 是否可以向前飞行
    update_fly_forward();
    // 更新模式
    control_mode->update();
}
```

例如，对于盘旋模式来说，其 update 函数如下。

```
void ModeCircle::update()
```

```
{
    // 按照最大
    plane.nav_roll_cd    = plane.roll_limit_cd / 3;
    plane.update_load_factor();
    plane.calc_nav_pitch();
    plane.calc_throttle();
}
```

对象 plane 是 Plane 类的实例。而 Plane 类继承于 AP_Vehicle 类，是固定翼无人机的抽象类。

> 提示
>
> ArduPlane 类和 Plane 类的定位有所区别，前者多用于无人机的管理（类似于管理器模式），而后者则是直接对无人机概念的抽象。

在 Plane 类中，定义了两个非常重要的变量，分别是 nav_roll_cd 和 nav_pitch_cd。这两个变量分别代表了无人机期望的横滚角和俯仰角，定义如下。

```
// Navigation control variables
// 瞬时期望横滚角（单位为百分之一度）
int32_t nav_roll_cd;
// 瞬时期望俯仰角（单位为百分之一度）
int32_t nav_pitch_cd;
```

> 提示
>
> 这里以 _cd 结尾表示其单位为圆度角。

可以发现，盘旋模式下是将最大允许的横滚角（roll_limit_cd）的 1/3 作为无人机的横滚角，从而实现空中盘旋的。也正因为如此，盘旋模式并不能环绕一个固定的点进行盘旋，而且一定是顺时针盘旋（横滚角为正值，则向右转弯）。

3. 通道输出

与多旋翼无人机使用 RC_Channel 不同，固定翼无人机是采用 SRV_Channels 进行通道输出的，其主要函数如下。

```
// 直接设置某通道的 PWM 输出
SRV_Channels::set_output_pwm(SRV_Channel::Aux_servo_function_t function, uint16_t value)
// 输出经过修正的 PWM 输出
SRV_Channels::set_output_pwm_trimmed(SRV_Channel::Aux_servo_function_t function, int16_t value)
// 通过比例值进行 PWM 输出
void SRV_Channels::set_output_scaled(SRV_Channel::Aux_servo_function_t function, float value)
```

例如，关闭油门的代码如下。

```
// 输出比例值
SRV_Channels::set_output_scaled(SRV_Channel::k_throttle, 0.0);
// 输出 PWM 值
SRV_Channels::set_output_pwm(SRV_Channel::k_throttle, 0);
```

具体来说，一个完整的固定翼无人机通道输出，需要经历如图 5-8 所示的步骤。

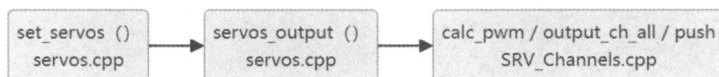

图 5-8　固定翼无人机通道输出的主要步骤

其中，set_servos 函数是通过 FAST_TASK 执行的快速任务函数。在这个函数中，首先需要 SRV_Channels 的 cork 函数移植通道的变化，然后更新设备（如襟翼、起落架、扰流板等）的通道值，最后调用 servos_output 函数输出通道，代码如下。

```
void Plane::set_servos(void)
{
    // 加锁防止意外输出
    SRV_Channels::cork();

    // 更新各个设备所需的值，如襟翼、起落架、扰流板等。
    ...

    // 输出通道
    servos_output();
}
```

在 servos_output 函数中，依次调用 calc_pwm 函数计算 PWM 值，调用 output_ch_all 函数输出通道值，调用 push 函数解锁通道输出，代码如下。

```
void Plane::servos_output(void)
{
    SRV_Channels::cork();

    ...
    // 计算 PWM 值
    SRV_Channels::calc_pwm();
    // 分别调用各个通道的 channels[i].output_ch()方法写入通道值
    SRV_Channels::output_ch_all();
    // 通过 AP_HAL 库进行硬件输出  - hal.rcout->push();
    SRV_Channels::push();

}
```

5.1.5　传感器

根据前面的内容可知，对于 AHRS 姿态计算而言，最为重要的 3 个库分别为用于获取惯性传感器信息的 AP_InertialSensor 库、用于获取气压计数据的 AP_Baro 库和用于获取 GPS 数据的 AP_GPS 库。这些库对应了 ArduPlane 的 4 个任务，分别是 update_GPS_50Hz、update_GPS_10Hz 函数任务，以及 AP_Baro 的 accumulate 方法任务和 AP_InertialSensor 的 periodic 方法任务。这 4 个任务采集的数据都将通过 AHRS 模块进行处理，从而计算得到当前的姿态信息。

1. 传感器驱动

Ardupilot 支持 I2C、SPI、UART 和 CANBUS（如 UAVCAN 和 DroneCAN 协议）与各类传感器进行连接。为了能够屏蔽这些协议，在 Ardupilot 中将传感器库和这些协议进行了拆分，并且为了方便传感器数据融合，分别封装为了库前端和库后端，如图 5-9 所示。

图 5-9　传感器驱动的前端和后端

驱动器数组 _drivers 的数量对应了库后端的数量。载具主代码只会调用库前端的函数，并且相关参数也存储在库前端。

2. GPS 更新

这里以 GPS 数据更新为例，介绍如何从前端获取 GPS 数据。获取 GPS 数据的两个函数，即 update_GPS_50Hz 和 update_GPS_10Hz 的功能有所不同。update_GPS_50Hz 的执行频率为 50Hz，用于实时获取 GPS 数据并更新位置；update_GPS_10Hz 则用于检查 GPS 的更新状态，检查是否正常进行了 3D 定位，并通过 AHRS 估算风速和地速。update_GPS_50Hz 函数的代码如下。

```
// 更新 GPS 状态
void Plane::update_GPS_50Hz(void)
{
    // 获取 GPS 位置
    gps.update();
    // 更新当前位置
    update_current_loc();
}
```

其中，gps 变量是 AP_GPS 类的实例，在 AP_Vehicle.h 中定义，代码如下。

```
#if AP_GPS_ENABLED
    AP_GPS gps;
#endif
```

这里的 update 函数就是典型的 AP_GPS 的前端 update 函数。调用该函数时，无须了解其背后的通信协议，能够直接更新 GPS 数据。随后，通过 update_current_loc 函数更新当前位置信息。

update_GPS_10Hz 函数的代码如下。

```
// 检查 GPS 更新状态，并通过 AHRS 估算风速
void Plane::update_GPS_10Hz(void)
{
    // 上次 GPS 更新时间
    static uint32_t last_gps_msg_ms
    // 如果定位良好
    if (gps.last_message_time_ms() != last_gps_msg_ms && gps.status() >= AP_GPS::GPS_OK_FIX_3D) {
        last_gps_msg_ms = gps.last_message_time_ms();
        // 开始 5 次计数
        if (ground_start_count > 1) {
            ground_start_count--;
        } else if (ground_start_count == 1) {
            // 计数完成后，如果仍未定位，那么再重新计数
            if (current_loc.lat == 0 && current_loc.lng == 0) {
                ground_start_count = 5;
            // 如果存在定位，则设置返航点位置
            } else if (!hal.util->was_watchdog_reset()) {
                if (!set_home_persistently(gps.location())) {
                    // silently ignore failure...
                }
                // 设置返航点位置
                next_WP_loc = prev_WP_loc = home;
                // 计数结束
                ground_start_count = 0;
            }
        }
        // 估算风速
        ahrs.estimate_wind();
    } else if (gps.status() < AP_GPS::GPS_OK_FIX_3D && ground_start_count != 0) {
        // 定位不佳，重新计数
        ground_start_count = 5;
    }
    // 计算地速
    calc_gndspeed_undershoot();
}
```

在上述代码中，通过 ground_start_count 变量进行计数，定位成功后的 5 次计数（也就是 100ms 左右）将当前位置设置为返航点，并估算风速和地速。

5.1.6　运行库样例

为了测试库的功能，几乎所有的库都有一个或者多个样例。这些样例存储在库目录的

examples 文件夹中。这些样例代码可以为我们学习库、理解各个功能模块的作用提供很大帮助。如果开发者希望查看 Ardupilot 所有的库样例程序，那么可以在 Ardupilot 源代码目录下通过以下命令输出这些样例，代码如下。

```
dongyu@DESKTOP-NU5MH8A:~/Ardupilot$ ./waf list | grep 'examples'
examples/AC_PID_test
examples/AHRS_Test
examples/AP_Common
examples/AP_Compass_test
examples/AP_Declination_test
...
```

下面介绍一些库样例运行的常用方法和基本结构。

1. AP_Common 样例

AP_Common 库包含了一个简单的 examples/AP_Common 样例。我们通过这个样例来理解样例代码的基本结构。examples/AP_Common/AP_Common.cpp 的主要代码如下。

```cpp
// HAL 库
const AP_HAL::HAL& hal = AP_HAL::get_HAL();
// 测试函数
void test_high_low_byte(void)
{
    ...
}
// 设置函数
void setup(void)
{
    hal.console->printf("AP_Common tests\n\n");

    test_high_low_byte();
}
// loop 循环函数
void loop(void)
{
    // do nothing
}
// 执行程序
AP_HAL_MAIN();
```

几乎所有的样例都是类似的结构，包含 HAL 库的引用 hal，并且与 AP_Vehicle 类类似，也包含 setup 函数和 loop 函数，setup 函数在 loop 函数之前执行一次，loop 函数将循环执行。AP_HAL_MAIN()宏用于初始化并执行上述 C++代码，一般来说无须具体关注其实现。

在上述函数中，还有一个 test_high_low_byte 函数，用于测试 HIGHBYTE 和 LOWBYTE 宏。这两个宏分别用于获取 16 位整型值的高 8 位数值和低 8 位数值。

为了执行这个应用程序，需要在编译命令中加入 "--target example/AP_Common" 参数。

例如，编译上述样例的命令如下。

```
./waf configure --board sitl          # 在 SITL 中执行样例程序（当然也可以是其他的目标设备）
./waf build --target examples/AP_Common # 编译 AP_Common 样例
```

如果需要将这个样例运行到特定设备上，那么可以执行以下命令。

```
./waf configure --board=<设备类型>                # 设备类型需要替换为实际的设备命令
./waf build --target examples/AP_Common --upload     # 通过--upload 参数可以直接上传固件到设备
```

此时，AP_Common 样例将会编译到./build/sitl/examples 目录下，因此执行下面的命令即可运行该样例。

```
./build/sitl/examples/AP_Common
```

此时，屏幕将会执行 test_high_low_byte 函数，并输出一些 16 位整型值的高 8 位和低 8 位，如下所示。

```
Starting sketch 'UNKNOWN'
Starting SITL input
AP_Common tests

i:0 high:0 low:0
i:1 high:0 low:1
i:2 high:0 low:2
i:3 high:0 low:3
...
i:64701 high:252 low:189
i:64901 high:253 low:133
i:65101 high:254 low:77
i:65301 high:255 low:21
```

2. RCProtocolDecoder 样例

AP_RCProtocol 实现了常见的遥控器解码工具，如解码 CRSF（Control Remote Signal Format）、SBUS、IBus、PPM、ST24 等多种协议。针对这些协议，AP_RCProtocol 分别为其实现了解码，如 AP_RCProtocol_CRSF.cpp、AP_RCProtocol_SBUS.cpp、AP_RCProtocol_PPMSum.cpp 等。

在 AP_RCProtocol 库中，包含了一个名为 RCProtocolDecoder 和 RCProtocolTest 的样例。其中，RCProtocolTest 样例模拟了各类协议下的数据解码，不过数据是模拟的；RCProtocolDecoder 样例则可以测试真实设备的连接并解码，但目前仅支持 SBUS 和 DSM 协议。

下面将简单分析并运行 RCProtocolDecoder 样例。在这个样例中，同样包含 HAL 库的引用 hal，以及 1 个 setup 函数和 loop 函数。不过，setup 函数和 loop 函数被以下宏包裹。

```
#if CONFIG_HAL_BOARD == HAL_BOARD_LINUX || CONFIG_HAL_BOARD == HAL_BOARD_SITL

#endif
```

其中，宏 CONFIG_HAL_BOARD 表示当前的设备类型，而 HAL_BOARD_LINUX 和 HAL_BOARD_SITL 分别表示 Linux 设备或 SITL 设备。因此这个样例只能够运行在 Linux 设

备或者 SITL 设备中。设备类型的宏在 libraries_HAL_HAL_Boards.h 中定义，代码如下。

```
#define HAL_BOARD_SITL      3  // SITL 设备
#define HAL_BOARD_SMACCM    4  // SMACCM 设备，未使用
#define HAL_BOARD_PX4       5  // PX4 设备，未使用
#define HAL_BOARD_LINUX     7  // Linux 设备
#define HAL_BOARD_VRBRAIN   8  // VRBrain 设备
#define HAL_BOARD_CHIBIOS   10 // ChibiOS 操作系统设备（如 STM32 设备等）
#define HAL_BOARD_F4LIGHT   11 // F4LIGHT 飞行控制器设备，预留的
#define HAL_BOARD_ESP32     12 // ESP32 设备
#define HAL_BOARD_EMPTY     99 // 空设备
```

> **提示**
>
> SMACCM（Secure Mathematically-Assured Composition of Control Models）即安全数学保证控制模型组合，是美国国防高级研究计划局（DARPA）高保障网络军事系统（HACMS）计划的一部分，旨在开发能够抵御多种网络攻击的无人机软件。SMACCM 项目在研究型四轴飞行器上对这些新技术进行了原型设计，后将它们转移到了波音公司的"小鸟"无人直升机上，以证明其实用性和有效性。

因此，我们可以在 SITL 设备或 Linux 设备中运行该样例程序。不过，在运行该样例程序之前，还需要连接 DSM 或 SBUS 遥控器到设备上，找到设备的 ID 位置，并修改 devicename 变量为设备的 ID，代码如下。

```
// change this to the device being tested.
const char *devicename = "/dev/serial/by-id/usb-FTDI_FT232R_USB_UART_A10596TP-if00-port0";
```

然后，即可通过以下命令采用 SITL 的方式执行该样例。

```
./waf configure --board sitl                        # 在 SITL 中执行样例程序
./waf build --target examples/RCProtocolDecoder     # 编译构建 RCProtocolDecoder 样例
./build/sitl/examples/RCProtocolDecoder             # 执行 RCProtocolDecoder 样例
```

随后，控制台中将实时输出遥控器的通道解析数据。如果出现了 ID 设备"No such file or directory"提示，则说明设备连接失败。

5.2 开发实践

本节介绍一些简单的开发实践，包括发送消息和自定义参数。

5.2.1 发送消息

为了发送消息，可以先创建一个新的任务。在 Plane.h 文件中，声明一个名为 send_message 的函数，代码如下。

```
void send_message(void);
```

随后，在 Plane.cpp 中实现这个函数，通过 gcs 对象的 sent_text 方法向地面站发送消息，代码如下。

```
void Plane::send_message(void) {
    gcs().send_text(MAV_SEVERITY_INFO, "this is from Ardupilot!");
}
```

MAV_SEVERITY_INFO 表示该消息的紧急程度为消息级别。在 MAV_SEVERITY 枚举类型中，还声明了其他不同紧急程度的消息，代码如下。

```
typedef enum MAV_SEVERITY
{
    MAV_SEVERITY_EMERGENCY=0,      // 紧急级别
    MAV_SEVERITY_ALERT=1,          // 警示级别
    MAV_SEVERITY_CRITICAL=2,       // 严重级别
    MAV_SEVERITY_ERROR=3,          // 错误级别
    MAV_SEVERITY_WARNING=4,        // 警告级别
    MAV_SEVERITY_NOTICE=5,         // 通知级别
    MAV_SEVERITY_INFO=6,           // 消息级别
    MAV_SEVERITY_DEBUG=7,          // 调试级别
    MAV_SEVERITY_ENUM_END=8,       // 空
} MAV_SEVERITY;
```

枚举类型 MAV_SEVERITY 的各个枚举值从前到后的紧急程度依次减弱。

随后，即可在 scheduler_tasks 数组中创建、执行 send_message 任务，代码如下。

```
const AP_Scheduler::Task Plane::scheduler_tasks[] = {
                         // Units:    Hz        us
    FAST_TASK(ahrs_update),
    FAST_TASK(update_control_mode),
    FAST_TASK(stabilize),
    FAST_TASK(set_servos),

    SCHED_TASK(read_radio,              50,      100,    6),
    SCHED_TASK(check_short_failsafe,    50,      100,    9),
    ...

    SCHED_TASK(send_message,             1,      100,    200),
}
```

该任务每秒钟执行 1 次，并且每次执行的预期时间为 100μs，优先级为 200。

注意，这里的任务务必按照优先级顺序执行，否则在运行时会出现 "AP: Arm: Internal errors 0x100000 l:155 flow_of_ctrl" 错误，导致无人机无法被正常解锁。

随后，即可在命令窗口中查看到 "this is from Ardupilot!" 提示，如图 5-10 所示。

在模拟图传界面中，也可以查看到这个提示，如图 5-11 所示。

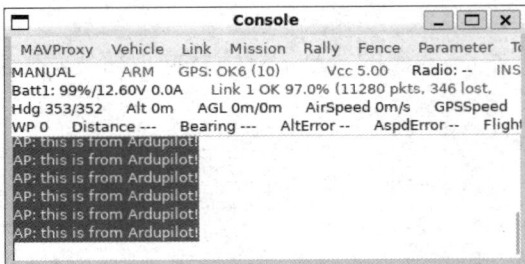

图 5-10　命令窗口中提示"this is from Ardupilot!"

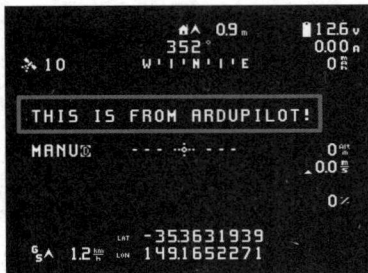

图 5-11　模拟图传界面提示
"THIS IS FROM ARDUPILOT!"

5.2.2　自定义参数

在 Ardupilot 中，参数可能存在于主代码中，也可以存在于各个库中。主代码（如 ArduPlane、ArduCopter 等目录下的代码）的 Parameters 类对参数的定义，以及各个库对参数的定义，共同构成了全部参数表。本节主要介绍如何在主代码中创建自定义参数。对于各个库的参数定义也是类似的。

1. 参数表的基本操作

AP_Param 是 Ardupilot 的参数库，用于实现参数表的存取。参数表中支持的数据类型由其 AP_Param.h 的 ap_var_type 枚举类型定义，主要类型如表 2-1 所示。

表 5-1　ap_var_type 枚举类型定义的主要类型

类型	类型名称	ap_var_type 枚举值
8 位整型	AP_Int8	AP_PARAM_INT8
16 位整型	AP_Int16	AP_PARAM_INT16
32 位整型	AP_Int32	AP_PARAM_INT32
浮点型	AP_Float	AP_PARAM_FLOAT
三维矢量类型	AP_Vector3f	AP_PARAM_VECTOR3F
组合类型	—	AP_PARAM_GROUP

> **提示**
>
> 目前，Ardupilot 并不支持无符号类型。

其中，AP_Vector3f 在 AP_Math/AP_Math.h 中定义，AP_Int8、AP_Int16、AP_Int32、AP_Float 在 AP_Param.h 中定义，代码如下。

```
#define AP_PARAMDEF(_t, _suffix, _pt)    typedef AP_ParamT<_t, _pt> AP_ ## _suffix;
AP_PARAMDEF(float, Float, AP_PARAM_FLOAT);       // defines AP_Float
AP_PARAMDEF(int8_t, Int8, AP_PARAM_INT8);        // defines AP_Int8
AP_PARAMDEF(int16_t, Int16, AP_PARAM_INT16);     // defines AP_Int16
```

```
AP_PARAMDEF(int32_t, Int32, AP_PARAM_INT32);     // defines AP_Int32
```

可以发现，这些类型都属于 AP_ParamT 类型。例如，AP_Int32 类型实际上是 AP_ParamT<int32_t, AP_PARAM_INT32>类型。

2. 在主代码中增加参数

本节尝试在全部参数表中增加一个 CUSTOM_TEST 参数。这个参数可以被用户读取和修改，而且也可以被程序读取使用。在 ArduPlane 的主代码中创建自定义参数所涉及的文件如下。

- ArduPlane/Paramaters.h：Parameters 类的头文件。
- ArduPlane/Parameters.cpp：Parameters 类的代码文件，可以定义具体的参数信息。
- ArduPlane/config.h：可以用于定义全局宏。

打开 ArduPlane/Parameters.h 文件，在其代码顶端找到一个包含用于定义存放数据的空间槽（space slots）的枚举类型，代码类似如下。

```
enum {
    k_param_format_version = 0,
    k_param_software_type, // unused;
    k_param_num_resets, // unused
    ...
    // Misc
    k_param_log_bitmask = 20,
    k_param_log_last_filenumber,
    k_param_toy_yaw_rate,
    k_param_crosstrack_min_distance,
    k_param_sonar_gain,
    ...
}
```

这个空间槽用于定义参数占据 EEPROM 的空间。因此，首先需要在合适的位置创建一个枚举值（通常可以和相似的功能参数放在一起，或者放在枚举类型的最后），代码如下。

```
enum {
    ...
    k_param_custom_test,
    ...
}
```

随后，在 Parameters.h 中增加一个 custom_test 变量，其类型可以为 AP_Int8、AP_Int16、AP_Int32、AP_Float 和 AP_Vector3。例如，此处定义其为 16 位整型，代码如下。

```
AP_Int16 custom_test;
```

注意，这里的 custom_test 名称要和 k_param_custom_test 去掉前缀后的部分相同，否则将编译失败。

在 Parameters.cpp 中，将变量声明添加到 var_info 表中，代码如下。

```
const AP_Param::Info Plane::var_info[] = {
```

```
// @Param: CUSTOM_TEST
// @DisplayName: custom param test.
// @Description: A description of my new parameter goes here
// @Range: -32768 32767
// @User: Advanced
GSCALAR(custom_test, "CUSTOM_TEST", CUSTOM_TEST_DEFAULT),
...
}
```

其中，注释部分将会出现在 Mission Planner 的参数介绍中，包括参数名称@Param、显示名称@DisplayName、说明@Description、范围@Range 和用户@User 等。GSCALAR 是一个用于定义全局标量的宏（在 Param.h 中定义），类似的还有如下几个。

- GARRAY：定义数组参数，主要在 AP_Periph 库中使用。
- ASCALAR：定义特定载具类型的标量，其变量应当在 AP_Vehicle 中的 AP_FixedWing.h、AP_MutilCopter.h 中定义。
- GGROUP：定义分组参数，主要在潜水艇设备、天线跟踪器设备中使用。

除了上述类型，还有 GOBJECT、GOBJECTPTR、GOBJECTVARPTR、GOBJECTN 等。

最后，在 config.h 中定义 CUSTOM_TEST_DEFAULT 宏，代码如下。

```
#ifndef CUSTOM_TEST_DEFAULT
 # define CUSTOM_TEST_DEFAULT      123
#endif
```

重新编译并烧录程序，即可在设备的全部参数表中找到这个新的参数了，如图 5-12 所示。

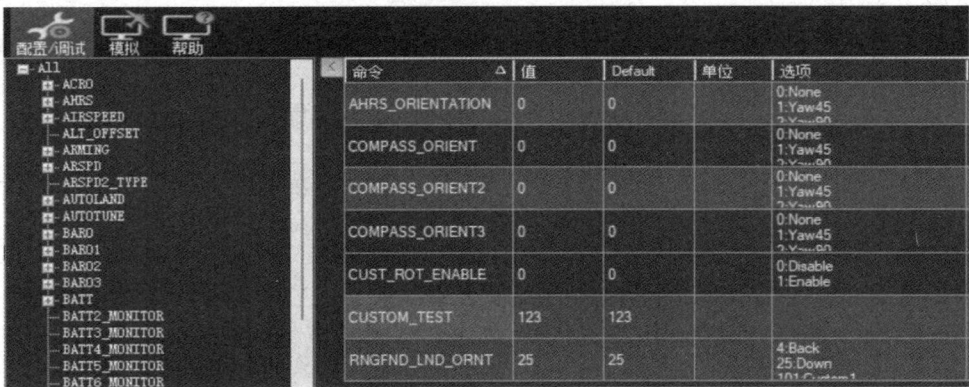

图 5-12　在 Mission Planner 中查看 CUSTOM_TEST 参数

在特定库中定义参数的方法也是类似的，只需要在具体的库（如 AP_Periph 库）中找到 Parameters.h 和 Parameters.cpp 文件，并参考上述方法增加参数即可，这里不再详细介绍。

使用这些参数时，需要注意以下几个方面。

（1）如果需要使用已经定义的参数，只需要通过 g.custom_test 即可访问这个参数。如果使用 ASCALAR 定义特定载具类型的标量，那么可以使用类似 aparm.custom_test 方式进行访问。

（2）对于全局的参数定义来说，Parameters.h 中定义了两个类，分别是 Parameters 和 ParametersG2。这是因为 Parameters 中的参数太过于拥挤了，为了避免 Parameter 类中达到最大参数数量，因此建议开发者将新定义的参数放入 ParametersG2 中。

（3）在版本更新时，可能存在部分参数的名称变更的情况，因此可以在 Parameters.cpp 中通过 q_conversion_table 表更新参数名，以便于在用户更新固件时，将旧的参数值移植到新的参数上。

5.3　MAVLink 与 MAVProxy

MAVLink 是一种轻量级的通信协议，用于无人机和地面站、无人机和机载设备之间进行通信，以及无人机内部各组件之间进行通信。它由 Lorenz Meier 在 2009 年开发，随着时间的推移，已经发展出数百条通用消息定义，广泛应用于各种无人机平台和飞行控制器系统，如 Ardupilot、PX4 等。

5.3.1　认识 MAVLink

MAVLink 具有以下特点。

- 高效性：针对资源受限系统而设计，每个数据包只有 8 字节的开销，非常适合于传输条件有限的飞行器，可以高效、准确地传递命令，并实现遥测。
- 可靠性：具备检测数据包丢失、损坏和数据包身份验证的功能。
- 多语言支持：支持多种编程语言，可以在多种微控制器/操作系统上运行，包括 C、C++、Python、Java、Rust、Lua 等。

本节介绍 MAVLink 的版本、消息类型及主要的开发框架。

1. MAVLink 1 和 MAVLink 2

MAVLink 包括两个主要版本，即 MAVLink 1 和 MAVLink 2。MAVLink 2 兼容 MAVLink 1，是目前较为常用的 MAVLink 协议。

MAVLink1 的消息结构如图 5-13 所示，总长度为 8~263 字节。

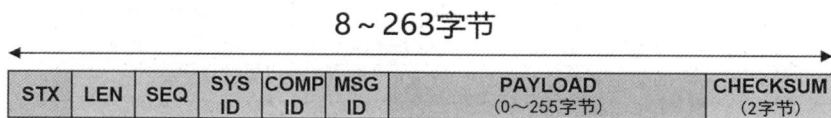

8~263字节

| STX | LEN | SEQ | SYS ID | COMP ID | MSG ID | PAYLOAD (0~255字节) | CHECKSUM (2字节) |

图 5-13　MAVLink1 的消息结构

其中，每一帧 MAVLink 1 消息都包含如表 5-2 所示的内容。

表 5-2　MAVLink1 的消息组成

字段	字节索引	内容	值范围	描述
STX	0	包起始标志	0xFE	包的起始标志，固定值为 0xFE
LEN	1	有效载荷长度	0~255	有效载荷数据的字节长度
SEQ	2	包的序列号	0~255	每发送一个消息，序列号加 1，用于检测丢包

字段	字节索引	内容	值范围	描述
SYS	3	系统 ID 编号	1~255	发送系统的编号，用于区分不同的飞行器
COMP	4	部件 ID 编号	0~255	发送部件的编号，用于区分同一系统中的不同组件
MSG	5	消息 ID 编号	0~255	消息类型标识，用于解码有效载荷
PAYLOAD	6~N+6	有效载荷数据	0~255 字节	消息的实际数据内容，长度由 LEN 字段决定
CKA	N+7	校验和低字节	—	16 位校验码的低字节
CKB	N+8	校验和高字节	—	16 位校验码的高字节

MAVLink 2 在 MAVLink 1 的基础上进行了扩展，其消息结构如图 5-14 所示，提供了更高的灵活性和安全性，总长度为 12~280 字节。

12～280字节

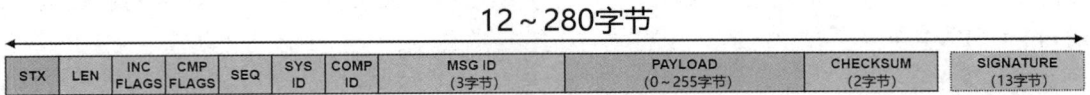

图 5-14　MAVLink2 的消息结构

其中，每一帧 MAVLink 2 消息都包含如表 5-3 所示的内容。

表 5-3　MAVLink2 的消息组成

字段	字节索引	内容	值范围	描述
STX	0	包起始标志	0xFE	包的起始标志，固定值为 0xFE
LEN	1	有效载荷长度	0~255	有效载荷数据的字节长度
INCOMPAT_FLAGS	2	不兼容标志	—	表示数据包中不兼容的特性，如果接收方不支持这些特性，则丢弃数据包
COMPAT_FLAGS	3	兼容标志	—	表示数据包中兼容的特性，即使接收方不支持这些特性，也可以处理数据包
SEQ	4	包的序列号	0~255	每发送一个消息，序列号加 1，用于检测丢包
SYS	5	系统 ID 编号	1~255	发送系统的编号，用于区分不同的飞行器
COMP	6	部件 ID 编号	0~255	发送部件的编号，用于区分同一系统中的不同组件
MSG	7	消息 ID 编号	0~255	消息类型标识，用于解码有效载荷
PAYLOAD	8~N+8	有效载荷数据	0~255 字节	消息的实际数据内容，长度由 LEN 字段决定
CKA	N+9	校验和低字节	—	16 位校验码的低字节
CKB	N+10	校验和高字节	—	16 位校验码的高字节

可以发现，MAVLink 2 在 MAVLink 1 的基础上进行了扩展，提供了更大的消息 ID 空间、更灵活的校验机制和兼容性标志，同时优化了有效载荷的传输效率。这些改进使得 MAVLink 2 更适合于复杂的应用场景和多系统通信。目前，Ardupilot 的最新版本采用 MAVLink 2 协议进行通信。在后面，若无特别说明，则提到的 MAVLink 版本均为 MAVLink 2。

2. MAVLink 的开发框架

采用 MAVLink 的开发框架有很多，以下列举一些常用的 MAVLink 开发框架。

- √ **MAVProxy**：命令行地面站工具，可以通过 Python 命令行的方式运行在 Windows、

Linux 和 macOS 系统上，方便开发者进行调试和测试。

- √ APSync：可以很方便地实现机载计算机中的同步视频流和日志等信息，目前非常活跃。
- √ Rpanion-server：一个用于配置网络、遥测路由和日志记录的开源软件包，运行在如树莓派等机载计算机上。
- √ MAVROS：封装了 MAVLink 特性的 ROS 操作系统工具包，可以实现 ROS 宿主（主机）和无人机之间的数据交互，不仅可以监控无人机的姿态数据，而且可以实现无人机的控制功能。
- √ MAVSDK：一个现代的、面向开发者的无人机开发工具包，支持多种平台和语言。
- Mavlink-router：用于在多个端点之间分发 MAVLink 消息的应用程序。
- mavp2p：一个灵活且高效的 MAVLink 代理/桥接/路由器，以命令行工具的形式实现。
- DroneKit：曾经是一个流行的 Python 环境下的无人机开发工具包，但已于 2017 年停止更新。

> **提示**
>
> 以上框架中，带有"√"的框架目前非常活跃，更新较快。

5.3.2　调试好帮手 MAVProxy

MAVProxy 是一种功能强大的命令行工具，适用于开发者和需要高度自定义控制的用户。它支持通过简单的命令行指令远程操控无人机，如切换飞行模式、发送任务指令等。

1. MAVProxy 的安装

MAVProxy 支持多种操作系统，包括 Linux、Windows 和 macOS。它是一种轻量级的软件，可以在小型设备上运行。开发者也可以直接使用 MAVProxy 构建强大的应用程序。

在 Windows 环境下，直接安装从官网下载的 MAVProxySetup-latest.exe 应用程序即可安装 MAVProxy，非常简单方便。在 Linux 环境下，可以通过执行以下命令来安装 MAVProxy。

```
sudo apt-get install python3-dev python3-opencv python3-wxgtk4.0 python3-pip python3-matplotlib python3-lxml python3-pygame
python3 -m pip install PyYAML mavproxy --user
echo 'export PATH="$PATH:$HOME/.local/bin"' >> ~/.bashrc
```

如果在 Ardupilot 的编译环境下安装 MAVProxy，则可能出现"error: externally-managed-environment"报错，此时可以尝试增加--break-system-packages 参数解决问题，命令如下。

```
python3 -m pip install PyYAML mavproxy --user --break-system-packages
```

另外，如果读者使用 VS Code 编译构建 Ardupilot 源代码，则还可以使用 Ardupilot-devenv 插件安装 MAVProxy，如图 5-15 所示。安装该插件的前提是通过 WSL 连接到 Ardupilot 编译环境，否则将导致安装失败。

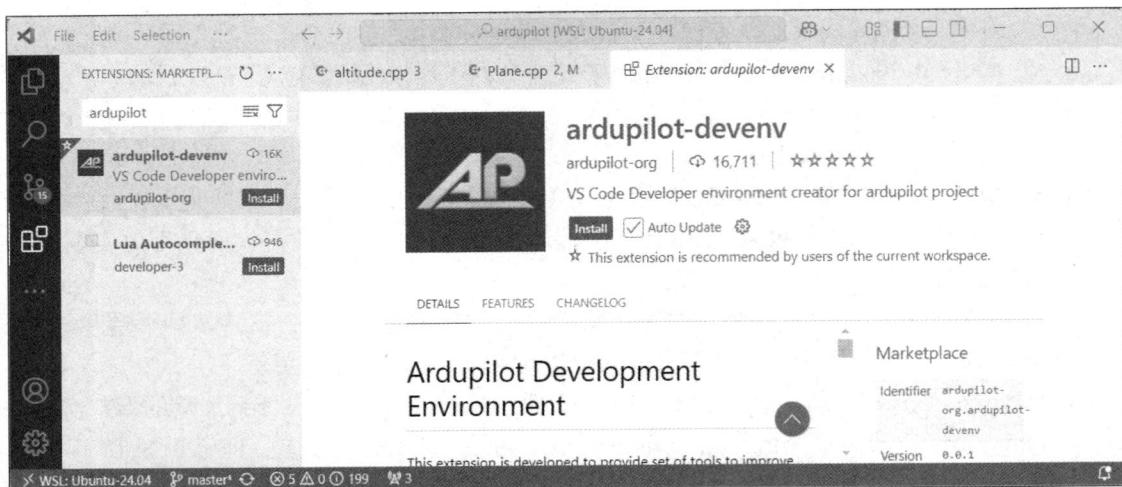

图 5-15　VS Code 中的 Ardupilot-devenv 插件

安装完成后，再次通过 WSL 连接到 Ardupilot 安装环境，即可在其命令行前端查看到 "Ardupilot-devenv" 提示，说明安装成功。此时，开发者即可在任意位置执行 MAVProxy 命令。

2. 通过 MAVProxy 连接 Ardupilot 设备

MAVProxy 软件在本质上是一个 Python 程序，因此通过执行 mavproxy.py 即可启动 MAVProxy 命令行。不过，执行 mavproxy.py 时，需要指定其 TCP 和 UDP 协议，以及其连接 地址和端口，命令如下。

```
# TCP 连接方式，其端口号一般为 5760、5761 或 5762
mavproxy.py --master=tcp:192.168.1.1:5762
# UDP 连接方式，其端口号一般为 14550
mavproxy.py --master=udp:127.0.0.1:14550
# 通过 0.0.0.0 的 IP 地址搜索并连接相应的设备
mavproxy.py --master=tcp:0.0.0.0:5762
```

其中，--master 参数依次指定了连接协议、IP 地址和端口号。在 Windows 环境下，由于 mavproxy 可执行文件对 mavproxy.py 脚本进行了封装，因此其命令如下所示。

```
mavproxy --master=tcp:192.168.1.1:5762
mavproxy --master=udp:127.0.0.1:14550
mavproxy --master=tcp:0.0.0.0:5762
```

当然，如果设备是通过 USB 的方式连接到主机上的，那么还可以通过其 USB 设备文件 （Linux 操作系统）或 COM 端口号（Windows 操作系统）来连接设备。在 Linux 环境下，通过 设备文件连接 Ardupilot 设备。

```
mavproxy.py --master=/dev/ttyUSB0
```

在 Windows 环境下，通过 COM 端口号连接 Ardupilot 设备。

```
mavproxy --master=COM14
```

5.3.3　MAVProxy 常用命令

实际上，SITL 仿真窗口及 Mission Planner 等地面站都是通过 MAVLink 方式进行通信的。特别是 SITL 仿真窗口，其本身也是一个 MAVProxy 运行环境。读者可以尝试使用 SITL 的命令行，或者执行 MAVProxy 应用程序来执行一些简单的命令，以对无人机进行操控。

1.　通过命令控制无人机

在 MAVProxy 命令行中，按下回车键即可查看到当前的命令提示符，其中左侧的字符表示当前的飞行模式，如"MANUAL>"。开发者可以在这个命令提示符后方键入具体的命令控制无人机切换飞行模式、进行加锁/解锁、控制通道、设置参数等。

1）切换飞行模式

键入具体的飞行模式即可切换飞行模式，命令如下。

```
MANUAL>
MANUAL> fbwa
MANUAL> # 切换飞行模式需要时间，可以再次按回车键确认
FBWA>
FBWA> manual
FBWA>    # 切换飞行模式需要时间，可以再次按回车键确认
MANUAL>
```

在上述操作中，通过 fbwa 命令和 manual 命令在两个飞行模式之间进行切换。

> **提示**
> 切换模式需要 1~2s 的时间，因此切换飞行模式后，开发者可以多次按回车键查看当前的飞行模式。

2）加锁和解锁

无人机的加锁和解锁命令如下。

```
MANUAL> arm throttle  # 解锁
MANUAL> disarm        # 加锁
```

3）控制通道

当无人机设置为 FBWA 模式且解锁后，通过以下命令可以加大油门，使无人机移动起来并向左移动，命令如下。

```
FBWA> rc 3 1800 # 油门加大
FBWA> rc 1 1200 # 左转
```

无人机的移动结果如图 5-16 所示。

图 5-16　无人机的移动结果

4）设置参数

通过 param show 命令可以查看参数，通过 param set 命令可以设置具体的参数。例如，设置当前的风速为 10m/s，命令如下。

```
FBWA> param show sim*              # 筛选并查看所有以 sim 开头的参数
FBWA> param set sim_wind_spd 4     # 设置风速为 10m/s
```

2. 执行飞行任务

首先，定义飞行任务。在命令窗口的菜单栏中选择"Mission"→"Draw"选项，弹出如图 5-17 所示的任务高度设置对话框。

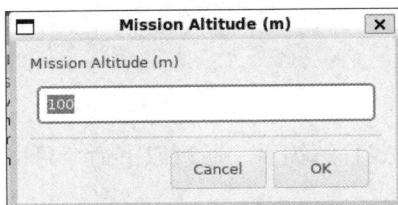

图 5-17　任务高度设置对话框

在该对话框中输入任务的高度为 100m，并单击"OK"按钮。进入地图界面，单击地图上的位置增加航点，右击地图上的任意位置进行确认，随后，即可生成并上传一个飞行任务，如图 5-18 所示。

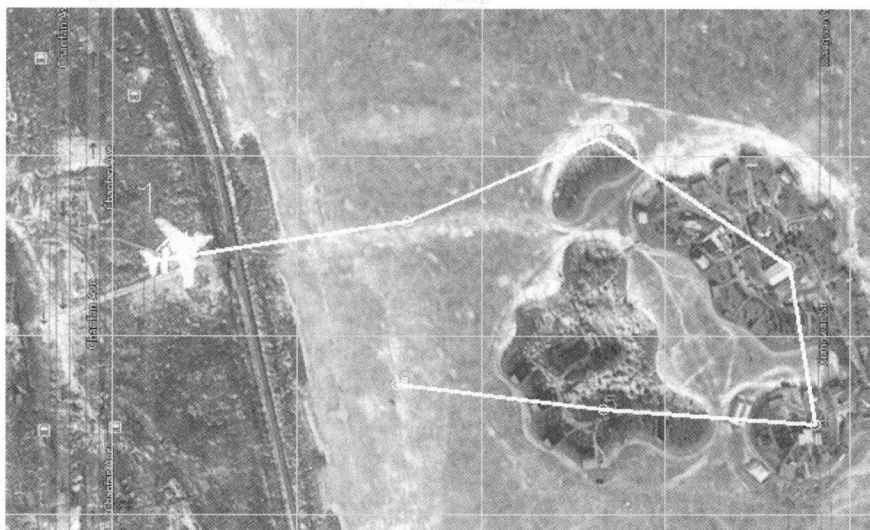

图 5-18 生成并上传飞行任务

其中，航点的序号采用蓝色数字标出，航线用白色线条标出。在命令提示符中，提示生成了 7 个航点，如下所示。

Drawing waypoints on map at altitude 100
Loaded 7 waypoints in 0.13s

最后，控制无人机起飞，然后在命令行中切换飞行模式为自动模式，命令如下。

FBWA> auto

此时，无人机将自动执行任务。如图 5-19 所示，其中深色粗线条标注了下一个航点的位置。任务执行完毕后，将进入返航模式在上空盘旋。

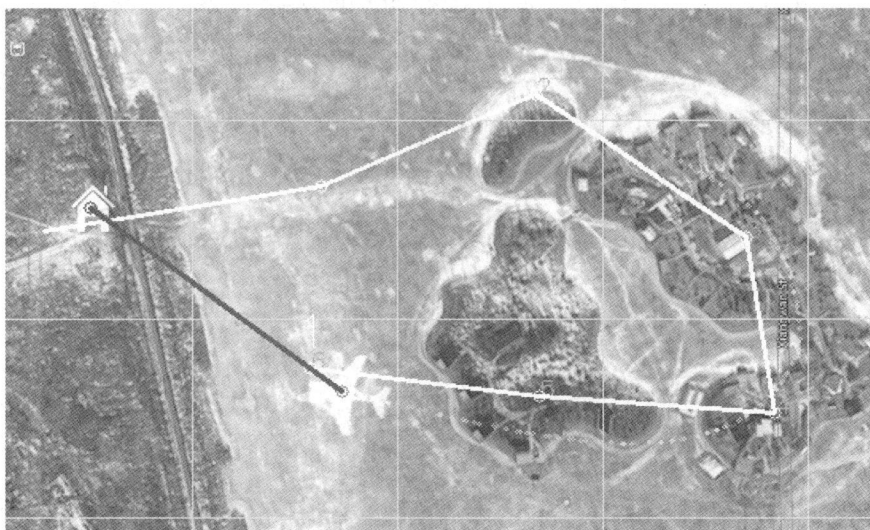

图 5-19 通过 MAVProxy 控制无人机返航

5.4　本章小结

本章深入剖析了 Ardupilot 的代码结构、开发实践，以及与之相关的通信协议和工具。首先，介绍了 Ardupilot 的代码架构，包括设备层、系统层、核心层、通信层和 UI/API，详细分析了关键库如 AP_HAL 和 AP_AHRS 的功能，以及代码启动流程和任务调度机制。接着，通过 VS Code 和 WSL 环境，展示了如何高效地浏览和编译 Ardupilot 代码，并深入探讨了传感器数据的处理和融合。此外，本章还介绍了 MAVLink 协议及其在无人机通信中的应用，重点讲解了 MAVProxy 工具的安装和使用方法，以及如何通过 MAVProxy 实现对无人机的控制和任务的执行。通过这些内容，相信读者可以全面地了解 Ardupilot 的内部工作机制，并掌握基于 Ardupilot 的开发实践。

实际上，MAVLink 具有很强的通用性，不仅可以用在 Ardupilot 代码上，还可以用在 PX4 等其他飞行控制器软件中。并且，常见的无人机软件，如 ExpressLRS 和 EdgeTX 也支持 MAVLink 消息的收/发。作为一种轻量级的通信协议，MAVLink 广泛应用于多种无人机系统和地面站软件，为无人机与地面控制站、机载设备之间的通信提供了高效、可靠的支持。

5.5　习题

（1）简述 DCM 和 EKF3 算法的主要区别。

（2）在 Ardupilot 代码中，尝试添加一个新的自定义参数 CUSTOM_PARAM，并将其默认值设置为 50。

（3）使用 MAVProxy 连接到一个运行 Ardupilot 的设备（可以是 SITL 模拟器或真实硬件）。设计一个新的航点任务，通过命令行切换飞行模式为自动模式，并观察设备的响应。

（4）在 Ardupilot 的代码中，创建一个新的任务 send_custom_message，使其每 5s 向地面站发送一条自定义消息 "Hello from Ardupilot!"。

第6章

VTOL 固定翼无人机

VTOL 是垂直起降的英文缩写，指的是一种航空器能够在垂直方向上起飞和降落的技术。这种技术使得无人机无须依赖长跑道，即可在有限的空间内完成起降操作，极大地提高了其在复杂地形、城市环境或舰载条件下的适用性和灵活性。

VTOL 固定翼无人机（以下简称"VTOL 固定翼"）将多旋翼无人机和固定翼无人机进行了融合，弥补了各自的缺点，是当前无人机领域的热点话题。本章将详细介绍如何通过 Ardupilot 实现 VTOL 固定翼。

6.1 初步认识 VTOL 固定翼

VTOL 固定翼可以在多旋翼模式和固定翼模式之间切换。多旋翼模式主要用于起飞和降落，固定翼模式用于高效飞行和执行任务。简单的 VTOL 固定翼是四旋翼构型和固定翼构型的简单叠加（见图 6-1），不过随后出现了可旋转电机等设备，降低了 VTOL 固定翼的冗余度，减小了其质量，从而衍生出了许多形状各异、用途多样的 VTOL 固定翼。

图 6-1　简单 VTOL 固定翼

6.1.1　VTOL 固定翼的特点

VTOL 固定翼结合了多旋翼无人机和固定翼无人机的优点，具有以下显著优势。

（1）场地适应性强：VTOL 固定翼无须跑道即可在狭小或复杂的地形中垂直起飞和降落。这种特性使其在城市高楼、山区、森林等复杂环境中表现出色，极大地降低了其对起降场地的要求，拓宽了无人机的应用范围。VTOL 固定翼的起降方式简单、快捷，能够快速响应任务需求。其高效的巡航能力使其能够在短时间内完成大面积作业，大大提高了工作效率，降低了人力成本。

（2）高效巡航能力：在水平飞行模式下，VTOL固定翼利用固定翼设计，能够实现较高的飞行速度和较长的续航时间。相比于传统多旋翼无人机，其巡航速度和航程显著提升，适合执行大面积巡检、长距离侦察等任务。

（3）安全性和可靠性高：VTOL固定翼在设计上通常具备多种安全冗余，如多套动力系统、自动飞行控制系统等。这些设计提高了其在复杂环境下的安全性和可靠性，降低了操作风险。

在许多人的印象中，VTOL固定翼的续航要比普通固定翼无人机的低，这主要是因为VTOL固定翼的设备较为复杂，质量通常更大。但是，由于VTOL固定翼具有更加冗余的动力系统，所以其实际的负载能力会比普通固定翼无人机强，可以容纳更多的电池来提高续航能力。在很多情况下（尤其对于采用滑跑起飞方式的无人机来说），VTOL固定翼的续航要比普通固定翼无人机的好。因此，通常可以说普通固定翼无人机比VTOL固定翼更加高效，但不一定拥有更强的续航能力。

6.1.2　VTOL固定翼的构型

VTOL固定翼结合了固定翼无人机的高效巡航能力和多旋翼无人机的垂直起降优势，具有多种构型，其常见构型如图6-2所示。

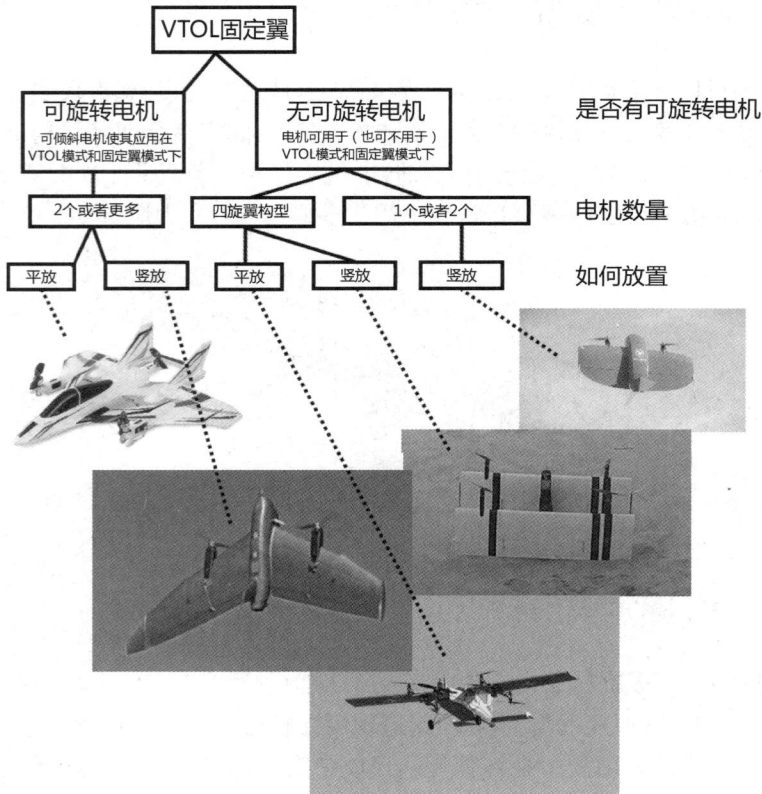

图6-2　VTOL固定翼常见构型

（1）可旋转电机无人机。这类无人机的可旋转电机也称为扭转电机（或矢量电机），通常是通过 1 个或者 2 个舵机来控制其前后角度的。此类无人机可以旋转无人机使其在 VTOL 模式和固定翼模式下切换。在垂直起降阶段（VTOL 模式），由电机提供升力；在平飞阶段（固定翼模式），由机翼提供升力，推进电机提供推力。

（2）不可旋转电机无人机。此类无人机的电机是固定的。一类是采用四旋翼构型的无人机，这类无人机设计飞行简单，是两种构型的简单叠加，效率较低，但是实现较为简单。另一类采用少量（1 个或者 2 个）电机完成垂直起飞，但是基本难以实现垂直降落，稳定性也较差（类似于火箭）。这类无人机通常是尾座式无人机，即机鼻朝上，在垂直起降时处于垂直姿态。

6.2　VTOL 固定翼的配置

Ardupilot 是目前对 VTOL 固定翼支持性较好的开源飞行控制器软件。本节介绍如何使用 Ardupilot 飞行控制器实现 VTOL 固定翼的基本配置。

6.2.1　基础设置

在 Ardupilot 中，并没有对 VTOL 固定翼单独设置一个载具类型，而是将其纳入了 ArduPlane 载具类型，并将其称为 QuadPlane 类型。因此，VTOL 固定翼使用与传统固定翼无人机相同的固件，只需要进行 Q_ENABLE 参数配置即可打开 QuadPlane 的相关选项。

> **提示**　词根"Quad"来源于拉丁语"Quadri-"，意思是"四"或"四方形"，它通常用于表示与"四"相关的概念。QuadPlane 的含义是将四旋翼无人机和固定翼无人机有机结合。但是事实上，QuadPlane 并非一定有 4 个旋翼，或者 4 个电机。各类构型的 VTOL 固定翼都属于 QuadPlane。

在全部参数表中找到 Q_ENABLE 参数，通过这个参数可以启用 QuadPlane 功能，这个参数有如下 3 个选项。

- 0：停用 QuadPlane 功能。
- 1：启用 QuadPlane 功能。
- 2：启用 QuadPlane 功能。当开始自动模式时，则启动 VTOL 自动模式。

当将 Q_ENABLE 参数设置为 1 时，可以启用 QuadPlane 功能。在 Ardupilot 中，所有涉及 QuadPlane 的参数或者变量，都以 Q_ 开头，其后的参数绝大多数都与多旋翼无人机的参数的功能类似，可以参考多旋翼无人机的相关选项说明。

1. 构型设置

这里的构型设置主要是指在 VTOL 模式下的多旋翼构型。对于 QuadPlane 类型的载具，构型设置主要通过 Q_FRAME_CLASS 和 Q_FRAME_TYPE 实现。Q_FRAME_CLASS 定义了多旋翼的主要结构，如下所示。

- 1：四旋翼。
- 2：六旋翼。
- 3：八旋翼。
- 4：双层四轴，共 8 个旋翼（OctaQuad 结构），如图 6-3（a）所示。
- 5：双层三轴，即 Y6 结构，共 6 个旋翼，如图 6-3（b）所示。该选项将会忽略除了 10 和 11 的 Q_FRAME_TYPE 参数。Q_FRAME_TYPE 参数选择 10 时为 Y6B 构型，选择 11 时为 Y6F 构型，其他选项时均为 Y6A 构型。
- 7：三旋翼，包括有尾舵的 Y3 结构，或无尾舵的 Y3 结构。该选项将会忽略除了 6 的 Q_FRAME_TYPE 参数。
- 10：尾座式无人机，且仅配备单电机或者双电机。该选项将会忽略 Q_FRAME_TYPE 参数。

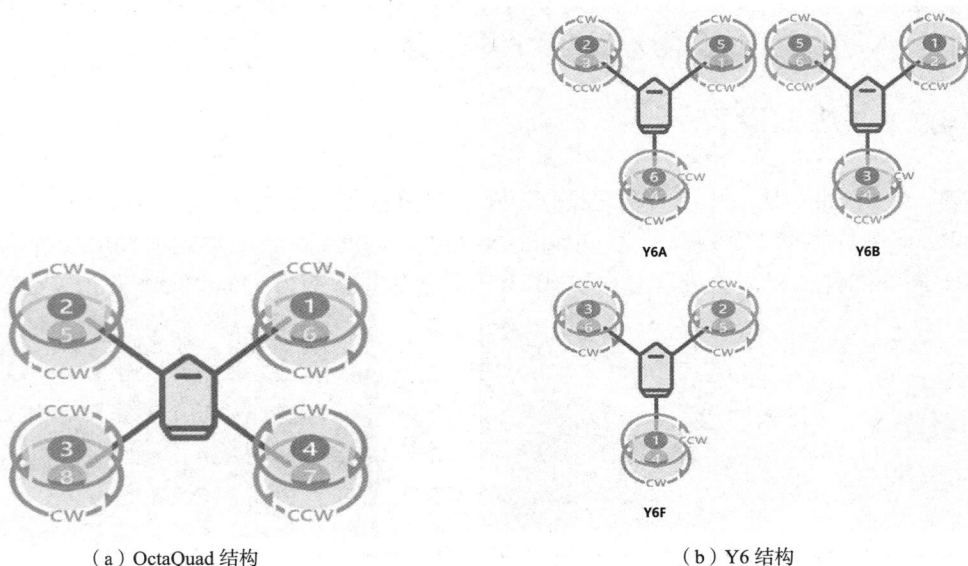

（a）OctaQuad 结构   （b）Y6 结构

图 6-3　OctaQuad 结构和 Y6 结构

> **提示**
>
> 对于有尾舵的 Y3 结构，其尾部电机通过舵机控制其偏转方向。对于无尾舵的 Y3 结构，需要前面两个电机能够以相反的方向偏转（矢量扭转电机）从而控制其偏航角度。

Q_FRAME_TYPE 定义了电机的布局方式，主要有以下几种。

- 0：十字布局。
- 1：X 布局。
- 2：V 布局。
- 3：H 布局。H 布局和 X 布局类似，但是 X 布局的电机位置连成的图形一定是正方向，而 H 布局的电机位置连成的图形可以为矩形。

- 6：倒置的 X 布局或者 Y 布局。
- 10：Y6B 布局。
- 11：Y6F 布局。

2. 输出通道

由于 VTOL 固定翼同时需要控制固定翼模式和多旋翼模式，因此前 4 个输出通道需要保留用于控制固定翼模式下的副翼、升降舵、油门和方向舵。旋翼电机需要连接到从第 5 到其后的输出通道上。

> **提示**　如果 VTOL 固定翼不设置单独的油门电机（如通过扭转电机提供推力），那么其 3 通道需要空置。

例如，如果 VTOL 固定翼使用默认的 Quad-X 框架，那么电机 1 应当连接 5 通道（右前电机，逆时针），电机 2 连接 6 通道（左后电机，逆时针），电机 3 连接 7 通道（左前电机，顺时针），电机 4 连接 8 通道（右后电机，顺时针）。

如果涉及扭转电机，那么需要将相应的舵机介入所有电机之后的输出通道上。例如，对于图 6-1 所示的 VTOL 固定翼来说，其接线方法如下所示。

- Main out1(Servo1)：副翼舵机。
- Main out2(Servo2)：升降舵机。
- Main out3(Servo3)：油门，可以空置。
- Main out4(Servo4)：方向舵机。
- Main out5(Servo5)：右前电机（Servo5_FUNCTION=33）。
- Main out6(Servo6)：左后电机（Servo6_FUNCTION=34）。
- Main out7(Servo7)：左前电机（Servo7_FUNCTION=35）。
- Main out8(Servo8)：右后电机（Servo8_FUNCTION=36）。
- AUX1(Servo9)：如有扭转电机，则接舵机（可由 Servox_FUNCTION 指定用途）。
- AUX2(Servo10)：如有扭转电机，则接舵机（可由 Servox_FUNCTION 指定用途）。

3. 扭转电机设置

Ardupilot 对于扭转电机的设置非常灵活。在许多类型的 VTOL 固定翼中，都存在扭转电机。一些常见的配置如下。

- 一共 4 个旋翼，前 2 个电机可以向前扭转；或者 4 个电机都可以向前扭转。
- 一共 3 个旋翼，前 2 个电机可以向前扭转；或者前 2 个电机可以向前扭转，后 1 个电机左右扭转用于偏航控制。
- 一共 6 个旋翼，前 4 个电机可以向前扭转。
- 主翼与 3 个电机一起向前扭转。

- 二元扭转旋翼机，其中倾斜机构只能位于两个位置之一；连续扭转旋翼机，其中倾斜机构可以控制从向上到向前范围内的任意角度。
- 2 个矢量扭转电机可以以相反的方向偏转。

扭转电机的配置需要根据实际情况设置 Q_TILT_MASK 参数。与前面介绍的 Bitmask 类似，将电机序号和一串二进制数对应，可以扭转的电机设置为 1，不可以扭转的电机设置为 0，然后转为十进制数。几个比较常见的例子如下。

对于三旋翼无人机（Y3 结构），如果前 2 个电机可以被扭转，那么其 Q_TILT_MASK 的二进制数应该为 011，其十进制数为 3。

对于四旋翼无人机，如果 4 个电机都可以被扭转，那么其 Q_TILT_MASK 的二进制数应该为 1111，其十进制数为 15；如果只是前面 2 个电机可以被扭转，那么其 Q_TILT_MASK 的二进制数应该为 0101，其十进制数为 5。

对于 Y6A 类型的多旋翼无人机，前面 4 个电机可以被扭转，图 6-3 所示的电机编号是 1、2、3、5，其 Q_TILT_MASK 的二进制数应当为 10111，十进制数为 23。

定义了扭转电机的位置以后，还需要对这些扭转电机的用法和方向等参数进行设置。

（1）扭转方法：需要设置 Q_TILT_TYPE 参数，指定这些电机能否被连续扭转，或者能否被矢量控制，其选项如下。

- 0：连续扭转（Continuous），可以停留在任意中间位置。
- 1：二元扭转（Binary），只能停留在两个位置。
- 2：矢量扭转（Vectored），左右两个矢量扭转电机可以以相反的方向偏转，从而控制偏航。
- 3：双电机旋翼（BiCopter），特殊的矢量扭转，仅有两个电机。

（2）扭转方向。找到对应的输出通道 n，然后在其 SERVOn_FUNCTION 选项上设置倾斜控制选项。

- 41：电机向前扭转（TiltMotorsFront）。
- 75：电机向左前扭转（TiltMotorFrontLeft）。
- 76：电机向右前扭转（TiltMotorFrontRight）。
- 45：电机向后扭转（TiltMotorsRear）。
- 46：电机向左后扭转（TiltMotorRearLeft）。
- 47：电机向右后扭转（TiltMotorRearRight）。

例如，如果两个电机为控制偏航的矢量扭转，那么可以将其中一个电机设置为 TiltMotorsFront，另外一个电机设置为 TiltMotorsRear。如果这两个电机处在前方，那么可以选择 TiltMotorFrontLeft 和 TiltMotorFrontRight。

（3）扭转方向和范围。设置完成以上参数后，即可观察这些电机在手动模式（MANUAL）和自稳模式（QSTABILIZE）下的方向是否正确。一般来说，当飞行模式切换到手动模式时，其方向应当是朝向无人机前方的；当飞行模式切换到自稳模式时，其方向应当是向上的，如图 6-4 所示。如果方向相反，则需要通过 SERVOn_REVERSED 参数对通道进行反向。另外，如果扭转电机在这两个模式下所指的方向有所偏移，那么还可以通过 SERVOn_MIN 和 SERVOn_MAX 参数调整其移动范围。

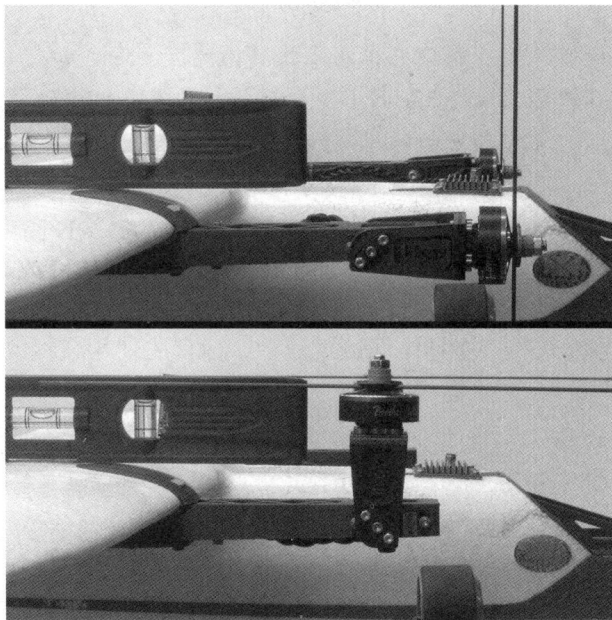

图 6-4　校准 VTOL 固定翼的电机方向

> **提示**
> 　　一般来说，当通道处于 SERVOn_MIN 时，对应了固定翼模式；当通道处于 SERVOn_MAX 时，对应了 VTOL 模式。

（4）最大扭转限度。在 VTOL 模式向固定翼模式切换时，扭转电机会存在一个角度的连续变化。当这个角度超过最大扭转限度 Q_TILT_MAX 时，飞行控制器将会真正进入固定翼模式。在默认情况下，参数 Q_TILT_MAX 的值为 45°，也就是说当电机扭转角度超过 45°时，无人机就会开始采用固定翼模式了。

不过，这个扭转并不一定是连续的。如果电机已经扭转到 Q_TILT_MAX 角度，但是无人机还没有到达预期的速度（Q_ASSIST_SPEED），那么电机将会保持这个角度等待无人机加速完成。因此，这个参数的设置取决于无人机本身的性能，当电机扭转到这个角度时无人机正好超过了预设的速度，此时无人机的效率是最高的。

当然，当无人机进入到固定翼模式后，还需要等待 Q_TRANSITION_MS 所预定的时间后，才会真正脱离 VTOL 模式的控制（期间，没有扭转的电机仍然会运行，辅助无人机的稳定）。另外，当无人机处在固定翼模式下时，如果速度低于 Q_ASSIST_SPEED，或者倾斜角度超过了 Q_ASSIST_ANGLE，那么都会启用没有扭转的电机来平衡位置，保持稳定。

（5）扭转速度。通过 Q_TILT_RATE_UP 和 Q_TILT_RATE_DN 参数来定义电机扭转的速度，单位为°/s，默认值为 15°/s。参数 Q_TILT_RATE_UP 定义了电机向上扭转（由固定翼模式到 VTOL 模式）的速度，Q_TILT_RATE_DN 定义了电机向前扭转（由 VTOL 模式到固定翼模式）的速度。

> **提示**　　如果开发者希望电机向上扭转的速度和向前扭转的速度保持相同，那么可以将 Q_TILT_RATE_DN 参数设置为 0，此时 Q_TILT_RATE_UP 参数同时代表了向上和向前扭转的速度。

参数 Q_TILT_MAX、Q_TILT_RATE_UP 和 Q_TILT_RATE_DN 高度关联，也是"丝滑"切换固定翼模式和 VTOL 模式的重要参数。如果 Q_TILT_RATE_DN 或 Q_TILT_MAX 设置得过大，那么无人机可能会迅速"掉高"；如果 Q_TILT_RATE_DN 或 Q_TILT_MAX 设置得过小，那么无人机可能迅速升高。在具体调试过程中，建议先使用较慢的扭转速度，然后逐渐加快扭转速度以满足需求。

> **提示**　　相对来说，参数 Q_TILT_RATE_DN 比 Q_TILT_RATE_UP 更加重要。因为 VTOL 模式到固定翼模式的过渡意味着一段加速过程，而且这段加速过程与无人机姿态密切相关，是模式切换的关键。

在实际电机扭转时，还需要注意以下规则。

- 二元扭转的电机，其扭转速度无法被控制。
- 当任意 Q 模式切换到手动模式时，其扭转速度固定为 90°/s，不受上述参数影响。

（6）通过扭转电机控制无人机的姿态。在固定翼模式下，VTOL 固定翼除了可以通过舵面来控制俯仰和横滚，还可以通过分布在机身两侧的扭转电机实现。

- 俯仰控制：两侧电机向上扭转，无人机抬头；两侧电机向下扭转，无人机向下俯冲。
- 横滚控制：左侧电机向上，右侧电机向下，无人机向右侧横滚；左侧电机向下，右侧电机向上，无人机向左侧横滚。

这类控制可以增强无人机在固定翼模式下的机动能力，主要涉及两个参数，分别是 Q_TILT_FIX_GAIN 和 Q_TILT_FIX_ANGLE。参数 Q_TILT_FIX_GAIN 大于 0 时，启动扭转电机的控制，且其值越大，控制能力越强。参数 Q_TILT_FIX_ANGLE 决定了最大控制角度。在调试时，可以先将 Q_TILT_FIX_GAIN 设置为 0.1，然后逐渐增大该值，以免发生危险。

（7）VTOL 模式下控制偏航的方式。如果旋翼数量为 4 个及以上，那么只需要设置正确的构型和电机旋转方向就可以正常地控制偏航了。

如果旋翼数量为 3 个，且存在 2 个矢量扭转电机，那么这 2 个电机可以在 VTOL 模式下提供偏航的控制能力。此时，除了正确配置 Q_TILT_TYPE 和 SERVOn_FUNCTION，还需要配置其最大倾斜角度，即配置 Q_TILT_YAW_ANGLE 参数。参数 Q_TILT_YAW_ANGLE 的值可以设置为 15°~20°，需要开发者自行调试取得良好的控制能力。

> **提示**　　注意，上述 Q_TILT_YAW_ANGLE 和 Q_TILT_FIX_ANGLE 参数的区别。

如果旋翼数量为 3 个，且存在一个尾舵控制尾部电机的扭转角度（典型的 Y3 结构），那么也可以控制偏航方向。此时，需要使用 Q_M_YAW_SV_ANGLE 参数设置最大倾斜角度。

如果旋翼数量为 2 个，那么这 2 个必须都是扭转电机。此时，需要将无人机构型 Q_FRAME_TYPE 参数设置为 10，把电机扭转方式 Q_TILT_TYPE 参数设置为 3。另外，通过 Q_TILT_YAW_ANGLE 参数设置这 2 个电机的最大倾斜角度。对于此类无人机，别忘了检查通道的方向 SERVOn_REVERSED、通道的最小值 SERVOn_MIN 和最大值 SERVOn_MAX 设置得是否正确。

> **提示**　舵机除了扭转电机，还可以扭转机翼，即将整个机翼进行扭转。扭转机翼不仅可以在 VTOL 模式和固定翼模式下进行手动控制，也可以作为自动襟翼来使用。在这种情况下，需要将舵机的方向设置为向前扭转（TiltMotorsFront），并且通过 Q_TILT_WING_FLAP 参数设置最大倾斜角度。

对于常规布局的 VTOL 固定翼来说，其 SERVOn_MIN、SERVOn_MAX、Q_TILT_YAW_ANGLE 和 Q_TILT_FIX_ANGLE 参数的主要关系如图 6-5 所示。

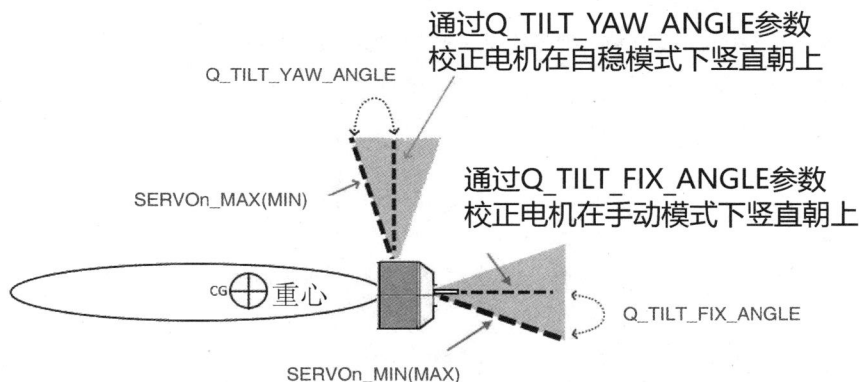

图 6-5　VTOL 固定翼中几个常见参数的主要关系

4. 尾座设置

尾座式无人机是指无人机处于 VTOL 模式时机鼻向上，而在固定翼模式时机鼻向前。

> **提示**　尾座式无人机在起飞时通常会采用 VTOL 模式，但是这并不意味着要采用 VTOL 模式降落。就像 20 世纪美国的航天飞机一样，许多尾座式无人机仍然需要通过滑跑等方式降落，也被称为机腹降落。

尾座式无人机的分类及其控制方式如图 6-6 所示。

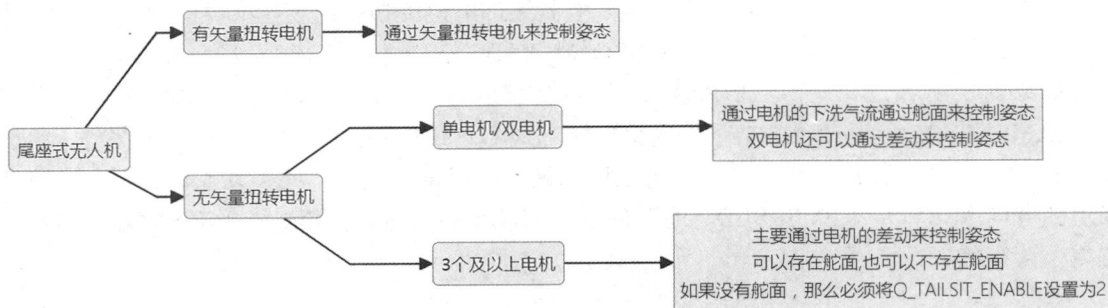

图 6-6　尾座式无人机的分类及其控制方式

首先，在 Ardupilot 中，需要设置 Q_TAILSIT_ENABLE 参数来启用尾座式无人机，设置为 0 时表示禁用；设置为 1 时表示启用；设置为 2 时表示长期启用，适用于没有舵面的尾座式无人机。

然后，需要设置 Q_TAILSIT_MOTMX 参数，用于定义哪些电机是用来在 VTOL 模式下运行的电机。这是一个 Bitmask 参数，可以参考 Q_TILT_MASK 参数的设置方法。并且，需要通过 Q_FRAME_CLASS 和 Q_FRAME_TYPE 参数来定义旋翼的布局。常见的尾座式无人机的布局及其参数设置如表 6-1 所示。

表 6-1　常见的尾座式飞机的布局及其参数设置

类型	Q_TAILSIT_ENABLE	Q_FRAME_CLASS	Q_FRAME_TYPE	Q_TAILSIT_MOTMX	SERVOn_FUNCTION
无矢量扭转电机-单电机	1	10	—	0	70-Throttle
2 个矢量扭转电机	1	10	—	0	73-Throttle Left 74-Throttle Right
无矢量扭转电机-多电机且带舵面	1	根据布局进行选择	根据布局进行选择	根据电机序号进行选择	根据布局进行选择
无矢量扭转电机-多电机且无舵面	2	根据布局进行选择	根据布局进行选择	根据电机序号进行选择	根据布局进行选择

除此之外，还需要设置最大横滚角参数 Q_TAILSIT_RLL_MX 等。

与普通的 VTOL 固定翼不同，尾座式无人机的 VTOL 模式和固定翼模式的切换需要更大的角度转换。当从 VTOL 模式切换到固定翼模式时，无人机的机头会向前俯冲扭转，直到超过 Q_TAILSIT_RAT_FW 参数设定的角速度（单位为°/s），且当机头的向前倾角超过了 Q_TAILSIT_ANGLE 参数设定的角度后，无人机将会进入固定翼模式。但是，如果角速度已经达到了 Q_TAILSIT_RAT_FW 参数设定的角速度，但是机头倾角没有超过 Q_TAILSIT_ANGLE 参数设定的角度，那么该速率将一直保持，直到达到 Q_TAILSIT_ANGLE 参数设定的角度。

类似地，当从固定翼模式切换到 VTOL 模式时，机头会向上扭转。当扭转角速度超过了 Q_TAILSIT_RAT_VT 参数设定的角速度（单位为°/s），并且扭转角度超过了 Q_TAILSIT_ANG_VT 参数设定的角度时，无人机将会切换到 VTOL 模式。在角度未达到 Q_TAILSIT_ANG_VT 参数设定的角度时，Q_TAILSIT_RAT_VT 参数设定的角速度将会一直保持。

5. 其他设置

关于 VTOL 固定翼，下面汇总了其一些其他重要的设置参数。

- Q_TRIM_PITCH：在正常情况下，VTOL 固定翼水平放置时，机翼通常有一些向前的倾角，这是为了使无人机向前飞行时保持一定升力，从而维持姿态。但是，这种倾角在 VTOL 模式下将会使无人机出现向后倾斜的趋势，此时就需要通过 Q_TRIM_PITCH 参数来纠正这个问题。
- Q_M_PWM_MIN 和 Q_M_PWM_MAX：在 VTOL 模式下，各个电机的 PWM 输出的最大值和最小值，这两个值需要与电子调速器能够接受的 PWM 范围匹配。如果开发者设置了这两个值，那么各个电机输出通道的 SERVOx_MIN/MAX 参数将会被忽略。
- Q_A_RAT_PIT_P、Q_A_RAT_PIT_I、Q_A_RAT_PIT_D：俯仰角度方向的 PID 参数。
- Q_A_RAT_RLL_P、Q_A_RAT_RLL_I、Q_A_RAT_RLL_D：横滚角度方向的 PID 参数。
- Q_M_SPIN_ARM：解锁后电机的怠速速度，单位为比例值。
- Q_M_SPIN_MIN：VTOL 模式下前向电机的怠速速度，单位为比例值。
- RC*_OPTION：当某个通道的选项值设置为 209 时，可以在 QSTABILIZE、QHOVER 等 VTOL 模式下提供向前的油门。
- Q_OPTIONS：一系列关于 QuadPlane 的独立选项，通过 Bitmask 进行配置。
- Q_ANGLE_MAX：VTOL 模式下的俯仰和滚转限制角度（同时也受控于 PTCH_LIM_MAX_DEG、PTCH_LIM_MIN_DEG、ROLL_LIMIT_DEG 和 ROLL_LIMIT_DEG 参数的配置）。

6.2.2　模式设置

本节介绍 Q 模式下的基本功能，以及在返航和故障保护下的设置选项。

1. Q 模式的基本功能

Ardupilot 专门为 VTOL 固定翼设置了 Q 模式（Quad 模式、VTOL 模式），即旋翼模式。Q 模式又分为以下几种不同的类型。

- 自稳模式（QSTABILIZE）：模式 17，采用多个旋翼进行自稳悬停，但是会随风飘动。
- 定高模式（QHOVER）：模式 18，无人机将保持一致的高度，其他控制与自稳模式相同。
- 定点模式（QLOITER）：模式 19，无人机自动尝试保持当前位置、航向和高度。
- 降落模式（QLAND）：模式 20，在当前位置降落。
- 返航模式（QRTL）：模式 21，返航到返航点。
- 自动调参模式（QAUTOTUNE）：模式 22，自动调节无人机的 PID 参数，目前已被弃用，在目前绝大多数固件中已经被删除。
- 特技模式（QACRO）：模式 23，可提供基于速率的稳定功能，尽量保持当前的姿态。
- 定点降落模式（LOITER To QLAND）：模式 25，以当前位置、当前模式（VTOL 模式或固定翼模式）到达 Q_ALT_RTL 返航高度，然后切换到 QLAND 模式（如果高度低于 Q_ALT_RTL 高度，则直接切换到 QLAND 模式）。该模式通常用于电池故障等需要尽快降落的情况。

> 提示
>
> 由于飞行控制器需要时刻对操作员的控制意图进行处理，但是 VTOL 固定翼的摇杆设置很难满足自稳模式、特技模式和训练模式（TRAINING）的需求，因此需要避免在 VTOL 固定翼中使用这些模式。

2. 返航

VTOL 固定翼的返航包括 RTL 和 QRTL 两种模式。显然，在 QRTL 模式下，其返航方式与多旋翼无人机的非常类似：无人机将会爬升到 Q_RTL_ALT 返航高度，以 VTOL 模式飞往返航点，然后进行降落，如图 6-7 所示。在默认情况下，RTL 模式下的 VTOL 固定翼的返航方式与固定翼无人机的也是类似的，可以通过 Q_RTL_MODE 来控制其返航方式。

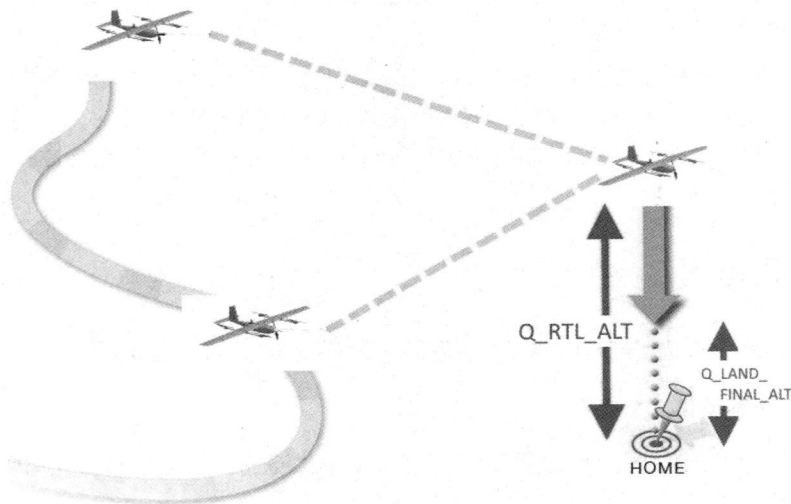

图 6-7　VTOL 固定翼的返航

对于 Q_RTL_MODE 参数，如果其被设置为 0，那么 RTL 模式将采用固定翼返航策略返航；如果其被设置为 1，那么当无人机处于返航点的 RTL_RADIUS 半径内时采用 QRTL 模式返航，在该半径之外采用 RTL 模式，直到进入 RTL_RADIUS 半径范围内；如果其被设置为 2，那么无人机将飞向返航点上空（返航高度为 RTL_ALT），并以 Q_FW_LND_APR_RAD 的半径盘旋，直到下降到 Q_RTL_ALT 高度，然后迎风转换为 QRTL 模式；如果其被设置为 3，那么无人机将始终按照 QRTL 模式返航。

3. 故障保护

与普通无人机的故障保护模式不同，VTOL 固定翼拥有冗余的无人机控制手段，因此发生故障时可以将其切换到 Q 模式。前面已述，Ardupilot 故障保护包括两个阶段，分别是短期故障阶段和长期故障阶段。VTOL 固定翼的短期故障阶段的配置与普通固定翼无人机的类似，但长期故障阶段的配置有所不同。

在默认情况下，当 VTOL 固定翼进入长期故障阶段时，其将进入 QLAND 降落模式。但是，如果将 Q_OPTIONS 设置为 5，那么其将进入 QRTL 模式；如果将 Q_OPTIONS 设置为 20，那么其将进入 RTL 模式。

6.3　VTOL 固定翼的试飞

本节将介绍 VTOL 固定翼飞行中的一些基本方法和高级特性。

6.3.1　常规飞行

本节介绍 VTOL 固定翼常规飞行下的一些注意事项。

1. VTOL 固定翼仿真模拟

VTOL 固定翼的结构和参数都比普通固定翼无人机的要复杂很多，因此建议开发者先尝试使用 SITL 进行仿真模拟，理解各个参数的配置后再对实机进行操作。通过 SITL 可以很好地对各类 VTOL 固定翼进行仿真，只需要在-f 参数中选择所需要的 VTOL 固定翼构型即可。例如，使用传统的 VTOL 固定翼（quadplane）构型，则仿真命令如下。

```
sim_vehicle.py -v ArduPlane -f quadplane --console --map --osd -L Changchun
```

当然，这里的构型选择除了传统的 VTOL 固定翼构型，还有尾坐式 VTOL 固定翼（quadplane-copter_tailsitter）、倾斜电机 VTOL 固定翼（quadplane-tilt、quadplane-tilthvec、quadplane-tilttri、quadplane-tilttrivec）及三旋翼 VTOL 固定翼（quadplane-tri）等构型。甚至还有模拟加拿大航空公司的 CL-84 Dynavert 扭转旋翼机（quadplane-cl84）构型，这是前方有 2 个扭转电机的三旋翼 VTOL 固定翼载人飞机。

2. 注意事项

使用 VTOL 固定翼时，需要注意以下基本要领。

（1）建议在 QLOITER、QHOVER 或者 QSTABILIZE 模式下起飞，推到合适的高度后切换到 FBWA 模式并将油门推高到 50%以上，进入固定翼模式。

（2）通过重新切换到 Q 模式下即可返回 VTOL 模式，并将油门减少到 50%。返回 VTOL 模式时应尽量选择 QSTABILIZE 或 QHOVER 模式。如果选择使用 QLOITER 模式，则会导致定点急刹（如果机翼较为脆弱，那么有可能导致机翼折断或者受损）。

（3）如果 VTOL 固定翼的 EKF3 算法出现故障，那么将会回退到 DCM 算法。不过，DCM

算法并不适合于四旋翼无人机。因此，在 VTOL 模式下，如果当前处在 AUTO 模式，那么将会自动切换到 QLAND 模式；如果处在其他 VTOL 模式（QLOITER、QRTL、QLAND、QAUTOTUNE）下，那么将会切换到 QHOVER 模式。

6.3.2 飞行任务

1. 自动起飞

对于 VTOL 固定翼来说，在规划飞行任务时可以尝试使用 NAV_VTOL_TAKEOFF 命令来代替 NAV_TAKEOFF 命令进行起飞操作。其中，可以通过 Q_WP_SPEED_UP 参数设定上升的速度。当无人机上升到预定高度后，飞行器将移动到下一个航点，并根据需要转换为固定翼模式。

> **提示**
>
> 如果在已经飞行的情况下执行 NAV_VTOL_TAKEOFF 命令，那么飞行器将进入 VTOL 模式，并根据高度参数在其当前高度上爬升指定的高度。

2. 自动降落

通过 NAV_VTOL_LAND 命令可以实现 VTOL 固定翼的自动降落。在默认情况下，执行 NAV_VTOL_LAND 命令时，无人机会在当前高度保持固定翼模式，直到接近降落点时，执行"减速"机动动作以降低速度，然后切换到 VTOL 模式，精确导航到降落点，如图 6-8 所示。因此，这种模式允许将 NAV_VTOL_LAND 点设置在最后一个航点的任意远处，而无须担心在 VTOL 模式下停留过长时间。

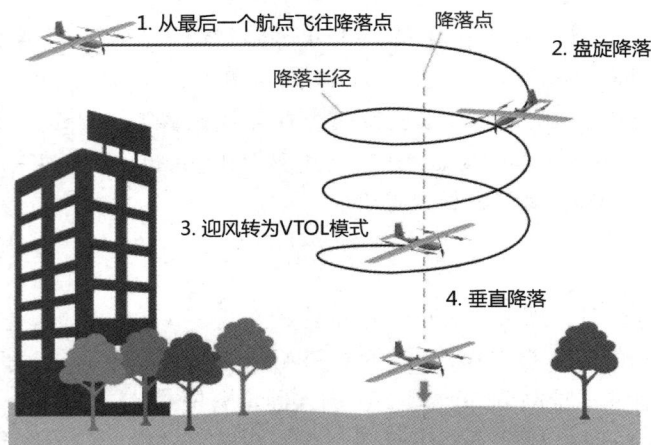

图 6-8　VTOL 固定翼的降落

如果将 Q_OPTIONS 的第 16 位设置为禁用固定翼进近阶段，则无人机会在执行命令时立即切换到 VTOL 模式，并在 VTOL 模式下导航到降落点。但是如此一来，就需要读者仔细设置最后一个航点，以避免在 VTOL 模式下从较远距离飞往降落点。

如果设置了 Q_OPTIONS 的第 4 位，那么无人机仍会执行 VTOL 固定翼进近和悬停到指定高度的操作，然后才切换到 VTOL 模式。如果第 16 位也被设置，那么当无人机切换到 VTOL 模式时，会尝试执行减速机动动作并进行 QLAND 降落。

3. 自动飞行和返航

在任务规划中，读者可以通过 DO_VTOL_TRANSITION 命令来切换 VTOL 模式和固定翼模式。当 DO_VTOL_TRANSITION 命令参数为 3 时，切换为 VTOL 模式；当 DO_VTOL_TRANSITION 命令参数为 4 时，切换为固定翼模式。例如，对于如图 6-9 所示的任务，VTOL 固定翼采用 VTOL 模式飞往中间两个航点（序号为 4 和 5），随后又切换回固定翼模式飞往最后一个航点。

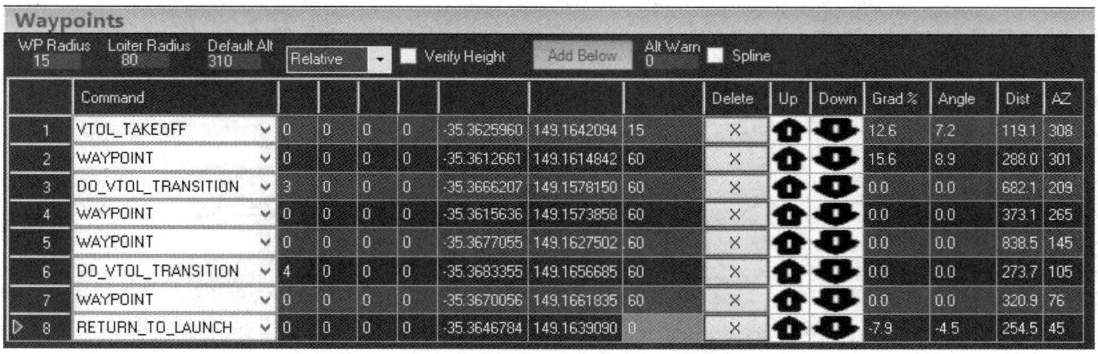

	Command								Delete	Up	Down	Grad %	Angle	Dist	AZ
1	VTOL_TAKEOFF	0	0	0	0	-35.3625960	149.1642094	15	X			12.6	7.2	119.1	308
2	WAYPOINT	0	0	0	0	-35.3612661	149.1614842	60	X			15.6	8.9	288.0	301
3	DO_VTOL_TRANSITION	3	0	0	0	-35.3666207	149.1578150	60	X			0.0	0.0	682.1	209
4	WAYPOINT	0	0	0	0	-35.3615636	149.1573858	60	X			0.0	0.0	373.1	265
5	WAYPOINT	0	0	0	0	-35.3677055	149.1627502	60	X			0.0	0.0	838.5	145
6	DO_VTOL_TRANSITION	4	0	0	0	-35.3683355	149.1656685	60	X			0.0	0.0	273.7	105
7	WAYPOINT	0	0	0	0	-35.3670056	149.1661835	60	X			0.0	0.0	320.9	76
8	RETURN_TO_LAUNCH	0	0	0	0	-35.3646784	149.1639090	0	X			-7.9	-4.5	254.5	45

图 6-9　VTOL 固定翼切换模式

在自动任务中执行 RETURN_TO_LAUNCH 命令时，其返回的方式受到 Q_RTL_MODE 参数的控制，可以参考前面关于 Q_RTL_MODE 参数的描述信息。

4. 导向模式

在 VTOL 固定翼中，导向模式（GUIDED）的表现可以通过 Q_GUIDED_MODE 参数进行设置。当该参数被设置为 0 时，其导向模式的表现与常规固定翼无人机的表现相同。如果将 Q_GUIDED_MODE 参数设置为 1，那么当 VTOL 固定翼到达目标位置后，将会自动进入 VTOL 模式并悬停，而不是像常规固定翼无人机一样绕圈飞行（类似 LOITER 模式）。

在飞向引导的指定位置时，无人机将以固定翼模式飞行。在接近距离航点 WP_LOITER_RAD 半径时，VTOL 固定翼将切换到 VTOL 模式飞行，直到悬停到指定位置。如果用户再次指向一个新的目标位置，那么 VTOL 固定翼会切换到固定翼模式并重复上面的步骤，直到到达新的目标位置。

6.3.3　高级特性

Ardupilot 中还提供了专门为 VTOL 固定翼设置的一些高级特性，如辅助固定翼飞行、对风功能等，用于提高 VTOL 固定翼飞行的稳定性和安全性。

1. 辅助固定翼飞行

对于普通的固定翼无人机，如果速度过低或者倾角过大，很容易出现失速或者侧滑等姿态问题。不过，VTOL 固定翼在固定翼模式下，可以由 VTOL 电机为 VTOL 固定翼提供辅助飞行功能，防止其出现真正的失速或者倾滑问题。在 Ardupilot 中，主要通过以下 3 个参数来启动辅助固定翼飞行功能。

- Q_ASSIST_SPEED：当 VTOL 固定翼的速度低于该速度时，启动辅助固定翼飞行功能。
- Q_ASSIST_ANGLE：当 VTOL 固定翼的倾角大于该角度时，启动辅助固定翼飞行功能。
- Q_ASSIST_ALT：当 VTOL 固定翼的高度低于该高度时，启动辅助固定翼飞行功能。

其中，最重要的参数就是 Q_ASSIST_SPEED。我们可以将该参数设置得大于 0（尽量设置到恰好高于失速速度临界点），此时当 VTOL 固定翼在固定翼模式下的速度低于该速度时，VTOL 设备（旋翼电机等）将会介入提供升力和稳定性。因此，VTOL 固定翼可以以极低的速度飞行而不会失速倾翻。由于这里的速度指的是空速，因此该功能需要空速计的配合。如果没有空速计，那么可能导致辅助飞行下的不稳定。

> 提示：在手动模式或特技模式下，辅助固定翼飞行功能将不会被启用。

另外，我们也可以设置辅助固定翼的启动延迟功能，当已经到达辅助固定翼飞行的触发条件，即 Q_ASSIST_DELAY 时间时，再启动辅助固定翼飞行功能。

2. 对风功能

VTOL 固定翼在 VTOL 模式下，强风对机翼的作用可能会影响其悬停和稳定，导致无人机的姿态和位置控制能力下降，增加电机和电子调速器的负荷。Ardupilot 提供了对风功能，可以使 VTOL 固定翼始终朝向风向，倾斜无人机或者使用电机保持姿态。对风功能主要可以拆解为改变偏航主动对风和保持姿态两个步骤。

（1）改变偏航主动对风。主动对风功能通过分析无人机在保持位置时所需的滚转和俯仰姿态，自动调整偏航方向，使无人机迎风飞行。通过修改 Q_WVANE_ENABLE 参数来启动主动对风功能，其主要参数值如下。

- 0：关闭主动对风。
- 1：机头迎风。
- 2：机头迎风或者机尾迎风。
- 3：侧风。
- 4：机尾迎风。

对于尾座式无人机，通常可以选择侧风来避免强风以几乎垂直的方式吹向机翼导致位置和姿态的不稳定。对于普通的 VTOL 固定翼来说，多采用机头迎风的方式进行对风。

当开启了主动对风功能后，一旦 VTOL 固定翼监测到强风，那么将会通过偏航的方式以 Q_WVANE_GAIN 参数设定的速度运动，指向所需要的方向。不过，在某些情况下不太适合开启主动对风功能，相关的配置参数如下。

- Q_WVANE_HGT_MIN：高于此高度时允许进行对风操作。
- Q_WVANE_SPD_MAX：低于此地速时允许进行对风操作。
- Q_WVANE_VELZ_MAX：无人机在尝试对风操作时允许的最大爬升或下降速度。
- Q_WVANE_TAKEOFF：起飞时是否开启对风功能。
- Q_WVANE_LAND：自动降落过程中是否开启对风功能。

> **提示**
> 主动对风功能会在 QLOITER、QLAND 和 QRTL 模式下启用，在 QSTABILIZE 和 QHOVER 模式下处于非活动状态。

（2）保持姿态。VTOL 固定翼面对迎来的强风，有两种方式保持姿态：一种是通过俯仰角度的控制来偏转电机，抵消来自强风的作用，可以通过 Q_FWD_PIT_LIM 参数来限制最大俯仰倾角。

另一种是通过固定翼模式下的电机推力（即前向电机辅助）来抵消强风，主要通过 Q_FWD_THR_GAIN 和 Q_FWD_THR_USE 参数实现。将 Q_FWD_THR_USE 参数设置为 1，可以开启电机推力抵消迎风，而参数 Q_FWD_THR_GAIN 则被用于设置其油门增益。

另外，我们还可以设置 Q_VFWD_ALT 高度参数。当 VTOL 固定翼低于此高度时，前向电机辅助功能被禁用。这对于防止电机螺旋桨撞到地面很有用。

> **提示**
> 对于尾座式无人机来说，其很难通过此方式保持姿态，建议将 Q_FWD_THR_GAIN 和 Q_FWD_THR_USE 参数设置为 0。

6.4　本章小结

在本章中，我们深入探讨了 VTOL 固定翼的设计、配置与飞行控制。VTOL 固定翼结合了多旋翼无人机与固定翼无人机的优点，具备垂直起降的能力和高效巡航的性能，极大地拓展了无人机的应用场景。通过 Ardupilot 开源飞行控制器，本章详细介绍了如何实现 VTOL 固定翼的多模式切换、构型设置及参数调整。这些内容为读者提供了丰富的理论基础和实践指导。

可以发现，VTOL 固定翼的几个基本控制方法（俯仰、横滚和偏航）存在着冗余。这种冗余不仅提升了飞行的稳定性和安全性，也使得 VTOL 固定翼能够适应多种复杂的飞行任务和环境条件，因此，也诞生了多种多样的构型和控制方法。这些不同的构型和控制方法各有优势，适用于不同的应用场景和任务需求。读者可以根据这些不同的构型来设计针对不同场景、不同应用的 VTOL 固定翼，从而更好地满足实际需求，发挥其最大优势。

6.5 习题

（1）简述 VTOL 固定翼的主要特点及其相比于普通固定翼无人机的优势。

（2）解释可旋转电机构型的 VTOL 固定翼的工作原理。

（3）描述 Q_FRAME_CLASS 和 Q_FRAME_TYPE 参数在 VTOL 固定翼配置中的作用。

（4）为什么 VTOL 固定翼在某些情况下比普通固定翼无人机具有更强的续航能力？

（5）组装并配置一台 VTOL 固定翼，并执行自动飞行任务。

第**7**章

可靠的遥控链路

遥控链路是地面站（遥控设备）和无人机沟通的桥梁，涉及许多技术链。其中，EdgeTX、ExpressLRS 等遥控链路技术比较常用。EdgeTX 是一款开源的遥控器操作系统，用于实现对无人机的基本控制，以及对各类设备的开关和调谐。ExpressLRS 是一种遥控器信号传输技术，目前最新版本的 ExpressLRS 软件已经支持 MAVLink 等无人机通信协议，可以实现遥控信号的传输和姿态信息的回传等。因此，EdgeTX 和 ExpressLRS 配合使用，不仅能够实现无人机的远程遥控，也可以实现无人机的状态回传。本章将针对这些遥控设备的相关技术分别进行详细介绍。

7.1 传输协议

无人机的遥控链路是资源受限系统和带宽受限链路，因此遥控信号的传递需要精心设计的传输协议。协议的设计需要在保证信号质量基础上提高传输能效，充分利用无线电资源和机载能源。根据传输介质的不同，传输协议分为有线传输协议和空中传输协议。其中，有线传输协议通常用于遥控器和发射机，以及接收机和飞行控制器之间；空中传输协议则通常用于发射机和接收机之间。有线传输协议和空中传输协议如图 7-1 所示。

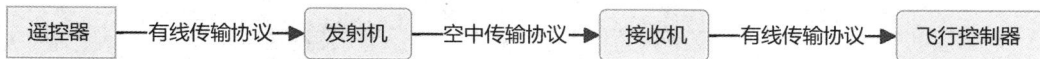

遥控器 ——有线传输协议→ 发射机 —空中传输协议→ 接收机 ——有线传输协议→ 飞行控制器

图 7-1　有线传输协议和空中传输协议

7.1.1 有线传输协议

有线传输协议不太容易受到电磁干扰，因此其传输的特点就是又快又准！

常见的有线传输协议包括 PWM/PPM、S.Bus（Serial Bus）、DSM2/DSMX、CRSF 和 DJI HDL 等。这些协议主要用于有线传输，如遥控器和发射机之间，以及接收机和飞行控制器之间的遥控信号传递。下面对 PWM/PPM、S.Bus、DSM2/DSMX、CRSF、DJI HDL 等协议进行详细介绍。

1. PWM/PPM 协议

PWM 和 PPM 协议是非常传统且通用的模拟信号传递协议。PWM 是通过改变脉冲的宽度来传递信息的。PWM 的基本原理已经在第 1 章介绍过了。可以发现，PWM 协议中的每个通道都是独立的，且每个通道通常都包括电源线、信号线和接地线，需要较多的线缆。如此一来，较复杂的电缆接线使其很容易受到周围电磁的干扰，且传输距离有限。不过，鉴于 PWM 协议非常简单且通用，目前 PWM 协议几乎可以被所有的遥控器和接收机支持。

PPM，有时也称为 CPPM，是对 PWM 的重要改进，可以将多个通道的信号合并进行单线传递，可以有效减少信号接线，提高传输效率。PPM 可以理解为将多个 PWM 信号组合叠加到 1 条信号线上，依次排列传输指令数据。由于 PPM 信号的周期是固定的，且通常为 20ms，因此理论上最多可以传输 10 个通道的数据（每个通道的长度为 1~2ms）。不过，由于 PPM 信号之间需要足够长的空白（2ms 以上）以区分 PPM 信号间隔，因此一般来说 PPM 信号的通道数量不超过 8 个（除非延长 PPM 周期，但这样一来又会影响数据的实时性，降低数据的传输频率）。

在 PPM 时序中，通常两个上升沿之间的时间代表了该通道的数据：以低电平开始，第一个上升沿到第二个上升沿的时长为通道 1 数据，第二个上升沿到第三个上升沿的时长为通道 2 数据，并以此类推。图 7-2 展示了 PPM 协议的典型图示，一个高电平（0.6~1.6ms）和后续的低电平（0.4ms）时间总和（1~2ms）为一个通道的时长。其中，K1~K8 代表了 8 个通道，其中 K1 为 2ms，表示 K1 通道数值处于高位；K2 为 1.5ms，表示 K2 通道数值处于中位；K3 为 1ms，表示 K3 通道数值处于低位。

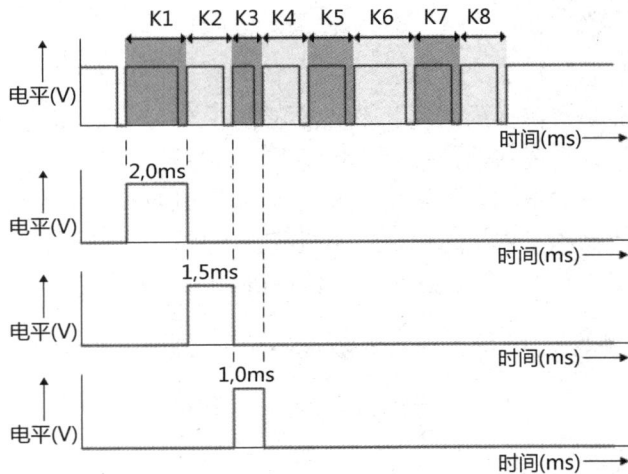

图 7-2　PPM 协议的典型图示

> 提示
>
> 与 PWM 和 PPM 类似的协议还有 PCM（Pulse Code Modulation，脉冲编码调制）。PCM 将 PPM 进行数字化编码传输，可以提高其抗干扰能力，但是由于 PCM 传输方式需要数模转换器进行编/解码，因此可能会降低其传输效率。虽然传输效率的降低可以控制在仅有的 10ms 以内，但是 PCM 并没有显著的优势，因此其应用并不多。

2. S.Bus 协议

S.Bus 协议是 Futaba 公司基于 USART 串行通信协议开发的一种数字串行信号传输协议，其本质是一种经过改造的串口协议，通过串行的方式依次传输各个通道的信号。S.Bus 的优势在于单线即可实现多个通道的数据传输，不仅可以简化布线，而且具有较好的稳定性，抗干扰能力强。

S.Bus 采用 3.3V 的高电平和 100000Baud 的波特率，数值逻辑上采用负逻辑（低电平代表 1，高电平代表 0）。在 S.Bus 协议中，每间隔 4ms（高速模式）或者 14ms（低速模式）传输一次数据。S.Bus 的帧数据为 25 字节。第 1 字节为 0xF0，作为帧头；第 2~23 字节共 176 位，划分为 16 个通道，每个通道占 11 位；第 24 字节为标识字节；第 25 字节为 0x04、0x14、0x24 或者 0x34，作为帧尾（依次轮换，用于校验数据的顺序，以及判断是否缺帧）。

在每一个通道中，前面 10 位用于传输具体通道的数值，数据介于 0~2047，但是实际数据通常仅为 1102~1927，并且以 1500 作为中间值；最后 1 位是偶校验位，标识该通道数据是否可用。S.Bus 协议通道数据帧如图 7-3 所示。

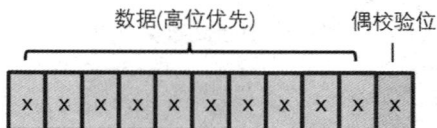

图 7-3　S.Bus 协议通道数据帧

标识字节用于传输额外的通道 17 和通道 18，并且标识丢帧或故障，S.Bus 协议标识字节如图 7-4 所示。

- 位 7：通道 17。
- 位 6：通道 18。
- 位 5：丢帧标识。
- 位 4：故障标识。
- 位 0~3：预留。

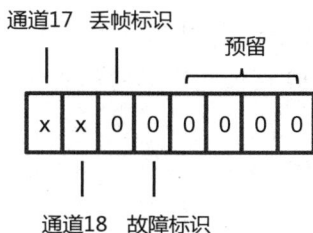

图 7-4　S.Bus 协议标识字节

可以发现，通道 17 和通道 18 为开关通道，没有连续的数值。

3. DSM2/DSMX 协议

DSM2/DSMX 协议是 JR 公司基于串行总线的协议，需要特殊的硬件（接收机）支持，这两个协议也分别被称为 SPEKTRUM1024 和 SPEKTRUM2048。DSM2/DSMX 采用 3.3V 作为高电平，波特率通常为 115200Baud。在 DSM2/DSMX 中，每一个帧占用 2 字节，由 16 位值组成，这些位的作用如下（见图 7-5）。

- 位 15：帧数据类型，0 标识正常遥控数据，1 标识其他数据。
- 位 11~14：通道 ID（0 表示油门，1 表示副翼，2 表示升降舵，3 表示方向舵，4 表示起落架，5~7 分别表示 5~7 自定义通道）。
- 位 0~10：具体数据，0 代表 0.75ms 的 PWM 脉冲，2047 代表 2.25ms 的 PWM 脉冲，中间值为 1023。

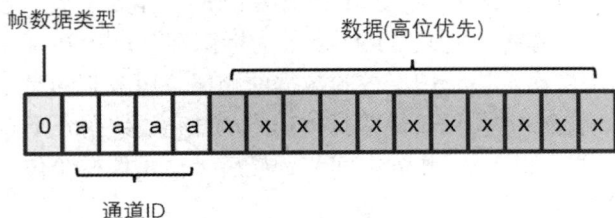

图 7-5　DSM2 数据结构

4. CRSF 协议

CRSF 协议是 TBS（Team Black Sheep）团队开发的一种数字信号传输协议，用于其 Crossfire 无线遥控系统，支持多种硬件连接方式，包括 UART 和 I2C 等。CRSF 协议是全双工协议，可以集成遥控和遥测功能，最快可以支持高达 150Hz 的通道更新速率，并且支持多达 16 个通道。ExpressLRS 选择了 CRSF 协议作为基础，可见 CRSF 协议具有非常明显的优势。

5. DJI HDL 协议

DJI HDL 协议是大疆创新为其飞行控制系统设计的专用遥控器协议。DJI HDL 协议的原理与 S.Bus 协议类似，但 DJI HDL 协议是专为 DJI 遥控器设计的。在某些情况下，它可以将遥控器的延时控制在 7ms 以内。

除了上述常见的协议，还有以下不太常用的有线传输协议。

- SPI_RX 协议是一种通过 SPI 接口实现的通用接收机协议，提供高速和低延迟的数据传输。
- IBUS 协议是 Flysky 开发的双向数字信号传输协议，可以同时进行控制和监测。
- XBUS 协议是 JR 品牌的有线协议，强调通道之间的极小延迟，适合于需要精确控制的应用。同时，它也支持更多的传感器和附加功能。
- FPort 协议是 FrSky 的一种单线双向协议，能够同时传输遥控信号和遥测数据，支持高达 60Hz 的通道更新频率。
- GHST 协议是一种由 ImmersionRC 开发的高效数字协议，旨在提供低延迟和高可靠性的无线控制，尤其适合于快速响应的第一人称视觉（First Person View，FPV）操作环境。

- MSP 协议是用于通过串行接口与 MultiWii 飞行控制器板进行通信的协议，提供了状态反馈、参数设置和飞行控制器数据传输等功能。
- R9MLite、R9M ACCESS 和 R9MLP ACCESS 协议是 FrSky 的一种低延迟、长距离传输的协议，专为模型飞机等应用设计，支持多通道和可扩展的功能。

7.1.2　空中传输协议

空中传输协议通常依赖于无线电数字传输技术，原理较为复杂，种类也繁多。下面列举了几种常见的空中传输协议。

（1）ExpressLRS 协议：高效、开源的遥控器收发协议，建立在 CRSF 等通信协议的基础上。ExpressLRS 协议包括 ExpressLRS 硬件和 ExpressLRS 固件，均为开源免费的，是当前主流的无人机遥控协议。ExpressLRS 协议支持 2.4GHz 和 915MHz 两个频率，其中 2.4GHz 的绕射性更强，915MHz 的传输距离可以更远。高功率（1W）的 ExpressLRS 协议版本可以突破 5km 甚至更远的遥控距离。

（2）TBS 协议：与 ExpressLRS 协议相似，具有较远的通信距离。TBS 协议是商业闭源的产品，更加适合于需要长距离和高稳定性的应用场景 。

（3）CC2500 协议：CC2500 是德州仪器（TI）公司推出的一款 2.4GHz 无线通信芯片，它支持专有协议，也意味着用户可以根据自己的需求优化和定制协议。CC2500 协议的优点在于可以精确定制，但缺点是开发可能比使用现成的协议栈更复杂。此外，CC2500 协议的功率限制在 100mW，通信距离一般较近。

7.2　EdgeTX 操作系统

除了 Futaba 等传统的遥控器厂商，目前许多新兴的遥控器厂商更加愿意使用开源的 OpenTX 或 EdgeTX 操作系统（如 FlySky、Jumpter、RadioMaster 等），这就给开发者留下许多空间来针对各类应用进行扩展和改造，是无人机开发者的首选无人机操作系统。特别地，EdgeTX 操作系统还能够使用 Lua 语言制作脚本，降低二次开发成本。因此，建议开发者可以选用开源的 OpenTX 或 EdgeTX 操作系统，以及相关的遥控器，这不仅具有较强的稳定性，而且便于系统整合、开发和调试，更有利于开发者设计美观的遥控界面。

提示　OpenTX 中的"Open"表示其操作系统的开源特征；EdgeTX 中的"Edge"来源于"cutting edge"，意味着 EdgeTX 操作系统融入了更加尖端的技术。

OpenTX 和 EdgeTX 操作系统是同源的，OpenTX 操作系统是 EdgeTX 操作系统的前身，而 EdgeTX 操作系统是 OpenTX 操作系统的后继者。OpenTX 操作系统在 2022 年 4 月 22 日的 2.3.15 版本后不再更新，相关社区的活跃度也在日益减弱。EdgeTX 操作系统在 2021 年从 OpenTX 操作系统项目剥离，重点构建一个可定制、支持触屏的系统。开发团队逐渐转向 EdgeTX 操作系统开发，从 2.4.0 版本开始，逐渐成为更加活跃的分支。

> **提示**
>
> FrSky 主导开发了 ETHOS 操作系统。ETHOS 操作系统是在 OpenTX 操作系统的基础上研发的，具有更加优秀的用户界面（User Interface，UI）和用户体验的遥控器操作系统。

EdgeTX 和 OpenTX 操作系统的最新代码可以从其 GitHub 托管仓中下载。

OpenTX 操作系统和 EdgeTX 操作系统的对比如表 7-1 所示。

表 7-1　OpenTX 操作系统和 EdgeTX 操作系统的对比

特性	OpenTX 操作系统	EdgeTX 操作系统
语言	仅支持英文	支持英文、中文等多种语言
界面	支持黑白屏和彩屏；不支持触控操作	支持黑白屏和彩屏；支持触控操作
配置软件	OpenTX Companion	EdgeTX Companion
版本	最高版本 2.3.15	最低版本 2.4.0
脚本语言	Lua 脚本	改进的 Lua 脚本（与 OpenTX 操作系统有所不同）
支持的主要品牌	FlySky、Jumpter、RadioMaster、TBS	FlySky、Jumpter、RadioMaster 等
支持的 MCU	STM32F 系列、Arduino、ATmega 系列	STM32F2、STM32F4、STM32H7 系列等

> **提示**
>
> 无论是 OpenTX 操作系统还是 EdgeTX 操作系统，都是采用 GPL 2.0 协议发布的开源软件。由于 GPL 2.0 协议是著作权型开源许可证，因此在商用时需要注意其条件限制，例如，不可将 GPL 2.0 协议的相关代码转为闭源。

可以发现，EdgeTX 操作系统比 OpenTX 操作系统具有更好的支持性，且新款的遥控器逐渐以 EdgeTX 操作系统为主。因此，这里介绍更加先进的 EdgeTX 操作系统。

7.2.1　初识 EdgeTX 操作系统

EdgeTX 操作系统采用 STM32 作为 MCU，目前支持的型号包括 STM32F2、STM32F4、STM32H7 系列等，支持市面上几乎所有的开源遥控器，如图 7-6 所示。从 EdgeTX 3.0 开始，将不再支持新的采用 STM32F2、STM32F4 系列芯片的设备，而重点支持采用 STM32H7 系列 MCU 的新设备。

图 7-6　EdgeTX 操作系统支持的开源遥控器示例

1. EdgeTX 操作系统的用户界面

EdgeTX 操作系统具有优秀的用户界面（见图 7-7），同时支持彩屏和单色屏，并且在彩色屏下支持触屏。

　　　　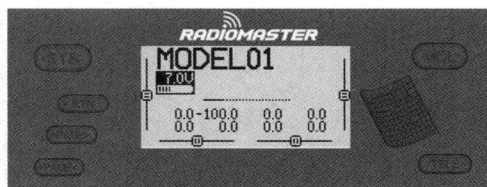

（a）彩色屏　　　　　　　　　　　　　　（b）单色屏

图 7-7　EdgeTX 操作系统的用户界面

提示　　启动 EdgeTX 操作系统前需要确保油门保持最低，并且各个控制杆的位置处于最低位（通常为向前拨动或者向下拨动的位置），以防止意外发生。

虽然在较新的遥控器上可以进行触屏操作，不过绝大多数遥控器仍然使用实体按钮对各个模块进行控制。在硬件上，使用 EdgeTX 操作系统的遥控器一般具有以下几个按钮。

- SYS：无线设置模块按钮。
- MDL：模型设置模块按钮。在主界面上，短按该按钮进入模型设置，长按该按钮进入模型管理。
- RTN：返回按钮。长按该按钮可以强制退出模块。
- PAGE＞：向后翻页按钮。有的遥控器仅有 1 个 PAGE 按钮，短按该按钮向后翻页，长按该按钮向前翻页。

- PAGE <：向前翻页按钮。
- TELE：遥测模块按钮。在主界面上，短按该按钮进入显示设置，长按该按钮进入通道查看。
- 选择滚轮和确认按钮：用于切换选项并确认选项。

2. EdgeTX 操作系统的模块

在主界面上，按下确认按钮即可进入 EdgeTX 操作系统的主菜单，如图 7-8 所示。

图 7-8　EdgeTX 操作系统主菜单

> 提示
>
> 单色屏遥控器无主菜单。

EdgeTX 操作系统主菜单中列出了主要的模块，如下所述。

- 模型管理（Manage Models）：管理遥控器能够控制的无人机（模型）。对于 EdgeTX 操作系统遥控器来说，可以通过该模块实现一控多机。不同模型可以具有不同的设置选项，可以在模型设置（Model Settings）中进行设置。
- 通道查看（Channel Monitor）：用于查看各个通道的值。
- 模型设置（Model Settings）：针对特定的无人机设备进行的设置。
- 无线设置（Radio Settings）：针对无线电发射设备本身进行的设置。
- 屏幕设置（Screens Settings）：设置主界面显示的内容。
- 复位功能（Reset Telemetry）：具有重置监控信息、复位定时器等功能。
- 统计信息（Statistics）：显示当前开机时间、电池、油门等相关硬件的统计信息。
- 关于 EdgeTX（About EdgeTX）：打开关于 EdgeTX 的界面。

> 提示
>
> 由于 EdgeTX 操作系统起源于航模控制，因此在 EdgeTX 操作系统中模型就表示特定的无人机。

可以发现，EdgeTX 操作系统设置菜单中最为重要的 3 个设置模块分别是模型设置、无线设置和屏幕设置，如图 7-9 所示。下面将对这些配置选项进行详细介绍。

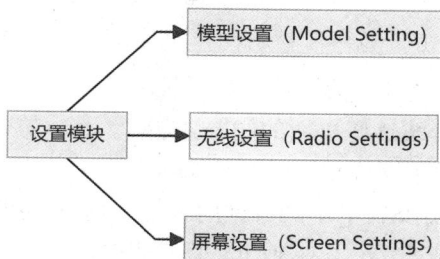

图 7-9 EdgeTX 操作系统最为重要的 3 个设置模块

3. 系统固件和 SD 卡

EdgeTX 操作系统本身需要烧录到 STM32 固件中，但是系统的相关配置选项和资源需要存储到 SD 卡中。

> **提示**
> 系统固件和 SD 卡需要配合使用。因此，烧录新版本的 EdgeTX 操作系统后，建议使用对应版本的 SD 卡初始目录。如果两者版本差异过大，那么可能出现一些异常情况。

EdgeTX 操作系统遥控器可以通过 EdgeTX Companion 软件进行烧录。在 EdgeTX Companion 软件中，选择"File"→"Download"选项可以下载最新固件，并烧录到 EdgeTX 操作系统遥控器中。

烧录前，需要打开遥控器的 DFU 模式。对于绝大多数的遥控器，在关机模式下连接 USB 即 DFU 模式。有些遥控器具有单独的 Boot 按钮，按下 Boot 按钮后连接 USB 即可进入 DFU 模式。

EdgeTX 操作系统遥控器连接到计算机后，即可读取 SD 卡中的内容。通常，EdgeTX 操作系统的 SD 卡主要包括以下目录。

- BACKUP：无人机模型的备份目录。
- FIRMWARE：系统固件目录，若不需要刷机，则该目录置空即可。
- IMAGES：自定义模型图像文件目录，可放置 64 像素×32 像素的 BMP 模型图片。
- LOGS：日志文件目录。
- MODELS：模型配置目录，每个模型都有单独的 model[#].yml 文件对应，其中包含了该模型的配置文件。
- RADIO：无线配置文件目录，包含 radio.yml 文件。
- SCREENSHOTS：屏幕截图目录，可以放置运行过程中的截图。
- SCRIPTS：脚本目录，用于放置 Lua 脚本工具文件。
- SOUNDS：音频目录，用于放置特定语言的音频包。
- TEMPLATES：模板目录，用于存放模型模板。

- THEMES：主题目录，界面主题效果（仅用于彩色屏幕）。
- WIDGETS：控件目录，用于存放自定义控件（Lua 脚本）。

4. 系统设置

EdgeTX 操作系统的系统设置包括扩展工具、SD 卡、系统、主题、全局功能、教练、硬件和版本等页面。下面分别介绍这些页面的主要功能。

- 扩展工具（Tools）：用于管理和执行 Lua 脚本工具。
- SD 卡（SD Card）：显示 SD 卡中的数据内容，并且可以进行文件的复制、粘贴、重命名等基本操作，以及查看 txt、csv 或 lua 等格式的文件。
- 系统（Radio Setup）：基础配置选项，包括日期、时间、USB 模式、摇杆模式等。
- 主题（Themes）：设置用户界面主题（仅彩屏）。
- 全局功能（Global Functions）：全局功能配置，与特殊功能配置（Special Functions）相对应。
- 教练（Trainer）：教练选项，在学员模式下，各个通道的组合效果。
- 硬件（Hardware）：硬件选项，包括电池电压范围、电池校准、内部 RF 类型、外部 RF 采样模式，以及蓝牙、串口连接等。
- 版本（Version）：当前设备和固件的版本信息。

> **提示**
>
> Lua 语言是一种轻量级的脚本语言，由巴西里约热内卢天主教大学的 Roberto Ierusalimschy、Waldemar Celes 和 Luiz Henrique de Figueiredo 于 1993 年设计。它被设计得简单、高效、可嵌入，并且具有扩展性。Lua 语言广泛用于嵌入式系统、游戏开发、网络和多媒体应用。Lua 语言的语法简洁，易于学习，并且具有强大的库支持，可以方便地与其他语言如 C 和 C++进行交互。

5. 模型设置

同一个 EdgeTX 操作系统遥控器可以分别设置 1 个或者多个模型（无人机）的控制设置选项。为了方便使用同一个遥控器对多个无人机设置特别的操控选项，需要对模型进行特殊设置，主要包括以下主要页面。

- 模型设置（Model Setup）：包括模型名称、标签、图像及 ADC 滤波器等。ADC 滤波器用于平滑来源于遥控器通道中的数据。若无人机带有飞行控制器，则应当关闭 ADC 滤波器。另外，此页面下还包括 RF 设置、教练机设置等。
- 直升机设置（Heli Setup）：用于设置螺距混控系统。无副翼的直升机，以及其他类型的无人机无须设置。
- 飞行模式（Flight Modes）：设置在不同的飞行模式下的微调值（Trims）。
- 输入（Inputs）：主要用于将物理设备输入映射到软件输入上，可以同时配置权重、偏移和曲线分配。

- 混控（Mixes）：可以将多个输入组合成一个通道混合后再输出。
- 输出（Outputs）：最后通道调整。
- 曲线（Curves）：定义在输入、混控和输出中使用的曲线。
- 全局变量（Global Variables）：定义全局变量，用于在当前模型中多次复用这些变量。
- 逻辑开关（Logical Switches）：定义逻辑开关，相当于定义了新的通道。
- 特殊功能（Special Functions）：采用逻辑开关等设置特殊功能。
- 回传（Telemetry）：接收回传的遥测数据。

7.2.2　通道信号的传递

在默认情况下，通道数据（信号）需要进行三次转换才会向发射机设备进行输出，如图 7-10 所示。这三次转换分别对应于 EdgeTX 操作系统模型设置的输入设置、混控设置和输出设置。

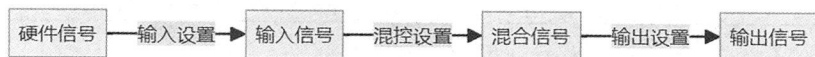

图 7-10　EdgeTX 操作系统中通道信号的传递

（1）硬件信号：从硬件直接获取的信号。
（2）输入信号：将硬件信号映射到虚拟的信号源上。
（3）混合信号：可以将多个输入信号进行混合，通常用于混控设置。
（4）输出信号：对混合后的信号再次进行最终的处理，并输出到控制链路中。

1．输入设置

输入设置用于对物理设备（摇杆、开关、滑块、电位器等）的直接输入信号进行校准处理。输入源（Input）包括摇杆（Stick）、旋钮（Pot）、滑块（Slider）、微调旋钮（Trim）、拨杆开关（Switch）等，如图 7-11 所示。

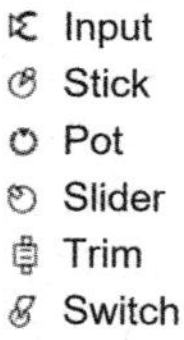

- Input
- Stick
- Pot
- Slider
- Trim
- Switch

图 7-11　EdgeTX 操作系统的输入源及其符号

> **提示**　滑块介于摇杆和电位器之间，通常是直线的滑块，可以进行较为顺滑的操作；旋钮通常表示环形的电位器，多用于参数设置。两者的本质均为变阻器，只是操作方法不同。

输入设置的主要目的是进行初步设置，如微调、反向等，以方便为混控或其他高级控制提供基础。在输入设置中，每一项都独立对应于一个硬件输入源，并且命名相同，如 Ail、Ele、Thr、Rud 等。

2. 混控设置

混控设置与输出设置类似，但是其主要功能是将多个输入进行混合（相加、替换等），实现无人机混控输出。当然，即使无人机不需要混控功能，也需要对混合信号进行设置，只不过每个混控选项都只对应独立的输入项即可。

每次通道信号的转换，都需要对其设置 3 个参数，分别是权重（Weight）、偏移（Offset）和曲线（Curves）。其中，权重和偏移属于线性变换，曲线属于非线性变换。

在 EdgeTX 操作系统中，曲线默认包括单边、指数和函数（见表 7-2）。当然，用户也可以在曲线页面中自定义曲线。

表 7-2　EdgeTX 操作系统中的曲线

函数	特性	图像特征
X	完全线性	
$X>0$	当输入值大于 0 时，保留输入值；当输入值小于 0 时，输出 0	
$X<0$	当输入值小于 0 时，保留输入值；当输入值大于 0 时，输出 0	
$\lvert X \rvert$	取得输入值的绝对值	

续表

函数	特性	图像特征
$f>0$	当输入值小于 0 时，输出 0；当输入值大于 0 时，输出 100	
$f<0$	当输入值小于 0 时，输出-100；当输入值大于 0 时，输出 0	
$\lvert f \rvert$	当输入值小于 0 时，输出-100；当输入值大于 0 时，输出 100	

在混控设置中，会将 Ail、Ele、Thr、Rud 等输入转换为特定的通道，如 CH1、CH2、CH3 和 CH4 等。

3. 输出设置

输出设置是对通道（CH1、CH2、CH3 和 CH4 等）的最后一步设置，一般对其进行微调、反向等修正。输出结果将直接送往发射机设备并传递至无人机。

7.2.3 摇杆基本设置

摇杆控制是无人机操控的核心，也是重要的两个输入源。不同用户具有不同的操作习惯，使用不同的摇杆模式，并且首次使用遥控器时需要对其进行校准。本节介绍摇杆的基本设置。

1. 通道顺序

无人机遥控器通常包含 2 个摇杆，其中每一个摇杆包含 2 个通道，分别由上下移动和左右移动控制。这 2 个摇杆所控制的 4 个通道是非常重要的，一般用于直接控制无人机的油门或者翼面角度。

在无人机领域，这 4 个通道分别称为副翼（Ail）、升降舵（Ele）、油门（Thr）和方向舵（Rud），其功能如下。

- Ail 是副翼（Ailereon）的简写，用于控制无人机的横滚。

- Ele 是升降舵（Elevator）的简写，用于控制无人机的俯仰。
- Thr 是油门（Throttle）的简写，用于控制无人机的动力输出，即油门大小。
- Rud 是方向舵（Rudder）的简写，用于控制无人机的偏航。

当然，上述通道的定义来源于固定翼无人机。对于四旋翼无人机来说，虽然这 4 个通道的用途已经发生了改变，但是通道名称仍然沿用以上缩写，如表 7-3 所示。

表 7-3　固定翼无人机和四旋翼无人机的 4 个基本通道

默认通道号	控制通道	固定翼无人机	四旋翼无人机
1	Ail	副翼	左右平移
2	Ele	升降舵	前后平移
3	Thr	油门	上升下降
4	Rud	方向舵	方向转向

这里的默认通道是约定俗成的一种顺序，是绝大多数无人机厂商使用的通道顺序，按照其控制通道的首字母组合，这种通道顺序称为 AETR。当然，创建的通道顺序还包括 TAER、RETA 等。EdgeTX 默认的通道顺序是 RETA，但是本书推荐使用 AETR 通道顺序。在系统设置中，可以通过改变默认通道顺序（Default channel order）选项修改默认通道顺序，如图 7-12 所示。

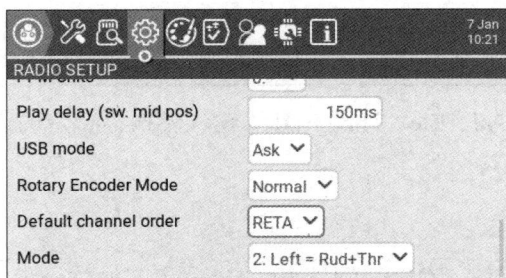

图 7-12　设置通道顺序

这样，新创建的模型通道顺序就是 AETR 了。不过，已经创建的模型仍然需要修改通道顺序，此时，在输入页面中调整 4 个通道的顺序为 Ail、Ele、Thr 和 Rud，如图 7-13 所示。

在混控界面中，检查通道顺序是否正确，如图 7-14 所示。

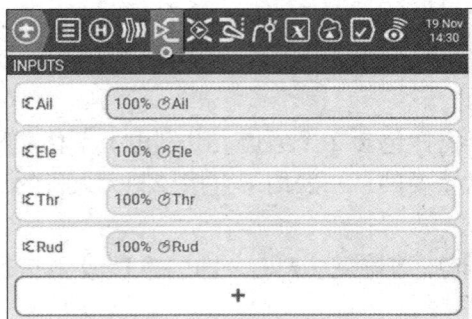

图 7-13　调整通道顺序

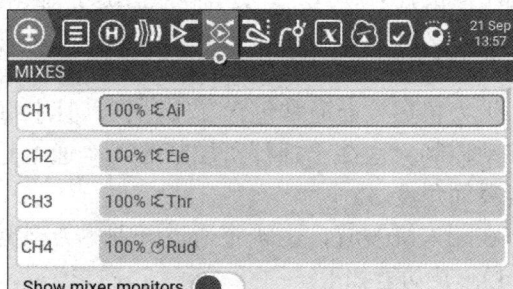

图 7-14　在混控界面中检查通道顺序是否正确

　　如果用户需要增加控制通道，建议在混控界面中增加，而不是在输入界面中增加。

2. 摇杆模式

左摇杆和右摇杆的横向、纵向位置控制了无人机的 4 个基本运动操作，分别是升降、转向、左右平移和前后平移。不同摇杆模式下各个摇杆的控制操作不同，如图 7-15 所示。可以发现，美国手和中国手左右摇杆相反；日本手和火星手左右摇杆相反。

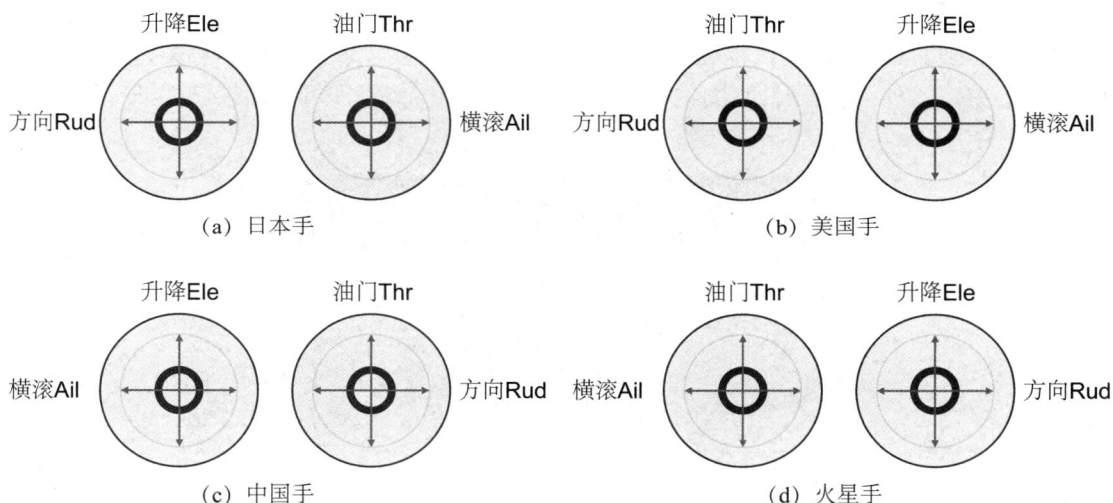

升降Ele　　油门Thr　　油门Thr　　升降Ele

方向Rud　　　　横滚Ail　　方向Rud　　　　横滚Ail

(a) 日本手　　　　　　(b) 美国手

升降Ele　　油门Thr　　油门Thr　　升降Ele

横滚Ail　　　　方向Rud　　横滚Ail　　　　方向Rud

(c) 中国手　　　　　　(d) 火星手

图 7-15　摇杆模式

日本手、美国手、中国手的称呼已经很难溯源。一种比较常见的说法是，日本手类似于日本的汽车驾驶习惯（驾驶位在右侧；对于四旋翼无人机来说，左手操作类似于开车），而美国手符合飞机驾驶习惯（右摇杆和飞机操纵杆的功能类似）。中国手和美国手类似，只是左右摇杆相反。美国手是默认的摇杆模式，也是无人机常用的操作方式。

在遥控器的设置界面中，修改模式选项，如图 7-16 所示。

- 1: Left = Rud + Ele：模式 1（日本手）。
- 2: Left = Rud + Thr：模式 2（美国手）。
- 3: Left = Ail + Ele：模式 3（中国手）。
- 4: Left = Ail + Thr：模式 4（火星手）。

美国手和日本手是常用的摇杆模式。需要注意的是，由于油门摇杆一般没有自动回中功能（四旋翼无人机除外），因此选择摇杆模式时需要注意是否与硬件匹配。比如，当遥控器从美国手切换到日本手时，需要将左摇杆调整为自动回中（通常只需要通过螺钉改变簧片位置即可），将右摇杆取消自动回中，方便油门控制。

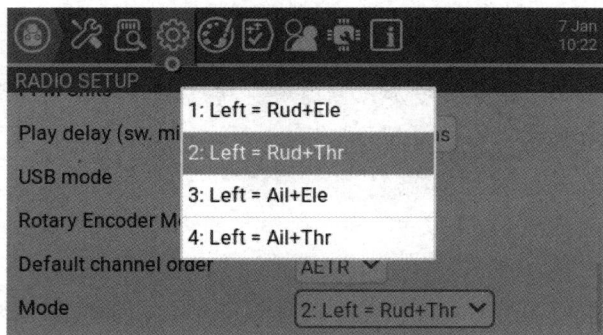

图 7-16　摇杆模式的设置

3. 摇杆校准

摇杆校准可以消除误差、提高精度，确保摇杆输入准确反映用户操作意图，使操作更流畅、舒适。在系统设置的硬件页面中，单击"Calibration"按钮即可开始校准摇杆，如图 7-17 所示。

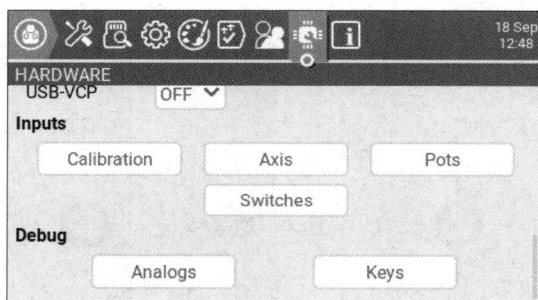

图 7-17　摇杆的校准

随后需要完成以下步骤（见图 7-18）。

- 按下"Enter"键确认开始。
- 校准居中位置：居中 Sticks/Pots/Sliders，并按下"Enter"键。
- 校准摇杆限位：移动 Sticks/Pots/Sliders 到所有限位，并按下"Enter"键。

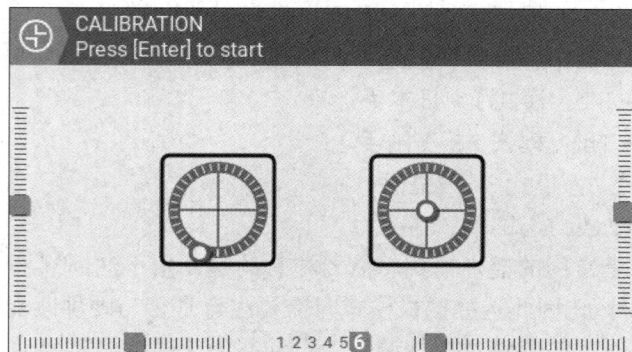

图 7-18　开始校准摇杆

7.3　ExpressLRS 链路系统

ExpressLRS 是一种高性能、长距离的开源无线控制系统，广泛应用于无人机、遥控模型和其他无线通信领域。随着无人机技术的发展，对长距离、低延迟控制的需求日益增长，ExpressLRS 凭借其优越的性能和灵活的设计备受关注。本节介绍 ExpressLRS 的基本概念和常见的操作方法。

7.3.1　初识 ExpressLRS

ExpressLRS 是一种高性能的开源遥控链路系统，它使用 LoRa（Long Range Radio）技术来实现远距离和高可靠性的遥控信号传输，其主要特点如下。

- ExpressLRS 通常在 900MHz 和 2.4GHz 频段上运行。不过，需要注意的是，两种不同频段的 ExpressLRS 天线并不通用。
- ExpressLRS 使用 LoRa 技术，这使得它在相同功率下能够实现更远的传输距离。ExpressLRS 可以在 100mW 的发射功率下达到 30km+的距离，同时保持 250Hz 的信号刷新率。
- ExpressLRS 支持遥测功能，可以传输如 RSSI（Received Signal Strength Indicator，接收信号强度指示）、LQ（Link Quality，信号质量）等信息。

1. LoRa 技术

ExpressLRS 作为开源的遥控链路系统，是基于 Semtech SX127x / SX1280 LoRa 硬件的链路系统。下面先了解一些 LoRa 的基本特点。

LoRa 是一种由 Semtech 公司开发的低功耗广域网（Low Power Wide Area Network，LPWAN）无线标准，主要用于物联网（Internet of Things，IoT）领域。它的最大特点是在同样的功耗条件下比其他无线方式传播的距离更远，能够实现低功耗和远距离的统一。在同样的功耗下，LoRa 的通信距离可以比传统的无线射频通信距离扩大 3~5 倍。

LoRa 的主要特点如下。

- LoRa 采用速率自适应技术，通常速率越低，传输距离越远。
- LoRa 技术通过扩频调制技术实现高抗干扰能力。这种技术可以有效抵御信号衰减和干扰，从而确保数据在复杂环境中的稳定传输。
- LoRa 可以通过 433MHz、868MHz、915MHz 和 2.4GHz 等频段运行。

2. ExpressLRS 的组成

ExpressLRS 作为无线传输设备，包括发射机和接收机两个重要的组成部分，如图 7-19 所示。

- 发射机：在遥控器端，ExpressLRS 使用 CRSF 协议通过无线电发射机发送遥控信号。用户可以通过 OpenTX 的 Lua 脚本或 ExpressLRS 配置器来配置发射机的参数，如数据包传输速率、回传比例、开关模式等。

- 接收机：在飞行器端，ExpressLRS 接收机同样使用 CRSF 协议与飞行控制器通信。接收机通常连接到飞行控制器的 UART 端口，并且需要配置相应的波特率和协议。接收机可以接收来自发射机的遥控信号，并将遥测数据发送回发射机。

提示

接收机的固件版本包括 ISM2G4、欧盟 CE LBT（Listen Before Talk）等很多版本，在使用时需要注意当地的法律要求。

（a）发射机　　　　　　　　　　（b）接收机

图 7-19　ExpressLRS 的接收机和发射机

ExpressLRS 因其高性能和开源特性，被广泛应用于航模、无人机竞赛和商业无人机操作。它的低成本和易于 DIY 的特性也使得它在无人机爱好者中非常受欢迎。

7.3.2　启用和配置 ExpressLRS

ExpressLRS 用于实现遥控器和无人机的远程通信。本节将介绍如何实现 ExpressLRS 的对频和基本用法。

ExpressLRS 发射机包括内置和外置两类，两者的开启方式是类似的。启用和配置 ExpressLRS 需要以下几个步骤。

- 安装 ExpressLRS 硬件。
- 启动 ExpressLRS 硬件。
- 连接发射机和接收机。

1. 安装 ExpressLRS 硬件

在使用 ExpressLRS 之前，需要在遥控器和无人机中分别安装 ExpressLRS 模块。对于外置 ExpressLRS 硬件来说，需要安装到遥控器的 JR 仓或者 NANO 仓。接收机包括 VCC、GND、TX 和 RX 4 个引脚。在测试时，可仅连接 VCC 和 GND 引脚上电使用；装机后，可再将 TX 和 RX 引脚对接至飞行控制器的 RX 和 TX 引脚上。

> 使用 ExpressLRS 之前需确认已正确、稳固地安装天线。在未安装天线的情况下，上电可能存在烧毁设备的风险。
>
> 提示

2. 启动 ExpressLRS 硬件

在 EdgeTX 操作系统中，需要使用 ExpressLRS 的 Lua 脚本连接 ExpressLRS 发射机。因此，首先需要安装 Lua 脚本。

1）初识 Lua 脚本

Lua 脚本是扩展 EdgeTX 功能的重要方法，其脚本文件处在 SD 卡的 Script 目录中，默认包括 Model Locator (by RSSI)、Spectrum (INT) 和 Wizard Loader 工具。

- Model Locator (by RSSI)：模型定位器，通过信号强度来寻找已经丢失的模型。
- Spectrum (INT)：频谱分析仪，显示 2.4GHz 频谱上各个频段的信号强度。
- Wizard Loader：模型向导工具，可以通过设置向导从而设置不同类型的新模型。模型向导工具不会增加新的模型，需要手动创建新的模型后再运行该工具。

2）下载 ExpressLRS Lua 脚本

根据 ExpressLRS 的版本不同，其 Lua 脚本也分为若干版本。

- 对于 ExpressLRS 2.x 和 3.x 版本，选择使用 elrsV3.lua 脚本（ExpressLRS 2.x 也可以选择 elrsV2.lua 脚本），菜单项显示为 ExpressLRS。
- 对于 ExpressLRS 1.x 版本，选择使用 ELRS.lua 脚本，菜单项显示为 ELRS。

读者可在 ExpressLRS 代码托管网站上找到其脚本文件。下载完成后，将其拷贝至 SD 卡中的 SCRIPTS/TOOLS 目录下。此时，即可在脚本工具界面（见图 7-20）中找到 Lua 脚本了。

图 7-20　ExpressLRS 脚本工具界面

3）运行 ExpressLRS Lua 脚本

在运行 Lua 脚本之前，需要启动内置或者外置射频的 CRSF 信道。在模型设置中，找到内置射频（Internal RF）和外置射频（External RF）按钮，根据 ExpressLRS 的安装位置不同，单击不同的按钮，进入下一级菜单。随后，切换模式为 CRSF，如图 7-21 所示。

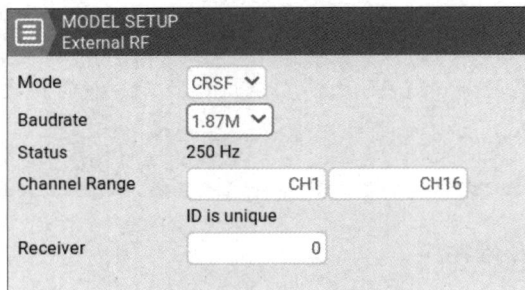

图 7-21　切换外置射频的模式为 CRSF

为了保证数据的传输速率，可以将波特率切换到 1.87MBaud 及以上。

> **提示**　如果使用内置的 ExpressLRS 模块，还需要在系统设置的硬件设置中，将内置射频切换到 CRSF 模式。

随后，即可在脚本工具界面中打开 ExpressLRS 脚本，如果连接成功，则将会进入如图 7-22 所示的界面。

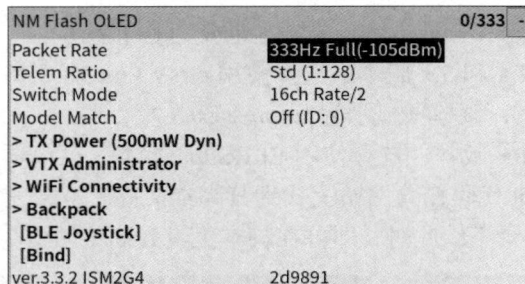

图 7-22　进入 ExpressLRS 脚本工具界面

如果没有进入上述界面，那么请确认 ExpressLRS 模块与遥控器是否正确连接。

> **提示**　如果硬件连接失败，则将会出现 "No ExpressLRS. Enable a CRSF Internal or External module in Model settings" 提示。

在 ExpressLRS 脚本工具界面中，短按"RTN"按钮会刷新参数数据（属于工具内部的命令）。长按"RTN"按钮（或者按 ExpressLRS 脚本工具界面底端的"Exit"按钮）即可退出 ExpressLRS 脚本。

3. 连接发射机和接收机

对接收机连续三次上电，接收机指示灯（一般为绿灯或者蓝灯）双闪时表示进入对频模式。随后，在遥控器的 ExpressLRS 脚本工具界面中，单击"Bind"按钮即可完成对频，此时指示灯常亮。对频后，每次先启动发射机，后启动接收机，即可实现两者的随时连接。

ExpressLRS 接收机指示灯的主要信息如下。

- 慢速闪烁（0.5s）：等待连接。遥控器可能未开机，或者为对频模式。
- 快速闪烁（0.025s）：处在 Wi-Fi 模式下。
- 中速闪烁（0.1s）：未检测到射频芯片。
- 双闪（闪 2 次后短暂熄灭）：正在处于对频模式。
- 三闪（闪 3 次后短暂熄灭）：已经连接发射机，但是型号不匹配。
- 常量：正常连接发射机。

> **提示**　ExpressLRS 接收机等待连接一段时间后若仍未连接到发射机，则将会自动进入 Wi-Fi 模式下。

7.3.3　正确设置 ExpressLRS

ExpressLRS 的发射机和接收机设置包括多个关键配置选项，如包速率、回传比例、通道模式、功率和 Wi-Fi 连接等。在使用 ExpressLRS 前，需要对这些配置选型进行修改和确认，优化遥控飞行器的性能与安全性。

1. 发射机设置

在 ExpressLRS 发射机中，较为重要的配置选项如下。

1）包速率

包速率（Packet Rate）是传递遥控数据的速率，受到 LoRa 特性的影响，包速率越高，灵敏度越高，但是能够接收的信号强度越小。比如，当包速率选择 50Hz（-115dBm）时，其延迟大约为 0.02ms，但是可以接收的信号强度可以达到-115dBm；当包速率选择 500Hz（-105dBm）时，其延迟降低到 0.002ms，但是能够接收的最低信号强度仅为-105dBm。包速率为 500Hz（-105dBm）比为 50Hz（-115dBm）的延迟更小，但是更容易出现信号中断等情况。

另外，包速率还有 D500、F500、D1000、F1000 等选项，这些选项只采用了 FLRC 窄频调制方式，并且以 D 开头的选项（表示 Double）每个数据包连续发两次，以提高数据传递的准确性。

> **提示**　窄频调制方式要比 LoRa 宽频调制方式的传输距离要远，但是由于处理速度更快，所以具有更低的延迟。

实际上，包速率为 50Hz 时就已经很难感受到操作延迟了。因此，除非在穿越机竞速等条件下，不必刻意提高包速率，否则很容易影响到远距离或者信号不良环境下的无人机操作。通常，在常规场景下，推荐 150Hz 和 333Hz Full 包速率。

2）回传比例

回传比例（Telem Ratio）是指回传信号在全部信号中的比例。通常，用户可以选择标准回传比例（Std），由 EdgeTX 自动选择回传比例，适配一般场景。例如，在 50Hz 包速率下，回传比例为 1∶16，在 500Hz 包速率下，回传比例为 1∶128。

> **提示**
>
> 回传比例不要设置得太高，否则容易导致接收机出错。

3）通道模式

通道模式（Switch Mode）表示各个通道的传输比例。全比例通道具有完整且连续的通道值（常用于摇杆），分段通道具有特定数量的通道位置（常用于分段开关、分段拨杆等），开关通道仅有两个通道位置（常用于拨杆）。

主要的通道模式如下。

- Hybrid：该模式下 1~4 通道为全比例通道，5 通道为开关通道（通常用于解锁），其他通道为多段通道。
- Wide。该模式下 1~4 通道为全比例通道，5 通道为开关通道，其他通道为 128 段通道。
- 8ch：该模式下 1~4.6~8 通道为全比例通道，5 通道为开关通道。
- 12ch Mixed：该模式下 1~4.6~12 通道为全比例通道，5 通道为开关通道。
- 16ch Rate/2：该模式下 16 个通道全部都是全比例通道（16 个通道数据将会分成 2 个数据包传输，因此传输速率减半）。

需要注意的是，当使用 8ch、12ch Mixed 和 16ch Rate/2 通道模式时，包速率必须选择 100Hz Full 或 333Hz Full。另外，5 通道通常用于无人机的加/解锁，因此多数通道模式为开关通道。

4）模型匹配

当模型匹配（Model Match）设置为 Off（ID: 0）时，可以随时匹配已经对频开机的接收机。打开模型匹配后，只有发射机和接收机的 ID 一致，才可以正常对频。

> **提示**
>
> 接收机的 ID 值需要在模型设置的射频选项中进行设置。

5）功率

功率（Power）选项如下所示。

- 最大功率（Max Power）：最大功率值，是否取得最大功率取决于动态选项。
- 动态选项（Dynamic）：选择 Dyn 时可以根据信号强度自动调整功率，选择 AUX9~AUX12 时可以使用额外的通道调整功率，选择 Off 时则始终使用最大功率。
- 风扇阈值（Fan Thresh）：高于功率阈值后会打开风扇。

> **提示**
>
> AUX 通道表示除了 4 个基本通道后进行标号的通道。例如，AUX9 通常表示 13 通道。

6）VTX 管理器

VTX（Video Transmitter，视频发射机）管理器（VTX Administrator）通过遥控器对图传系统进行设置操作。

7）Wi-Fi 连接

启动 Wi-Fi 连接（Wi-Fi Connectivity）可以在手机或者计算机上更新 ExpressLRS 固件，或者进行高级设置。

- Enable TX Wi-Fi：打开发射机 Wi-Fi。
- Enable RX Wi-Fi：打开接收机 Wi-Fi。
- Enable Backpack Wi-Fi：打开背包 Wi-Fi。
- Enable VRX Wi-Fi：打开 VRX（图传接收机）的 Wi-Fi。

8）背包设置

ExpressLRS 的背包设置（Backpack）芯片可以提供额外的功能和接口，使得 ExpressLRS 系统更具灵活性。它可以支持多种硬件接口，如 GPIO（通用输入/输出）、I2C、UART 等，允许用户连接其他外部设备，如传感器、控制器或其他通信模块。例如，可以通过背包芯片连接 VRX（Video Receiver，视频接收机），用于进行图传的设置和录像等功能。

9）蓝牙摇杆

通过蓝牙摇杆（BLE Joystick）连接其他设备（如计算机），用于实现连接模拟机等。

2. 接收机设置

在发射机连接接收机后，打开 ExpressLRS 脚本，可以在界面最下方的"Other Devices"选区中找到接收机设备，主要包括以下选项。

- 协议（Protocal）：设置接收机与飞行控制器之间的连接协议，包括 CRSF、Inverted CRSF、SBUS（TX 引脚输出）、Inverted SBUS（反向的 SBUS）等选项。
- 天线模式（Ant. Mode）：在双天线接收机情况下，可以选择双工模式（Diversity）或选择天线 A（Antenna A）、天线 B（Antenna B）等。
- 回传功率（Tim Power）：将数据回传到遥控器的功率，通常为 10mW、100mW 等。
- 初始包速率（Init Rate）：启动接收机时使用的包速率，默认为 F1000。建议设置与发射机相同的包速率，可以实现迅速连接。

- 模型出借（Lean Model / Return Model）：借出和归还模型，实现与其他遥控器的临时对频。
- 输出映射（Output Mapping）：对输出通道进行映射。
- 设置失控保护状态（Set Failsafe Pos）：将当前的通道状态设置为失控保护状态。

3. Wi-Fi 设置

发射机和接收机的 Wi-Fi 设置基本类似。本节以发射机为例，介绍其配置的基本选项。在 ExpressLRS 配置选项中，选择"WiFi Connectivity"→"Enable WiFi"选项即可打开发射机 Wi-Fi。使用计算机或者手机连接"ExpressLRS TXd WiFi"（密码为 expresslrs）后，进入 http://10.0.0.1/ 地址即可打开 Wi-Fi 设置界面，如图 7-23 所示。

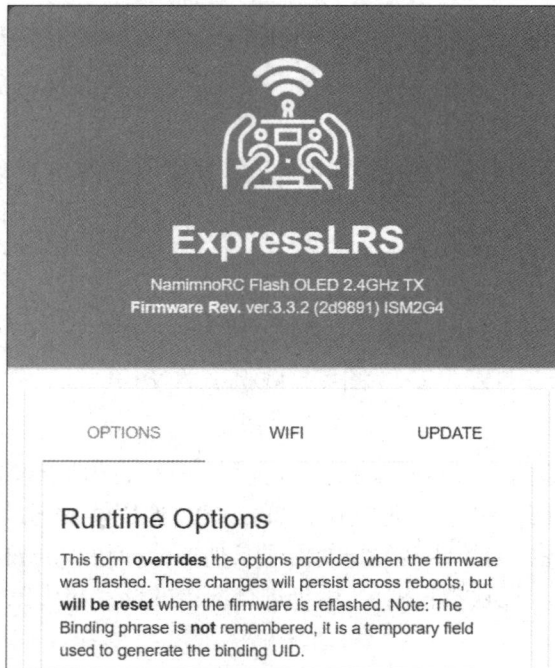

图 7-23　ExpressLRS 的 Wi-Fi 设置界面

Wi-Fi 设置页面中主要包括 3 个基本配置选项，如下所示。

- 运行时选项（OPTIONS）：包括生成识别飞行器的名称、输出功率设置、连接模式和频段设置等。
- Wi-Fi 选项（WIFI）：包括 Wi-Fi 连接的基本选项、密码、频段和网络模式等。
- 更新选项（UPDATE）：可以对 ExpressLRS 设备进行固件更新。

7.4　EdgeTX 的高级用法

本节介绍在 EdgeTX 中监测无人机的状态，以及设置教练主机的基本方法。

7.4.1　监测无人机的状态

通过实时监测无人机的状态，如位置、速度、姿态等，可以及时发现异常情况，如失去控制或超出飞行范围，并采取相应的安全措施。在事故发生后，也可以通过状态监测数据分析"炸机"地点，以及分析事故原因。

1. 状态回传

通过状态回传可以实时了解无人机的状态。例如，ExpressLRS、TBS 等技术均支持状态回传功能。下面介绍如何在 EdgeTX 中显示这些回传信息。首先，打开系统设置中的回传界面，如图 7-24 所示。

单击"Discover new"按钮，即可查询新的回传数据，如图 7-25 所示。

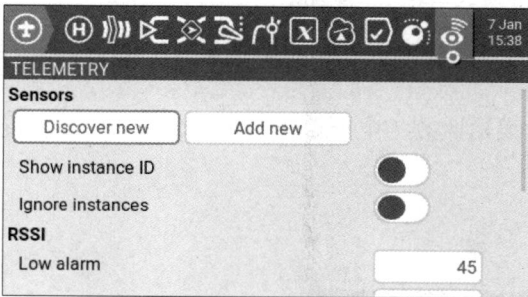

图 7-24　回传界面

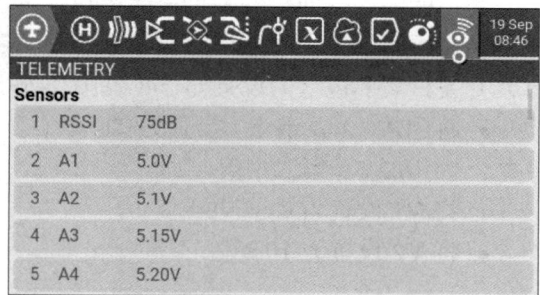

图 7-25　新的回传数据

更新时将会有蓝点提示；停止更新后，所有的数值将会变为红色。常见的 ExpressLRS 状态回传信息如表 7-4 所示。

表 7-4　常见的 ExpressLRS 状态回传信息

回传名称	回传项目	解释
RxBt	接收机电压	ExpressLRS 接收机的电压，单位为伏（V）
RSSI	信号强度	RSSI 是衡量无线信号强度的一个重要参数。它表示接收设备接收到的无线信号的功率大小，通常以分贝毫瓦（dBm）为单位来表示。RSSI 值越高，表示信号越强，反之则表示信号越弱
A1/A2/A3/A4	模拟值	模拟的飞行控制器回传数值
Tmp1/Tmp2	温度	温度值，单位为℃
RPM	转速	发送机转速，单位为每分钟圈数（rpm）
Fuel	燃油比例	燃油的剩余比例
Fuel Qty	燃油量	燃油的剩余体积，单位为毫升（mL）
VSpd	垂直速度	无人机的垂直速度，单位为米每秒（m/s）
Alt	高度	无人机高度，单位为米（m）
VFAS	FAS 传感器电压	飞行辅助系统（Flight Assistant System）传感器监测电压
Curr	电流	当前的电流，单位为安培（A）
Cels	电池电压	无人机电池电压，单位为伏（V）

续表

回传名称	回传项目	解释
ASpd	空速	无人机空速，单位为米每秒（m/s）
GALT	GPS 高度	GPS 测量所得的无人机高度，单位为米（m）
GSpd	GPS 速度	GPS 测量所得的无人机速度，单位为米每秒（m/s）
Hdg	航向角	无人机的航向角，单位为度（°）
Date	日期时间	当前的日期和时间
GPS	GPS 坐标	GPS 坐标，包括经度和纬度
AccX	X轴加速度	X轴方向的加速度
AccY	Y轴加速度	Y轴方向的加速度
AccZ	Z轴加速度	Z轴方向的加速度

为了能够根据回传的数据提醒用户，可以通过逻辑开关配合特殊功能的方式进行警报。例如，在逻辑开关（Logical Switches）中创建一个新的 L01 开关，当电池电压小于 10.2V 后打开开关，需要进行的设置如下（见图 7-26）。

- 将函数（Function）设置为 "a<x"，其中 a 表示监测的电压值（第一个值 V1），x 设置为 10.2V（第二个值 V2）。
- 将 V1 设置为 Cels 电压值。
- 将 V2 设置为 10.2V。

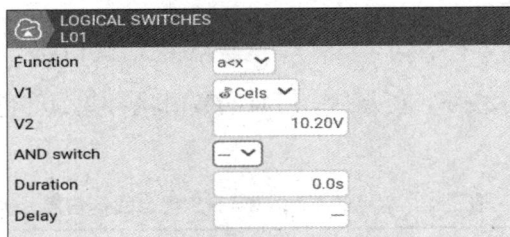

图 7-26　创建逻辑开关

保存该逻辑开关，添加特殊功能 SF1：当触发了 L01 逻辑开关后播放低电压警报声音，需要设置的信息如下（见图 7-27）。

- 将触发器（Trigger）设置为 "L01"。
- 将功能（Function）设置为 "Play Track"。
- 将播放的音轨（Value）设置为 "lowBat"。

图 7-27　添加特殊功能

2. 计时器

计时器是非常实用的功能，可以用于提示无人机的飞行时间、作业时间或者进行某些任务的倒计时提醒等。在 EdgeTX 中，包括 3 个可编程计时器，名称为 Timer1~Timer3。这些计时器可分别独立运行，执行特定的功能。

在模型设置中，选择 Timer 1、Timer2 或者 Timer3 即可打开计时器设置窗口，如图 7-28 所示。

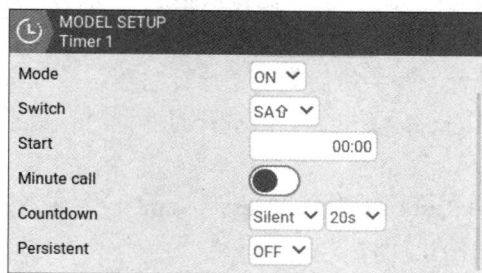

图 7-28　计时器设置窗口

计时器的设置主要包括以下几个选项。

- 模式（Mode）：设置计时器的模式。
- 激活开关（Switch）：激活计时器功能，可以为物理输入、逻辑开关等。
- 超时时间或者倒计时功能（Start）：设置为 00:00 即基础的计时器功能。
- 计时方向（Direction）：当 Start 设置的值非 00:00 时，该选项用于切换秒表（Show Elapsed）/倒计时（Show Remaining）功能。
- 分钟提醒（Minute call）：是否开启每分钟一次的提醒。
- 倒计时（Countdown）：倒计时结束前给予的特殊提示。
- 关机保持（Persistent）：重新计时的条件，是否在关机后依然计时。

需要重点说明的选项包括模式、分钟提醒和关机保持。

（1）模式包括以下几类。

- 禁用（OFF）：始终关闭计时器。
- 开启（ON　）：始终启用计时器（可通过拨杆激活/暂停计时）。
- 开始（Start　）：当拨杆激活时开始计时。开始计时后，无论是否取消拨杆激活，都会一直计时。
- 油门（Throttle）：当油门非最低位置时开始计时，当油门再次回到最低位置时，停止计时。该选项可以用于计算油门启动时间。
- 油门%（Throttle %）：当油门到达某个百分比后计时。例如，对于油动发动机来说，可以用于计算高功率时间，防止发动机过热损坏。
- 油门开始（Throttle Start）：当油门非最低位置后开始计时，并且再次回到最低位置时也不会停止。该选项可以用于计算飞行时间。

对于 Throttle、Throttle %和 Throttle Start 选项，如果设置了拨杆激活，则必须同时满足时才计时，否则将暂停计时。

（2）分钟提醒包括以下几类。

- 静音（Silent）：在计时器归零之前，不会发出任何通知。当它达到零时，将会发出嘟嘟声。
- 蜂鸣声（Beeps）：从指定时间开始，遥控器每秒都会发出蜂鸣声。
- 语音（Voice）：遥控器将从指定时间开始倒数秒。
- 触觉（Haptic）：遥控器将从指定时间开始每秒振动一次。
- 蜂鸣声和触觉（Beeps & Haptic）：遥控器将从指定时间开始每秒发出蜂鸣声和振动。
- 语音和触觉（Voice & Haptic）：遥控器将从指定时间开始倒计时并每秒振动。

（3）关机保持包括以下几类。

- 禁用（Off）：每次重置、开关机后即可重启计时器。
- 随飞行记录复位（Flight）：关机并不影响计时器计时，只有单击"Reset telemetry"按钮后停止计时。
- 随手动复位（Manual Reset）：单击"Reset telemetry"或者"Reset timer?"（?为具体的计时器序号）按钮后停止计时。

3. 设置数传界面

在首页单击"Enter"按钮，选择"Screens Settings"选项，进入屏幕设置界面，如图 7-29 所示。

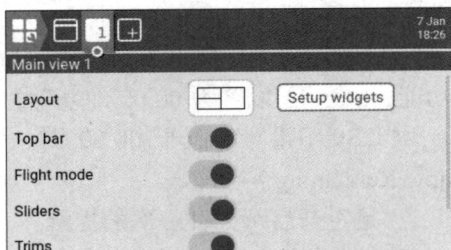

图 7-29　屏幕设置界面

屏幕设置界面中包括用户界面和主界面设置选项，如下所示。

- 用户界面（User Interface）：设置顶栏显示内容（Top bar）和主题（Theme）。
- 主界面（Main View 1~n）：在 EdgeTX 中，可以包含 1 个或者多个主界面（桌面）。用户可以为每一个主界面分别设置布局（Layout）和显示内容。

EdgeTX 主界面布局包括 15 种，如图 7-30 所示。

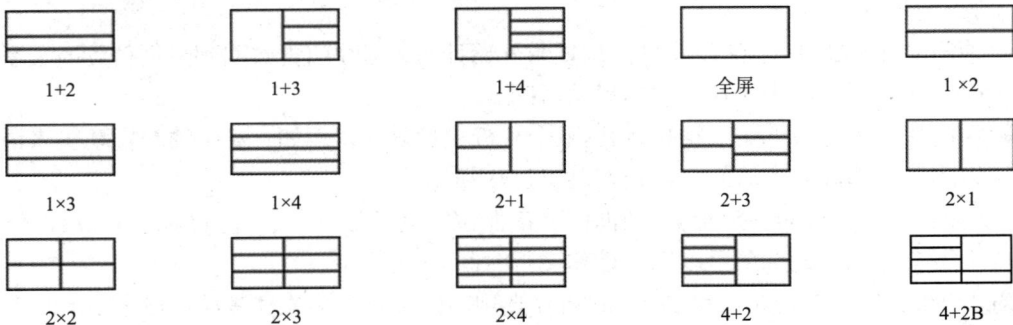

图 7-30　EdgeTX 主界面布局

在主界面设置界面中，选择合适的布局后单击"Setup widgets"按钮，即可对界面中每一区块内容进行组件设置。

选中合适的组件位置后，按"Enter"键，选择"Select widget"选项，如图 7-31 所示。

挑选合适的组件，并按"Enter"键，即可将组件放置到桌面上，如图 7-32 所示。

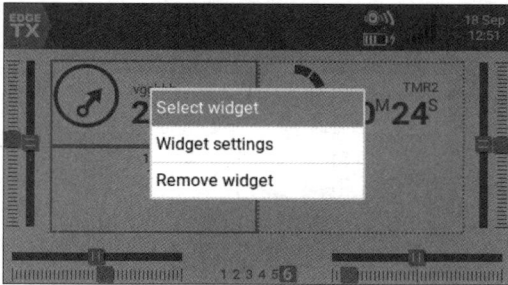

图 7-31　修改 EdgeTX 主界面

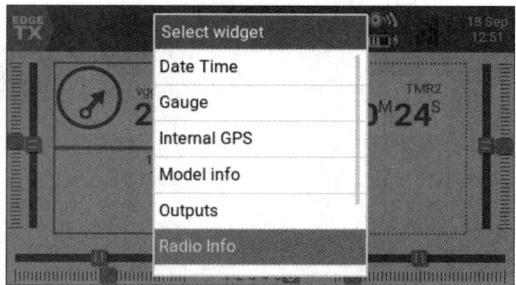

图 7-32　在 EdgeTX 主界面上添加合适的组件

将组件放置到桌面上的效果如图 7-33 所示。

图 7-33　将组件放置到桌面上的效果

7.4.2　教练模式设置

在教练界面即可打开教练模式。EdgeTX 支持 4 种教练模式，如图 7-34 所示。

- Master/Jack：主机模式，此遥控器将作为主机使用（通过 DSC 线连接）。
- Slave/Jack：从机模式，此遥控器将作为从机使用（通过 DSC 线连接）。
- Master/SBUS Module：主机模式，通过 SBUS 接收从机信号。
- Master/CPPM Module：主机模式，通过 CPPM（PPM）接收从机信号。

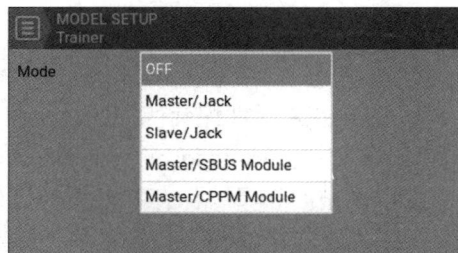

图 7-34　EdgeTX 的教练模式

这里将其设置为主机模式。此时，在系统设置的教练界面中即可设置这 4 个基本摇杆控制模式为摇杆教练模式，如图 7-35 所示。EdgeTX 支持 3 个摇杆教练模式，分别为关闭（Off）、组合（Add）和替换（Replace）。在组合模式下，可以在权重（Weight）中设置当前遥控的比例，在 "Multiplier" 中设置从机的比例。如果将摇杆教练模式设置为替换，那么摇杆输出将采用从机的输出。

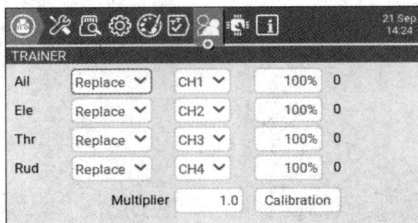

图 7-35　EdgeTX 的教练数据组合输出方法

> **提示**　在使用教练模式前，需要将从机的所有摇杆回中，单击 "Calibration" 按钮进行校准。

为了能够随时切换教练模式，可以在特殊功能（或全局功能）中设置教练模式的触发方式，如打开 SF 开关时启动教练模式，如图 7-36 所示。

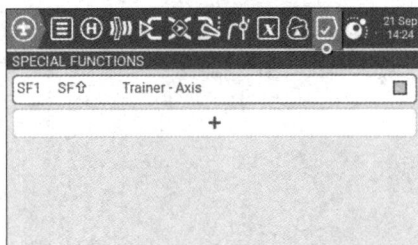

图 7-36　通过 SF 开关启动教练模式

EdgeTX 的教练模式是一种重要的功能，可以为无人机学员提供一个安全、有效的学习环境，帮助初学者在飞行技能上获得快速提升。

7.5　EdgeTX Companion

EdgeTX Companion 是一个与 EdgeTX 固件配套使用的计算机软件，主要用于帮助用户更方便地管理和配置遥控器的模型文件，支持 Windows、macOS X 及 Linux 操作系统。通过这个软件，用户可以在计算机中进行模型的编辑、保存和备份等工作，然后将配置好的模型文件传输到遥控器中。下面详细介绍 EdgeTX Companion 管理遥控器档案、读取 Log 日志的基本用法。

7.5.1　管理遥控器档案

为了管理遥控器档案，需要将遥控器连接至计算机，并读取遥控器的配置信息。随后，通过 EdgeTX Companion 即可实现遥控器档案的读取、编辑、备份和写入操作。

1. 连接计算机

当遥控器连接计算机时，会弹出如图 7-37 所示的窗口，用户需要选择合适的连接方式。

- USB 游戏柄（HID）：用于连接无人机模拟器，用于练习无人机技术和调试设备实用。
- USB 存储器（SD）：用于读取 EdgeTX 遥控器的 SD 卡，获取和设置配置信息。
- USB 串口（VCP）：用于进行串口通信。

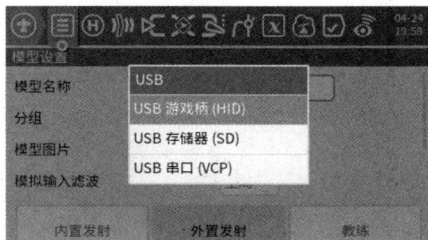

图 7-37　遥控器连接计算机的方式

> 对于绝大多数的遥控器，关机时连接计算机即可进入固件更新（DFU）模式。
>
> 提示

为了读取遥控器配置信息，需要通过 USB 存储器（SD）方式连接计算机，方便 EdgeTX Companion 读取配置信息。

2. 打开 EdgeTX Companion

EdgeTX Companion 的主界面如图 7-38 所示。

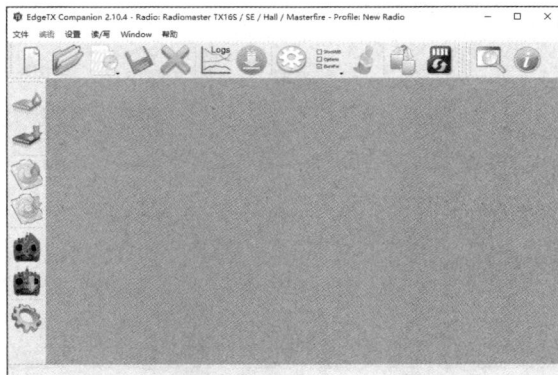

图 7-38　EdgeTX Companion 的主界面

首次打开 EdgeTX Companion，还会弹出其首选项，如图 7-39 所示。此时，用户需要创建 1 个新的档案，并指定遥控器的型号、特性。1 个档案对应 1 个遥控器，建议用户为其指定 SD 卡和备份目录。

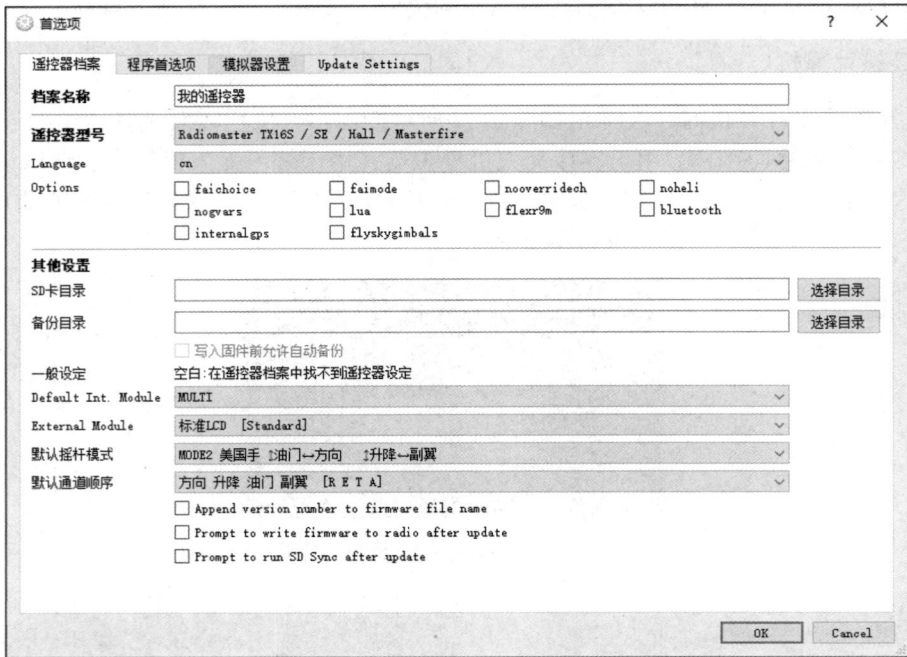

图 7-39　EdgeTX Companion 的首选项

创建完成后，即可将遥控器档案保存为.etx 文件。

当然，通常可通过读取已经配置好的遥控器信息来创建遥控器档案。在遥控器正确连接计算机后，在 EdgeTX Companion 的菜单栏中选择"读/写"→"从遥控器中读取模型和配置"选项，读取已有的遥控器配置选项。例如，当遥控器有 3 个模型配置时，其遥控器档案窗口如图 7-40 所示。

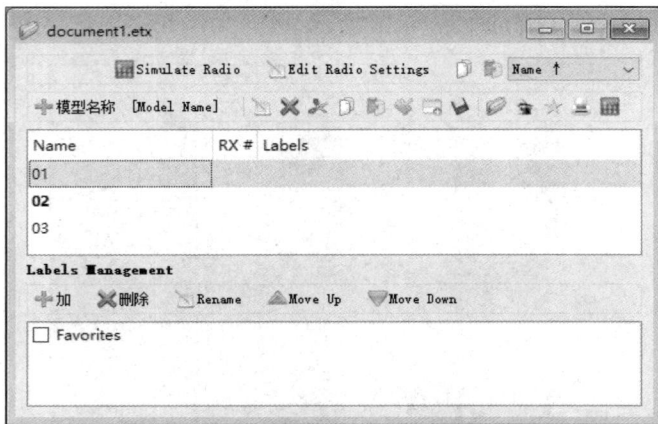

图 7-40　EdgeTX Companion 的遥控器档案窗口

此时，单击"Edit Radio Settings"按钮即可对系统进行设置；双击任意模型即可进入模型配置菜单，其中的配置选项可以与遥控器的模型设置一一对应。用户可以将遥控器档案保存到计算机的任意位置，进行备份操作。选择"读/写"→"将模型和配置写入遥控器"选项，即可将备份的遥控器档案写入遥控器。

通过 EdgeTX Companion 可以将遥控器配置（包括遥控器和模型档案）保存为.etx 文件，进行备份。备份后的.etx 文件实际上是一个压缩文件，其中包含用于保存遥控器配置的 radio.yml 文件和用于保存模型配置的 model00.yml 文件等。

7.5.2　读取 Log 日志

在飞行任务中，随时、随地记录日志是一种良好的习惯。在飞行过程中，无人机不可避免地会遇到各种复杂情况，这可能导致事故的发生。如果能够详细记录飞行日志，那么就能在出现故障时进行深入分析，以查明问题的根源。

在全局功能（或者特殊功能）界面中，创建新的全局功能，并设置功能为"记录日志到 SD 卡"，并设置合适的触发器（Trigger）。当达到触发条件后，遥控器将自动把相关数据记录到 SD 卡中，如图 7-41 所示。

图 7-41　记录日志到 SD 卡

> **提示**
>
> 如果 SD 卡的容量小于 50MB，那么遥控器将不再记录新的 Log 日志。

每次 Log 日志都会以文件的形式存储到 SD 卡的 Logs 目录中。Edge TX 的 Log 日志样例如表 7-5 所示。

表 7-5　EdgeTX 的 Log 日志样例

日期（Date）	时间（Time）	偏航（Rud）	俯仰（Ele）	油门（Thr）	横滚（Ail）	P1 输入（P1）	P2 输入（P2）	P3 输入（P3）	SL1 输入（SL1）	SL2 输入（SL2）	SA 输入（SA）	SB 输入（SB）	LSW	通道 1（CH1）/us	通道 2（CH2）/us	电池电压（TxBat）/V
2024/9/23	34:40.2	112	0	38	0	−134	−1024	−931	35	−12	−1	−1	0x0000000000000000	1556	1500	7.5

续表

日期 （Date）	时间 （Time）	偏航 （Rud）	俯仰 （Ele）	油门 （Thr）	横滚 （Ail）	P1 输入 （P1）	P2 输入 （P2）	P3 输入 （P3）	SL1 输入 （SL1）	SL2 输入 （SL2）	SA 输入 （SA）	SB 输入 （SB）	LSW	通道1 （CH1） /us	通道2 （CH2） /us	电池电压 （TxBat）/V
2024/9/23	34:41.2	-92	0	676	0	−134	−1024	−931	35	−12	−1	−1	0x0000000000000000	1454	1500	7.5
2024/9/23	34:42.2	10	0	−77	0	−134	−1024	−931	35	−12	−1	−1	0x0000000000000000	1505	1500	7.5
2024/9/23	34:43.2	133	0	−1024	0	−134	−1024	−931	35	−12	−1	−1	0x0000000000000000	1566	1500	7.5
2024/9/23	34:44.2	−51	0	231	0	−134	−1024	−931	35	−12	−1	−1	0x0000000000000000	1475	1500	7.5
2024/9/23	34:45.2	0	0	540	0	−134	−1024	−931	35	−12	−1	−1	0x0000000000000000	1500	1500	7.5
2024/9/23	34:46.2	51	0	38	0	−134	−1024	−931	35	−12	−1	−1	0x0000000000000000	1525	1500	7.5
2024/9/23	34:47.2	0	0	19	0	−134	−1024	−931	35	−12	−1	−1	0x0000000000000000	1500	1500	7.5
2024/9/23	34:48.2	0	0	19	0	−134	−1024	−931	35	−12	−1	−1	0x0000000000000000	1500	1500	7.5
2024/9/23	34:49.3	0	0	19	0	−134	−1024	−931	35	−12	−1	−1	0x0000000000000000	1500	1500	7.5

在 EdgeTX Companion 中，选择"文件"→"查看 Log 文件…"选项，即可打开 Companion Log 查看器，如图 7-42 所示。

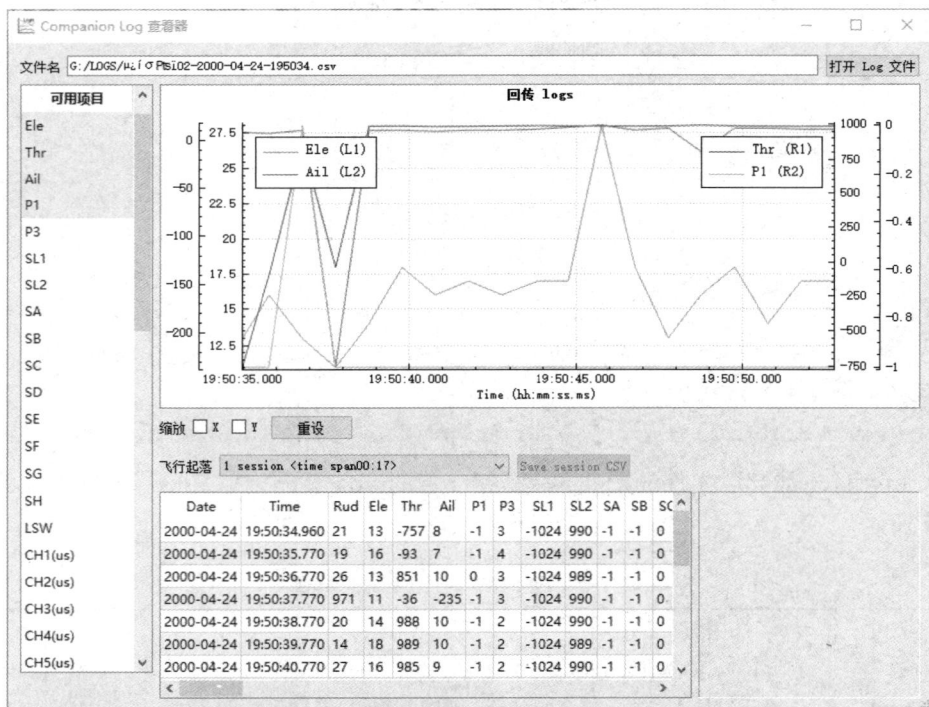

图 7-42　Companion Log 查看器

此时，即可打开保存在 Logs 目录中的 Log 文件，对各个通道的开关和回传信息进行可视化观察。

7.6　本章小结

　　本章详细介绍了无人机遥控链路的相关技术，重点探讨了 EdgeTX 操作系统和 ExpressLRS 链路系统。通过本章的学习，读者能够了解遥控链路的重要性及传输协议的分类，并深入学习 EdgeTX 和 ExpressLRS 的应用方法，为实际操作和开发提供理论基础和技术支持。

　　在遥控器的实际使用中，还需要做好安全措施，以下提供几点建议，以供参考。

　　（1）在飞行作业前，确保遥控器电量充足，且最好准备备用电池以供随时替换。

　　（2）在启动遥控器前，确保天线安装正确。天线未安装或者接触不良，有可能损坏内部电路。

　　（3）遥控器的摇杆和拨杆通常裸露在外，很容易因碰撞导致损坏，因此应定期检查硬件是否完好。建议使用存储箱保存遥控器。

　　遥控链路是无人机系统中的重要一环，是确保飞行安全的重要技术链路，希望读者能够重视。

7.7　习题

　　（1）在 EdgeTX 遥控器中安装 ExpressRLS 接收机，并连接至无人机。

　　（2）设置低信号警报功能，当 RSSI 小于-95dBm 时，播放 siglow 音轨提示用户。请描述具体的设置步骤和逻辑开关的配置方法。

　　（3）创建一个计时器，用于记录无人机的飞行时间，并在飞行时间超过 30min 时发出语音提醒。请说明计时器的模式选择和触发条件设置。

　　（4）进行一次飞行测试，记录飞行过程中的遥测数据，包括 RSSI、电池电压、飞行高度等，并分析这些数据对飞行性能的影响。

第 8 章
即时的图传链路

图传链路和遥控链路之间有很多共同点，如都需要占据有限的无线电资源，都属于资源受限系统，且都需要较高的实时性，但是两者仍然存在显著的不同。

（1）传输单向性：图传链路通常是单向的，图传数据一般只从无人机向地面传递。遥控链路通常双向传输数据，从遥控器传输指令到无人机，无人机传输状态信息到遥控器中。

（2）数据密集性：图传链路需要传递的数据量较大，即使经过压缩的视频流数据也需要占据较大的带宽。遥控链路主要包含指令和数值，一般数据量较少。

（3）安全宽容性：图传链路传递的视频流允许一定范围内的误差，可以接受一定限度的丢包。遥控链路则需要更强的安全性和准确性。

可以发现，图传链路更加倾向于尽快地将视频流数据显示到地面站中。本节介绍常见的图传链路实现方式。

8.1 模拟图传

模拟图传（模拟图像传输）是较为传统的图传链路，是一种将图像信号以模拟信号的形式进行传输的技术。这种技术的原理和早期的模拟电视广播技术非常类似，主要包括图像采集、信号调制、信号传输、信号解调和图像显示这几个部分，如图 8-1 所示。

图 8-1　模拟图传的传输流程

（1）图像采集：摄像头或图像采集设备捕捉到的光信号被转换为电信号。通常，图像传感器（如 CCD 或 CMOS 传感器）将光信号转换为电流或电压信号。

（2）信号调制：对捕获的电信号进行调制。模拟图传通常采用幅度调制（Amplitude Modulation，AM）或频率调制（Frequency Modulation，FM）等方式，将图像信号调制到载波信号上，以便于在空间中传播。调制的过程会将图像信息嵌入到载波信号中，使其能够在传输介质中传播。

（3）信号传输：调制后的信号通过传输介质（如同轴电缆、光纤或无线电波）进行传输。在无线传输中，信号通过发射天线发送，并在接收端通过接收天线捕获。

（4）信号解调：在接收端，接收到的模拟信号需要经过解调处理，将调制后的信号还原为原始的图像信号。解调过程将载波信号还原，提取出图像信息。

（5）图像显示：还原后的图像信号可以通过显示设备（如监视器或记录设备）进行显示或存储。

模拟图传的技术细节虽然较为复杂，但是对于信号的处理其实非常简单和丝滑。由于不存在量化误差，理论情况下模拟图传更能够反映采集的图像的真实情况。但是，由于图传链路很容易受到干扰，因此模拟图传的实际观感并不强。目前，模拟图传由于其调制/解调过程非常迅速且可控，所以仍然被应用在实时性要求较高的场景下，如穿越机等。

模拟图传的成本低、传输距离远，但是清晰度较差。模拟图传技术主要适用于对图像质量要求不是非常高、对成本和速度有严格控制的场景。例如，在 FPV 飞行中，由于需要追求极低的延迟和较高的灵活性，因此模拟图传技术仍然具有一定的市场。此外，在一些简单的巡查监控、救援搜索等应用中，模拟图传技术也可以满足基本需求。

8.1.1　视频制式

模拟图传通常采用 NTSC（National Television System Committee，国家电视系统委员会）或 PAL（Phase Alternating Line，逐行倒相制）视频制式，两者的主要区别如下。

NTSC 制式是一种主要用于北美地区（如美国、加拿大）的视频广播标准。其分辨率通常为 720 像素×480 像素，提供约 29.97 帧每秒的帧率，适合快速动作的画面。NTSC 制式采用了 YIQ 色彩编码，其中 Y 表示亮度（明亮程度），而 I 和 Q 则代表色彩信息的相位和幅度。由于 NTSC 制式的高帧率，图像在快速运动时表现得比较流畅，在色彩重现方面相对较少受到环境的影响。

PAL 制式是一种广泛应用于欧洲国家、澳大利亚和部分亚洲国家的电视制式。PAL 的分辨率为 720 像素×576 像素，帧率为 25 帧每秒，这意味着其垂直分辨率高于 NTSC 制式。PAL 制式采用了 YUV 色彩编码，具有更好的色彩稳定性和保真度，通过每行交替的方式来改善色彩的复现效果。因此，PAL 制式在显示静态图像和丰富色彩方面表现得相对更佳。

两者的主要区别在于帧率、分辨率及色彩编码。NTSC 制式以 29.97 帧每秒的帧率传输 720 像素×480 像素的分辨率，适合快速动态场景，而 PAL 制式以 25 帧每秒的帧率传输 720 像素×576 像素的分辨率，在图像质量和色彩再现方面更为出色。此外，NTSC 制式采用 YIQ 色彩编码，PAL 制式则采用 YUV 色彩编码，前者在动态场景上表现较好，而后者则在静态和色彩表现上更具优势。这些差异导致两种制式在不同地区和应用环境中的使用效果和接受度各不相同。

不过，由于这两种制式之间的差异，NTSC 制式和 PAL 制式的视频信号通常无法直接互相兼容，这在视频播放设备、录像机和电视机中表现得尤为明显。在国际流行的多媒体设备中，许多现代设备支持多种制式，以便适应不同地区的播放需求。

8.1.2　信号频点

遥控链路通常采用 2.4GHz 频段进行通信，而图传链路一般约定俗成地采用 5.8GHz 频段。5.8GHz 频段范围为 5725MHz~5850MHz，共有 125MHz 带宽。按照有关国家标准要求，这些带宽被划分为若干信道，赋予不同的用途。在具体使用时，应当遵守相应的法律法规。

在常见的无人机模拟图传设备中，无线图传可以运行在如表 8-1 所示的频点中。当然，不同品牌和配置的图传设备其信号频点也不尽相同。

表 8-1 5.8GHz 图传的常见频点

信号组	CH1	CH2	CH3	CH4	CH5	CH6	CH7	CH8
A	5865MHz	5845MHz	5825MHz	5805MHz	5785MHz	5765MHz	5745MHz	5725MHz
B	5733MHz	5752MHz	5771MHz	5790MHz	5809MHz	5828MHz	5847MHz	5866MHz
C	5705MHz	5685MHz	5665MHz	5645MHz	5885MHz	5905MHz	5925MHz	5945MHz
D	5740MHz	5760MHz	5780MHz	5800MHz	5820MHz	5840MHz	5860MHz	5880MHz
E	5658MHz	5695MHz	5732MHz	5769MHz	5806MHz	5843MHz	5880MHz	5917MHz
F	5362MHz	5399MHz	5436MHz	5473MHz	5510MHz	5547MHz	5584MHz	5621MHz

这些频点被分为 CH1~CH8 共 8 个信号组，并且每个信号组包括 A~F 共 6 个频点。需要注意的是，使用这些频段的时候需要注意相关的法律法规。

8.1.3 设备选型

一套完整的模拟图传设备包括天空端和地面端两个部分。

- 天空端：主要包括摄像头和发射机，即视频发射机。
- 地面端：主要包括接收机和显示屏，即视频接收机，也可以使用专用的 FPV 眼镜实现。

典型的连接方式如图 8-2 所示。

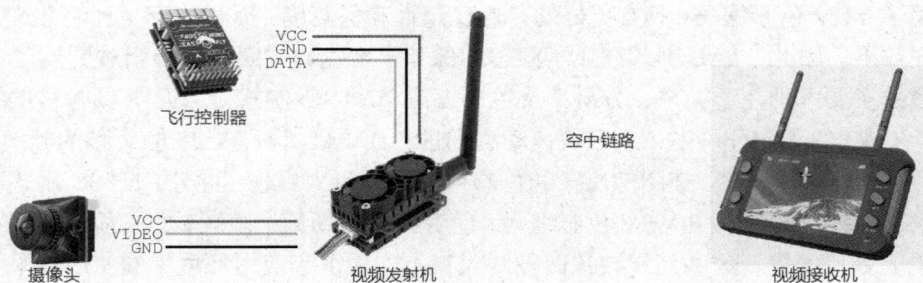

图 8-2　典型的连接方式

1. 摄像头

模拟图传的摄像头通常具有以下特征。

- 外观设计小巧：模拟图传通常用于穿越机领域，较少用于视频图像采集，多用于无人机的操作控制。因此，多数模拟图传的摄像头设计得非常紧凑，长度和宽度一般设计为 19mm，质量小于 10g；并且镜头的视角角度大，便于观察周围的情况。
- 视频输出简单：模拟摄像头的输出一般采用 CVBS（Composite Video Broadcast Signal，

复合视频广播信号）接口。CVBS 接口的特点是采用单线传输视频信号，包含了亮度信号、色度信号与同步信号。也正因为如此，由于色差和亮度信息的干涉，特别是在信号微弱时，会导致输出图像的清晰度下降。

- 夜视能力强劲：为了更好地观察无人机周围的情况，模拟图传的动态范围一般较宽，并且较大的 CCD 感光元件输出较低分辨率的图像，可以通过复合感光值的方式进行重采样，提高输出图像的亮度。

2. 发射机

模拟图传的发射机一般设计得也比较小巧，并且通常具有较大的功率。因此，图传发射机一般需要设计较大的散热片或者较好的风扇散热系统。模拟图传的摄像头和发射机是直接连接的。但是，由于模拟图传一般不用于视频和图像的采集，所以通常飞行控制器会通过 AT7456、MAX7456 等将重要数据显示在视频流中，这些数据也称为 OSD（On-Screen Display）数据，如图 8-3 所示。

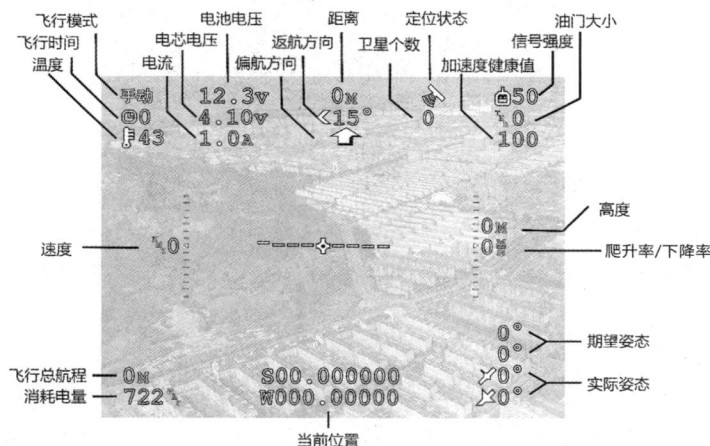

图 8-3　5.8GHz 模拟图传的 OSD 显示

视频字符叠加芯片通常设计到飞行控制器中，因此摄像头和发射机不再直接连接，而是将两者均接入飞行控制器，飞行控制器通过视频字符叠加芯片将有关数据加入到图传视频流中，如图 8-4 所示。

图 8-4　通过飞行控制器叠加视频字符

AT7456 的固件中包含了许多 12 像素×18 像素的内置字符，如图 8-5 所示。当然，开发者也可以写入特殊的字符用于显示特定的信息。

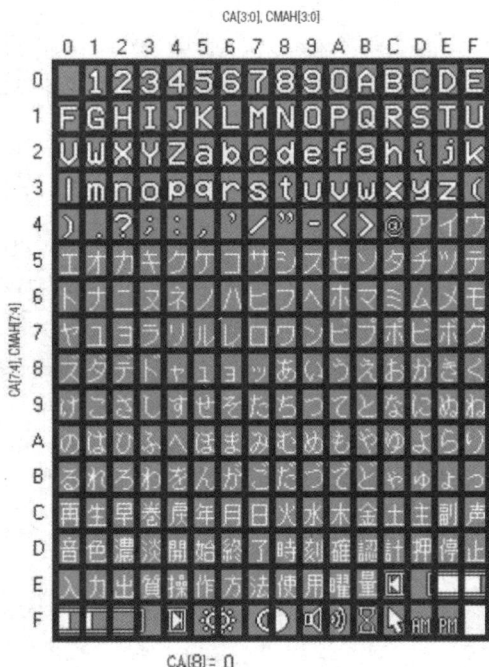

图 8-5　AT7456 字符库

3. 地面端设备

地面端设备通常包含视频接收机和显示设备。为了方便操作，视频接收机和显示设备通常设计为一体。视频接收机最为重要的设备就是天线。天线的增益是一个关键因素，高增益天线能提升信号接收能力，增大传输距离和增强清晰度，但其指向性较强，适合于需要较远距离传输的应用；而低增益天线则具有较宽的接收角度，更适合于动态或多方向的接收需求。两者可以配合使用，例如，可以同时为视频接收机装配全向天线和定向天线。

当然，为了更加专注地操作无人机，可以选择 FPV 眼镜、FPV 眼罩，尝试类似第一人称的方式操作无人机。FPV 眼镜具有两块屏幕分别贴近两只人眼；FPV 眼罩通常具有一块屏幕，需两只人眼同时观看，如图 8-6 所示。

（a）FPV 眼镜　　　　　　　　　　　（b）FPV 眼罩

图 8-6　FPV 眼镜和 FPV 眼罩

4．天线

天线的选型同样重要，一对好的天线可以大大提高传输距离和系统效能。无论是模拟图传，还是数字图传，目前绝大多数的图传系统均采用 5.8GHz 的图传频率，因此需要选择该频率下的天线。常见的天线形态如图 8-7 所示。

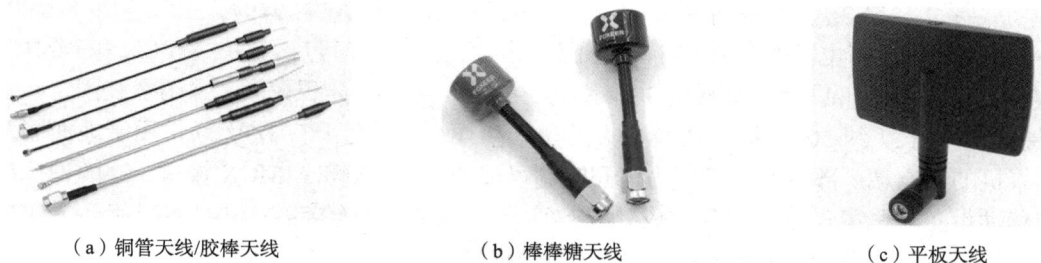

（a）铜管天线/胶棒天线　　　　　　（b）棒棒糖天线　　　　　　（c）平板天线

图 8-7　常见的天线形态

其中，铜管天线/胶棒天线和棒棒糖天线是全向天线，通常在天空端使用。平板天线为定向天线，通常在地面端使用，并指向无人机飞行的方向。通常，全向天线可以在水平方向提供均匀的信号强度，而定向天线则针对某个方向上的信号进行优化，全向天线和定向天线的波瓣图如图 8-8 所示。定向天线对于定向能力的强弱可以通过增益表述，常以分贝为单位。定向天线一般比全向天线具有更高的增益，因此其增益值更大。

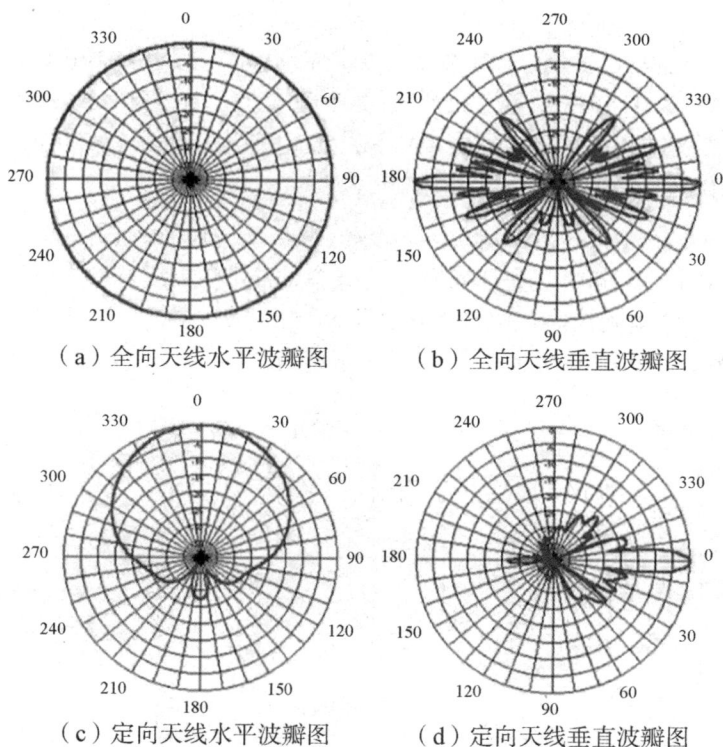

（a）全向天线水平波瓣图　　　　　　（b）全向天线垂直波瓣图

（c）定向天线水平波瓣图　　　　　　（d）定向天线垂直波瓣图

图 8-8　全向天线和定向天线的波瓣图

天线的型号需要与天线的频率相对应。例如，5.8GHz 图传系统不建议使用 2.4GHz 天线，否则将会因为阻抗不匹配导致天线和发射机发热甚至损坏。

另外，天线的接口也需要考究。在无人机上，常用的天线接口包括 SMA、IPEX 和 MMCX（Micro-Miniature Coaxial）等，如图 8-9 所示。其中，SMA 接口体积较大，采用螺纹固定，耐振动且插拔寿命长（约 5000 次），支持更大的功率和频率（可达 18GHz），通常用于地面端及大型无人机的天空端。部分无人机因为体积限制可以使用 IPEX 和 MMCX 接口，这两种接口都是在移动设备（紧凑设备）兴起时成熟并被官方应用的小型连接器，并且可以旋转天线方向，不过插拔起来需要更加小心谨慎，很容易被损坏。

（a）MMCX　（b）IPEX　（c）SMA

图 8-9　常用的天线接口

IPEX 接口是 I-PEX 公司生产的接口产品，包括 IPEX1、IPEX2、IPEX3、IPEX4 和 IPEX5 等多代产品，其中每一代产品的接口大小存在一定的区别。通常，IPEX1 接口的使用更加广泛，因此前面所说的 IPEX 接口指 IPEX1 接口。

天线的极化（Polarization）也是非常重要的概念，需要在天线选型中着重考虑。天线的极化是指天线辐射或接收电磁波时，电场矢量在空间中的振动方向。常见的极化包括线极化、圆极化和椭圆极化，如图 8-10 所示。

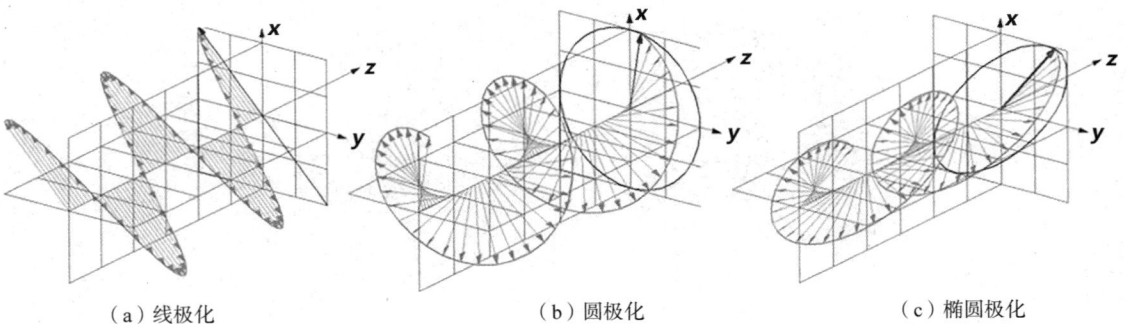

（a）线极化　（b）圆极化　（c）椭圆极化

图 8-10　常见的极化

　　两个线极化的电磁波，如果没有相位差，那么其合成还是线极化。但是，如果两个线极化的电磁波存在相位差，那么其合成为椭圆极化。如果相同强度的电场之间的相位差正好为90°，那么其合成为圆极化。事实上，线极化和圆极化是理想的椭圆极化特例。对于实际的天线，一般都是椭圆极化。

　　一般来说，铜管天线/胶棒天线通常为垂直线极化，因此天空端的天线和地面端的天线都需要保持垂直才可以达到较好的效果；棒棒糖天线通常为圆极化；平板天线既可以是线极化也可以是圆极化。一般来说，由于无人机的飞行姿态变化不会太大，因此线极化天线更加适合于固定翼无人机；圆极化天线更加适合于多旋翼无人机（特别是机动动作较大的穿越机）。另外，圆极化天线的绕射性能更好，对于穿越机等多旋翼无人机来说可以提高其在复杂环境中的信号稳定性。

　　对于图传的天空端和地面端来说，天线的极化需要匹配。相同极化方式的天线具有更好的传输效果。对于圆极化天线来说，其还包括左旋圆极化（Left-Hand Circular Polarization，LHCP）和右旋圆极化（Right-Hand Circular Polarization，RHCP）。同样，自旋方向的天线将会有更好的传输效果。

> 一种约定俗成的用法是，模拟图传常采用右旋圆极化；数字图传常采用左旋圆极化。

　　如果地面端使用线极化，而天空端使用圆极化，则理论上增益将会减少 3dB；如果双方分别为左旋圆极化和右旋圆极化，那么理论上增益会减少 30dB。有一些接收天线为了获得更好的接收效果，会将左旋圆极化、右旋圆极化融合起来，或者将垂直线极化和水平线极化组合起来，称为双极化天线。双极化经常用于地面端，以便获得更好的接收效果。

8.2　数字图传

　　数字图传传输的是数字信号，需要编码和解码，链路过程也更加复杂，需要额外的、强大的编/解码芯片。常见的数字图传系统有多个品牌和型号，可以满足不同应用需求。DJI 的数字图传系统如 Lightbridge 和 OcuSync，以其高质量图像和低延迟著称，适合于专业航拍和无人机控制。TerraSync 提供高清晰度和强抗干扰能力，适合于无人机监控。Connex 系列（如 Connex Mini 和 HD）为影视制作提供无延迟、高分辨率的视频传输解决方案。针对 FPV 爱好者，Shark Byte 和 DJI FPV 系统提供了优质的实时图像传输，确保低延迟和高清晰度。此外，Runcam 和 GepRC 等品牌也推出了多种 FPV 数字图传，方便用户进行设置并获得优质视频。用户可以根据具体需求和预算选择合适的数字图传系统，以提高飞行体验和画质表现。

　　除了上述数字图传系统，OpenIPC 也是非常重要的图传工具。OpenIPC 是一款专为网络摄像机设计的开源固件，旨在替代那些封闭、不透明、不安全、经常被厂商抛弃且不再提供支持的预装固件。它主要针对使用 ARM 和 MIPS 处理器的网络摄像机，提供完全开放的源代码，允许用户自由使用、复制、修改源代码，甚至可以作为专利软件的一部分。OpenIPC 的源代码在 MIT 开源许可协议下发布，鼓励用户将改进贡献回项目，以促进共同发展和改进。在开源的支持下，OpenIPC 也可以作为无人机的数字图传系统，其性能已经逐渐向商业闭源的大疆 OcuSync 技术靠拢。

下面重点介绍 OcuSync 数字图传和 OpenIPC 数字图传。

8.2.1　OcuSync 数字图传

大疆图传系统的接收端只能为 Goggles 2、FPV 飞行眼镜 V2 等，不能通过普通的遥控器或其他地面装置接收图传信号，并且官方推荐并支持的飞行控制器为 Betaflight 固件，因此大疆图传系统本身的定位是，主要用于 FPV 竞技或者娱乐飞行，产品主要包括 DJI FPV 和 DJI O4 天空端等，如图 8-11 所示。

图 8-11　DJI O4 天空端

1. OcuSync 数字图传的历史

OcuSync 数字图传起源于大疆的 LightBridge 数字图传。LightBridge 数字图传是大疆早期的自有数字图传技术，如在 Phantom 4 Pro 上标配了双频 Lightbridge 高清数字图传系统，信号传输距离达 7km。LightBridge 使用的是单向广播数据的方式，在较远的飞行距离下，数字图传延时仍能稳定保持为 100~200ms。

OcuSync 数字图传的主要版本如下。

- OcuSync 1.x 和 2.x：OcuSync 首次被应用在 Mavic Pro 无人机上，最远提供了 13km 的数字图传。在 Mavic 2 上，首次搭载了 OcuSync 2.0 系统，并随后在 Mini 2 和 Mini 3 系列等无人机中也配备了 OcuSync 2.0 系数。OcuSync 2.0 相比上一代支持更长的传输距离和更高的图传分辨率，同时降低了延迟和干扰，提高了视频传输的质量和稳定性。此外，OcuSync 2.0 还支持双通道传输，可以在不同频段之间自动切换以获得最佳信号质量。
- OcuSync 3.x：简称 O3，最高图传码率提高到 40 Mbit/s，被应用在 DJI FPV、Mavic 3、Mini 3 Pro、Inspire 3 等无人机上。大疆专门为穿越机市场推出了图传套件 O3 Air Unit。另外，OcuSync 3.x 包括两个演进版本，分别为 O3+ 和 O3 Pro。
- O3 +：在 Mavic 3 Pro、Mavic 3 Classic、DJI RC Pro、DJI Goggles 2 等设备上使用，例如，DJI O3 天空端就采用了 O3+ 技术。O3+ 技术图像传输距离达 15km，稳定的信号令画面显示更加连贯，可传输 1080p/60fps 的高清、高帧率的图传画质。
- O3 Pro（O3 图传行业版）：在原有 2.4GHz 与 5.8GHz 的基础上新增了动态频率选择

（Dynamic Frequency Selection，DFS）技术，DFS 信道提高了带宽，可以提供 4K/30fps 超高清图传，最大传输距离可以达到 15km，主要运用在行业机中。

- OcuSync 4（O4）：目前，OcuSync 最新的版本为 O4。O4 图传已经应用在 DJI Air 3 和 DJI Mini 4 Pro 等最新的无人机中，进一步提高了传输稳定性，使无人机飞行更安全；并且最高支持 1080p/60fps 图像传输。

2025 年 1 月，大疆发布了 DJI O4 天空端产品。DJI O4 天空端分为两个版本，分别是 O4 Air Unit 和 O4 Air Unit Pro，前者质量很小，适合于小型穿越机，最长传输距离为 10km；后者质量适中，适合于更加大型的无人机，最长传输距离达到 15km。DJI O4 天空端将延时降低到了 15ms，并且可以拍摄 4K 视频。

2. OcuSync 数字图传的接线

DJI O4 天空端所支持的设备较广泛，主要包括 DJI 飞行眼镜 N3、DJI 飞行眼镜 3、DJI 飞行眼镜一体版、DJI Goggles 2、DJI FPV 遥控器 3、DJI FPV 遥控器 2 等。DJI O4 图传可以与上述飞行眼镜和遥控器同时建立遥控链路和图传链路，其通信频率如下。

- 遥控链路：接收来自 DJI FPV 遥控器 2 或 FPV 遥控器 3 的 2.400~2.4835GHz 信号（天空端无发射装置）。
- 图传链路：在 5.170~5.250GHz 和 5.725~5.850GHz 频率范围内发射和接收信息。

> **提示**
>
> 数字图传（包括 DJI O4 图传等）需要较大的算力，因此发热量较大，建议安装到靠近桨叶的位置，利用下洗气流或者后洗气流对其进行散热。

由于 DJI O4（包括 O3）天空端包含了上述遥控链路和图传链路，因此其接线也同时包含遥控链路、图传链路和电源的接线，因此其接口也称为三合一接口，如图 8-12 所示。

PIN 1 红：电源（O4:3.7~13.2V, O4 Pro:7.4~26.4V）
PIN 2 黑：电源 GND
PIN 3 白：UART_RX（接飞行控制器 OSD TX，0~3.3 V）
PIN 4 灰：UART_TX（接飞行控制器 OSD RX，0~3.3 V）
PIN 5 棕：信号 GND
PIN 6 黄：DJI HDL（接飞行控制器 S.Bus，0~3.3 V）

图 8-12　O4 三合一接口

O4 三合一接口可以设置图传回传内容和遥控链路信号。在 UART_RX 和 UART_TX 中，可以在图传数据中添加 OSD 内容，以便于显示当前的飞行状态，这与模拟图传的 OSD 信息是类似的。在 DJI HDL 中，可以通过 MSP 协议传输遥控信号数据。

8.2.2　OpenIPC 数字图传

OpenIPC 技术是全开源的，相对于大疆 O4 数字图传不仅有更高的性价比，同时也更加适合于二次开发、商业应用和技术研究，体现了数字图传的核心技术。OpenIPC 的本质是一套开源操作系统，是在 MIT 开源许可协议下发布的。OpenIPC 是依赖 Buildroot 构建的 Linux 发行版，利用 Majestic、Mini 或 Venc 流处理器对摄像头采集的图像进行处理和发布。

> **提示** Buildroot 是一个开源的嵌入式 Linux 系统自动构建框架，旨在简化和加速嵌入式 Linux 系统的开发过程。在许多开源的 Linux 操作系统中（如 OpenWRT、OpenEmbedded 等）都可以看到 Buildroot 的影子。

OpenIPC 支持的硬件包括瑞芯微、海思、全志等硬件产品，OpenIPC 官网也针对这些产品提供了预编译的固件，方便开发者安装和使用。

> **提示** 与 OpenIPC 类似，OpenHD 开源项目也提供了数字图传的实现方案，不过其性能要低于 OpenIPC。

OpenIPC 设计的核心技术包括视频传输系统 OFDM 调制技术和 WiFibroadcast 技术等。下面，将对这些技术和相关依赖做简要介绍。

1. 主要技术

1）OFDM 调制

OFDM（正交频分复用）调制是一种近年来广泛应用于无线通信领域的调制技术，它通过将高速数据流分割成多个低速数据流，在多个正交子载波上同时传输，从而提高频谱利用率。OFDM 调制的优势在于其抗多径效应和频率选择性衰落的能力，特别适合在复杂环境中进行高数据率传输。OFDM 调制广泛应用于 4G/5G 移动通信、Wi-Fi 网络和数字电视广播。

在大疆的数字图传和 OpenIPC 中，都直接或者间接应用了 OFDM 调制技术，可以有效应对信号干扰和拥塞问题，极大地提升了流媒体视频的传输稳定性和画质。此外，OFDM 调制在网络带宽的合理利用和扩展性上也具有诸多优势，使得系统在处理高负载或多用户场景时依然能够保持良好的性能。

2）WiFibroadcast

OpenIPC 采用普通的 Wi-Fi 硬件实现，因此可以显著地降低成本。但是 OpenIPC 并不直接使用普通的 Wi-Fi 技术，这是因为普通 Wi-Fi 技术是双向无差错的传输技术，需要进行复杂的握手认证，且安全性、数据完整性要求较高，所以并不适合于图传应用。

> **提示** 普通 Wi-Fi 技术具有速率控制功能，在信号较弱的情况下会显著降低传输速度，在图传应用中降低到必要的传输带宽以下会使图传信号无法正常地在地面端显示出来。

OpenIPC 采用 WiFibroadcast 技术具有以下优势。

（1）单向性。WiFibroadcast 采用 UDP 协议进行数据传输广播，相比传统的 TCP/IP 协议，具有更低的延迟，能够在较短的时间内传输数据。并且，WiFibroadcast 客户端并不向服务端发送数据，也免去了握手和校验规则（发送端不参与分析接收端的状态），使得连接更加可靠。

（2）可靠性。WiFibroadcast 使用前向纠错（Forward Error Correction）技术，能够在低带宽的情况下提高传输可靠性。即使在信号不佳或数据包丢失的情况下，其也能通过纠错技术修复一定的数据错误，从而保证数据传输的稳定性。

（3）多接收性。该技术允许发送方不论接收方是否存在都将广播数据，实现了"单发送 – 多接收"模式。只要接收机在信号覆盖范围内，就能接收到数据，类似于模拟信号的传播效果。这种特性使得多个接收机可以同时接收同一数据流，而不需要建立复杂的连接关系。

不过，OpenIPC 不仅可以使用 Wi-Fi 硬件进行 2.4GHz 和 5.8GHz 频段的视频传输，还可以借助 ExpressLRS 等硬件在 433MHz、868MHz、915MHz 等频率上工作，只不过因其成本较高，且容易和其他设备的工作频率产生冲突，因此应用较少。

2. 相关依赖

1）WFB-ng

WFB-ng（Wi-Fi Frame Buffer next generation）是基于原始 Wi-Fi 设备的下一代远程图传链路解决方案技术，其主要特点如下。

- 成本低廉：该技术采用传统的 Wi-Fi 设备（目前支持的设备有 RTL8812au 和 Atheros AR9350），这些硬件因大规模的工业生产非常容易采购到，且价格低廉。
- 扁平协议：该技术并没有直接采用通常意义上的 Wi-Fi 协议，而是通过 WiFiboardcast 技术来更加高效地传递数据包，避免普通 IEEE 802.11 协议栈的距离和延迟限制。因此，该技术提供的图传数据延迟要比普通的 Wi-Fi 协议低得多。
- 支持双向 MAVLink：支持通过 MAVLink 链接进行双向遥测，可用于无人机的控制和数据传输。
- 全链路加密和验证：使用 libsodium 库进行加密和验证，确保数据传输的安全性。
可以将 WFB-ng 理解为 WiFiboardcast 在视频传输方面的技术实现。

2）Majestic

Majestic 是 OpenIPC 官方采用的通用网络摄像机流媒体组件，是绝大多数固件所采用的流媒体技术（对于部分设备和固件则采用 Mini 和 Venc 流媒体组件，不过相对小众）。该项目是 OpenIPC 固件的主要部分，不过因为资金和成熟度等问题，目前没有完全开源。

Majestic 支持多种不同的终端，如图 8-13 所示，可以输出 MJPEG、fMP4 视频流，也可以通过 RTSP、HSL、WebRTC 等协议进行直播。在 OpenIPC 的官方网站可以了解这些终端的具体地址和使用方式。

图 8-13　Majestic 支持多种不同的终端

3）vdec

vdec 是 OpenIPC 的数据流解码组件，仅存在于地面端，用于将空中传递的数据流解码为一般视频流格式，以便在地面端设备上显示。通过 vdec 组件，可将编码数据流转换为可以显示的帧图像。

> **提示**
>
> 通常，Majestic 组件存在于天空端用于视频编码，vdec 组件存在于地面端用于视频解码。

4）datalink

在 OpenIPC 中，datalink 是一个基础软件包，用于通过 Wi-Fi 或 LTE 建立数据通信链路，确保设备与外部系统之间可靠的数据传输。在 OpenIPC 中，datalink 处于更加底层的位置。

8.3　OpenIPC 开发基础

OpenIPC 是一个非常具有研究价值的图传开源项目，在无人机二次开发中具有非常重要的地位，也是开发者非常活跃的前沿阵地。本节介绍 OpenIPC 源代码的编译构建和烧录的基本方法。

8.3.1　OpenIPC 源代码结构

代码托管网站中包含了 OpenIPC 固件的源代码，共包括如下所示的目录。

- br-ext-chip-ambarella：安霸半导体设备相关配置。
- br-ext-chip-grainmedia：升迈科技设备相关配置。
- br-ext-chip-rockchip：瑞芯微设备相关配置。
- br-ext-chip-anyka：安凯微电子设备相关配置。
- br-ext-chip-hisilicon：海思设备相关配置。
- br-ext-chip-sigmastar：星宸科技设备相关配置。
- br-ext-chip-fullhan：富瀚微电子设备相关配置。
- br-ext-chip-ingenic：北京君正设备相关配置。
- br-ext-chip-ti：德州仪器设备相关配置。
- br-ext-chip-allwinner：全志科技设备相关配置。
- br-ext-chip-goke：国科微设备相关配置。
- br-ext-chip-novatek：联咏科技设备相关配置。
- br-ext-chip-xiongmai：雄迈模组设备相关配置。
- general：通用代码和配置。
- Makefile：构建文件。
- output：输出结果（构建后存在）。
- LICENSE：MIT 开源许可文件。
- README.md：帮助文件。

由于 OpenIPC 支持海思、星宸、全志等众多品牌的设备，不同设备厂商的配置信息不同，因此将对应的配置文件和有关附属文件单独放置到以 br-ext-chip-开头的目录中。对于全部设备所需的通用代码和配置，均放置到 general 目录中。

general 目录中还包括以下文件目录结构。

- overlay：Linux（Buildroot）的主要文件。
- package：主要依赖包和软件包。
- scripts：主要脚本文件。
- Config.in：全局配置文件。
- external.desc：General 目录的描述文件。
- external.mk：Makefile 的一部分，用于指导如何编译外部依赖项。
- openipc.fragment：OpenIPC 配置文件，定义了若干环境变量。
- toolchain.mk：工具链相关配置脚本文件。

对于 OpenIPC 来说，最为重要的依赖包就是 WiFiboardcast。在 general/package/wifiboardcast/files 目录中，存储了许多重要的配置文件。例如，wfb_drone.conf 定义了天空端的常见配置选项，wfb_gs.conf 定义了地面端的常见配置选项。该目录中还包括了 drone.key 和 gs.key 密钥文件，分别存储在天空端和地面端，用于加密通信。

8.3.2　OpenIPC 编译构建

OpenIPC 需要在 Linux 环境下编译。目前，鉴于较早的 Ubuntu 版本可能会出现编译异常和固件不完整的情况，官方建议 2024 年 12 月 1 日之后的 OpenIPC 源代码采用不低于 22.04.4 LTS 的 Ubuntu 版本进行构建，推荐使用 24.04 LTS 版本。

在 Windows 环境下，可以借助 WSL 2（Windows Subsystem for Linux 2）安装 Ubuntu 子系统，其安装的一般命令如下。

```
wsl -l -o                          # 查询可用的 Ubuntu 版本
wsl --install -d Ubuntu-24.04      # 安装 Ubuntu 24.04 LTS 版本
```

> **提示**　关于 WSL 2 的相关用法可以参考 4.1 节的相关内容。

安装完成后，即可使用 Ubuntu 24.04 的命令行，如图 8-14 所示。

图 8-14　Ubuntu 24.04 命令行

OpenIPC 源代码编译构建的主要过程如下。

（1）下载 OpenIPC 源代码仓库。

（2）安装有关构建工具。

（3）设置 Buildroot 的目录树位置。

（4）构建 OpenIPC 固件。

1. 下载 OpenIPC 源代码仓库

随后，需要通过 git 命令下载 OpenIPC 的源代码仓库，命令如下。

```
git clone https://github.com/OpenIPC/firmware.git openipc-firmware
```

下载完成后，输出结果类似如下。

```
Cloning into 'openipc-firmware'...
remote: Enumerating objects: 50292, done.
```

```
remote: Counting objects: 100% (130/130), done.
remote: Compressing objects: 100% (60/60), done.
remote: Total 50292 (delta 102), reused 77 (delta 69), pack-reused 50162 (from 3)
Receiving objects: 100% (50292/50292), 199.56 MiB | 6.24 MiB/s, done.
Resolving deltas: 100% (29691/29691), done.
Updating files: 100% (3224/3224), done.
```

2. 安装有关构建工具

安装 OpenIPC 构建的工具有两种方式：第一种是借助 make 脚本安装；第二种是手动安装。

（1）借助 make 脚本安装工具。在 openipc-firmware 目录中通过以下 make 命令安装工具。

```
sudo make deps
```

当然，如果出现 make 命令不存在的提示，那么可以安装 make 命令。

```
sudo apt install make
```

> **提示**
>
> 如果出现找不到安装源的错误提示，那么可以通过 sudo apt update 命令更新 apt 源解决此问题。

（2）手动安装工具。直接在命令行中执行 apt-get install 命令安装工具，命令如下。

```
sudo apt-get install -y automake autotools-dev \
  bc build-essential cpio \
  curl file fzf git libncurses-dev libtool \
  lzop make rsync unzip wget libssl-dev
```

稍等片刻后，以上依赖将会自动安装完成。

3. 设置 Buildroot 的目录树位置（非必须）

OpenIPC 采用 Buildroot（一种轻量级的 Linux 发行版）作为操作系统基底，默认每次编译 OpenIPC 时都会构建一套 Buildroot 的源目录树，这是非常耗时的过程。为了加速每次构建的流程，开发者可以指定一个永久的 Buildroot 源目录树位置，这样每次构建都会采用相同的源目录树。当然，这个过程是非必须的，不执行此步骤只会导致编译较为缓慢而已。

在 OpenIPC 中，使用 BR2_DL_DIR 变量指定源目录的指定位置。因此，我们可以修改 Ubuntu 的 .profile 文件，在每次登录账户时创建这个 BR2_DL_DIR 变量。例如，将源目录指定为主目录的 buildroot_dir，则只需要在 .profile 文件中添加以下代码。

```
# OpenIPC 编译所使用的 Buildroot 目录
BR2_DL_DIR="${HOME}/buildroot_dir"
[ ! -d "$BR2_DL_DIR" ] && mkdir -p $BR2_DL_DIR
export BR2_DL_DIR
```

通过以下命令重新执行 .profile 文件，代码如下。

```
source ~/.profile
```

4. 构建 OpenIPC 固件

进入 openipc-firmware 源代码目录，通过 make 命令构建 OpenIPC 固件。

```
make
```

如果是在 WSL 2 环境下编译，由于在 PATH 环境变量中引入了 Windows 路径，那么将会出现"Your PATH contains spaces, TABs, and/or newline () characters."错误提示，因此可以尝试使用以下命令进行编译，覆盖原有的 PATH 环境变量。

```
PATH=/usr/local/sbin:/usr/local/bin:/usr/sbin:/usr/bin:/sbin:/bin make
```

此时，需要选择目标设备（开发板），如图 8-15 所示。

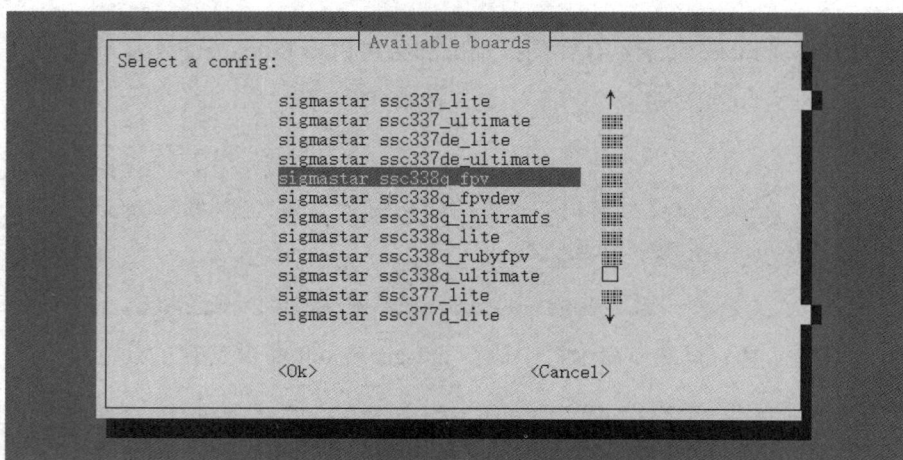

图 8-15　选择目标设备

对于 SigmaStar SSC338Q 设备来说，可以选择 sigmaster ssc338q_fpv 固件用于数字图传，按下"Enter"键即可开始编译。由于 OpenIPC 构建所涉及的依赖很多，因此编译过程将会持续 20min 左右（因计算机性能的不同而存在一定差异）。

> 提示：在构建过程中需要下载相关依赖，因此需要保持网络畅通。

对于 Ubuntu 环境下的编译，可能会出现"tar：This does look not like a tar archive"错误提示。此类错误的产生原因是 make 脚本中的 wget 命令无法正确地进行身份验证，解决方法是在源代码目录中的 Makefile 中对 wget 命令添加"‐ca-directory=/etc/ssl/certs"参数，prepare 部分下的代码如下所示。

```
prepare:
    @if test ! -e $(TARGET)/buildroot-$(BR_VER); then \
        wget -c -q --ca-directory=/etc/ssl/certs \
```

```
        $(BR_LINK)/$(BR_VER).tar.gz -O $(BR_FILE); \
        mkdir -p $(TARGET); tar -xf $(BR_FILE) -C $(TARGET); fi
```

general/external.mk 文件中的 wget 命令也需要增加上述参数，代码如下。

```
export WGET := wget --ca-directory=/etc/ssl/certs \
  --show-progress --passive-ftp -nd -t5 -T10
```

编译完成后，将会出现编译时间和 uImage 大小等提示，如图 8-16 所示。

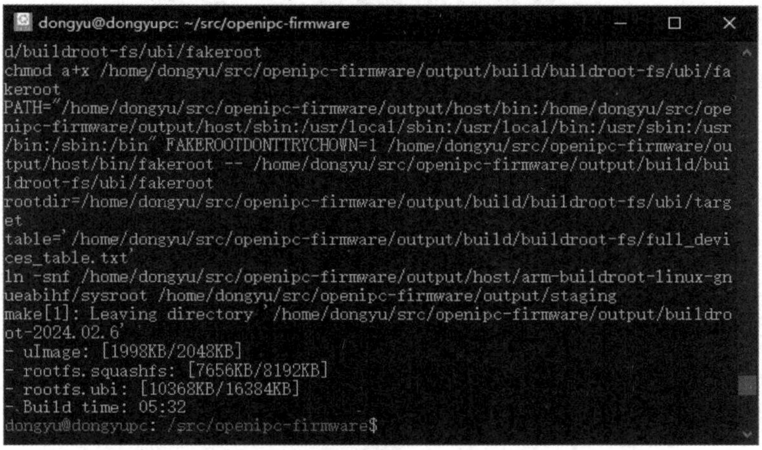

```
dongyu@dongyupc: ~/src/openipc-firmware
d/buildroot-fs/ubi/fakeroot
chmod a+x /home/dongyu/src/openipc-firmware/output/build/buildroot-fs/ubi/fa
keroot
PATH="/home/dongyu/src/openipc-firmware/output/host/bin:/home/dongyu/src/ope
nipc-firmware/output/host/sbin:/usr/local/sbin:/usr/local/bin:/usr/sbin:/usr
/bin:/sbin:/bin" FAKEROOTDONTTRYCHOWN=1 /home/dongyu/src/openipc-firmware/ou
tput/host/bin/fakeroot -- /home/dongyu/src/openipc-firmware/output/build/bui
ldroot-fs/ubi/fakeroot
rootdir=/home/dongyu/src/openipc-firmware/output/build/buildroot-fs/ubi/targ
et
table='/home/dongyu/src/openipc-firmware/output/build/buildroot-fs/full_devi
ces_table.txt'
ln -snf /home/dongyu/src/openipc-firmware/output/host/arm-buildroot-linux-gn
ueabihf/sysroot /home/dongyu/src/openipc-firmware/output/staging
make[1]: Leaving directory '/home/dongyu/src/openipc-firmware/output/buildro
ot-2024.02.6'
- uImage: [1998KB/2048KB]
- rootfs.squashfs: [7656KB/8192KB]
- rootfs.ubi: [10368KB/16384KB]
- Build time: 05:32
dongyu@dongyupc:~/src/openipc-firmware$
```

图 8-16　OpenIPC 编译完成后的提示

进入源代码的 output/images 目录，会查看到 make 命令构建的 OpenIPC 固件，如图 8-17 所示。

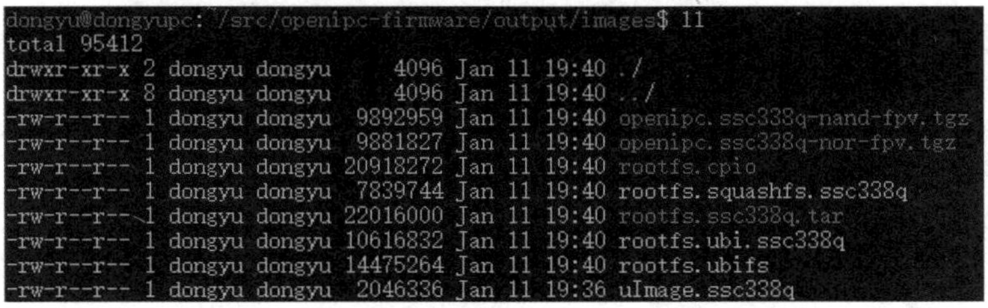

```
dongyu@dongyupc:~/src/openipc-firmware/output/images$ ll
total 95412
drwxr-xr-x 2 dongyu dongyu     4096 Jan 11 19:40 ./
drwxr-xr-x 8 dongyu dongyu     4096 Jan 11 19:40 ../
-rw-r--r-- 1 dongyu dongyu  9892959 Jan 11 19:40 openipc.ssc338q-nand-fpv.tgz
-rw-r--r-- 1 dongyu dongyu  9881827 Jan 11 19:40 openipc.ssc338q-nor-fpv.tgz
-rw-r--r-- 1 dongyu dongyu 20918272 Jan 11 19:40 rootfs.cpio
-rw-r--r-- 1 dongyu dongyu  7839744 Jan 11 19:40 rootfs.squashfs.ssc338q
-rw-r--r-- 1 dongyu dongyu 22016000 Jan 11 19:40 rootfs.ssc338q.tar
-rw-r--r-- 1 dongyu dongyu 10616832 Jan 11 19:40 rootfs.ubi.ssc338q
-rw-r--r-- 1 dongyu dongyu 14475264 Jan 11 19:40 rootfs.ubifs
-rw-r--r-- 1 dongyu dongyu  2046336 Jan 11 19:36 uImage.ssc338q
```

图 8-17　make 命令构建的 OpenIPC 固件

8.3.3　OpenIPC 天空端的烧录

对于 OpenIPC 固件的烧录，除了使用上述自行编译的固件，还可以使用官网提供的预编译固件。本节介绍天空端设备烧录 OpenIPC 预编译固件的基本方法。对于自行编译的固件，下述步骤也可以作为参考。

OpenIPC 支持的设备众多，不仅可以使用成熟的 IPCamera 模组，也可以使用通用的开发板（如树莓派等）作为天空端硬件。但是，为了方便上机调试，建议开发者使用官方支持的摄像头模组作为开发硬件。本节以官方支持的安佳 800S 模组（见图 8-18）为例，介绍天空端烧录的基本方法。安佳 800S 模组采用星宸 SSC338Q 芯片，是被官方正式支持的解决方案。安佳 800S 模组高度集成了 Linux 的最小系统，以及 1/2.8 英寸 800 万像素黑光 CMOS 传感器，可以很方便地安装各类不同的镜头。

图 8-18　安佳 800S 模组

为了在安佳 800S 模组上烧录 OpenIPC 固件，需要通过串口和网线两种方式将其连接至计算机，如图 8-19 所示。由于安佳 800S 模组没有提供 5V 输出，因此建议使用一个 DC-DC 5V 输出的电源板为其供电。

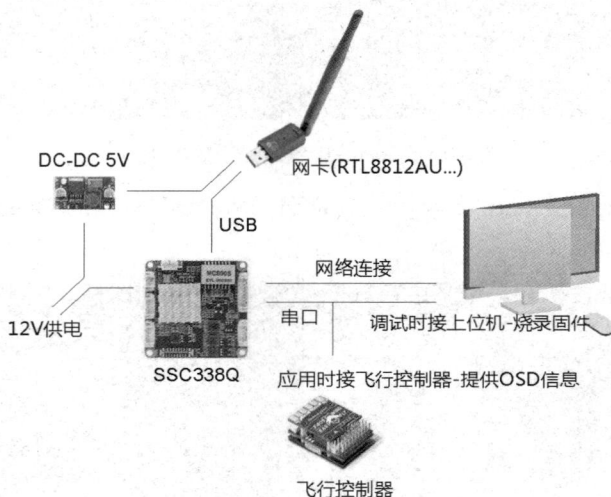

图 8-19　天空端烧录连接方式

> 提示
>
> 　　烧录完成后，该模块上的串口还可以用于连接飞行控制器，通过 MAVLink 协议接收各类数据，并通过图传链路发送到地面端以 OSD 的方式显示出来。

硬件连接完成后，即可在计算机中烧录 OpenIPC 固件。天空端的烧录方法包括两种：一种是通过串口烧录固件，适用于无法通过网络连接到摄像头时使用；另一种是通过 OpenIPC Configurator 烧录，这种烧录方法更快，但是需要当前固件已经是 OpenIPC 固件，适合于固件的重置和更新。下面分别介绍这两种烧录方法。

1. 通过串口烧录

通过串口烧录主要包括以下几个步骤。

- 在官方网站中生成安装指南。
- 搭建 TFTP 固件服务器，提供固件的下载地址。
- 在串口中执行烧录命令。

1）在官方网站中生成安装指南

首先，在 OpenIPC 官方网站的"SoC 支持的硬件"界面中找到官方支持的 SSC338Q 硬件，单击其右侧的"生成安装指南"选项，如图 8-20 所示。

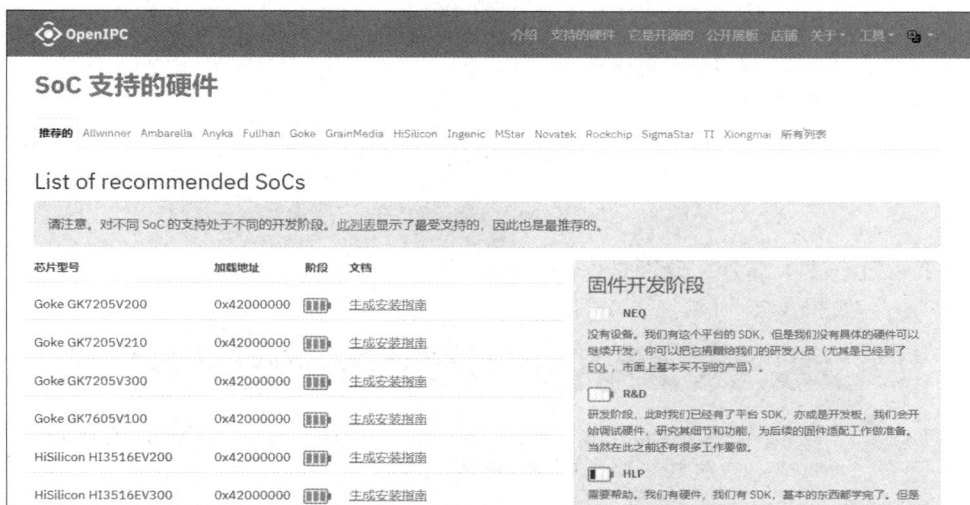

图 8-20　OpenIPC 支持的硬件

在生成安装指南界面中进行参数配置。

- 在"摄像头 MAC 地址"文本框中输入或生成随机的 MAC 地址。
- 在"摄像机 IP 地址"文本框中输入与上位机（本机）同网段且空闲的 IP 地址（注意避免 IP 冲突）。
- 在"TFTP 服务器 IP 地址"文本框中输入上位机（本机）的 IP 地址，稍后将会在本机启动 TFTP 服务，提供固件文件的下载/上传服务。
- 将"闪存芯片类型和容量大小"设置为"NOR 8M"。
- "固件版本"选择用于数字图传的"Rubyfpv"。
- "网络接口"选择"摄像机只有以太网络"。
- "SD 卡槽"选择"摄像机没有 SD 卡槽"。

> **提示**　对于其他的摄像头设备，开发者可以根据实际情况选择各个选项。

配置完成后，单击"生成安装指南"按钮，即可生成通过串口烧录固件的安装指南，如图 8-21 所示。

图 8-21　生成通过串口烧录固件的安装指南

安装指南包括两个部分，分别是保存原始固件的命令代码，以及烧录完整的 OpenIPC 固件的命令代码，如图 8-22 所示。

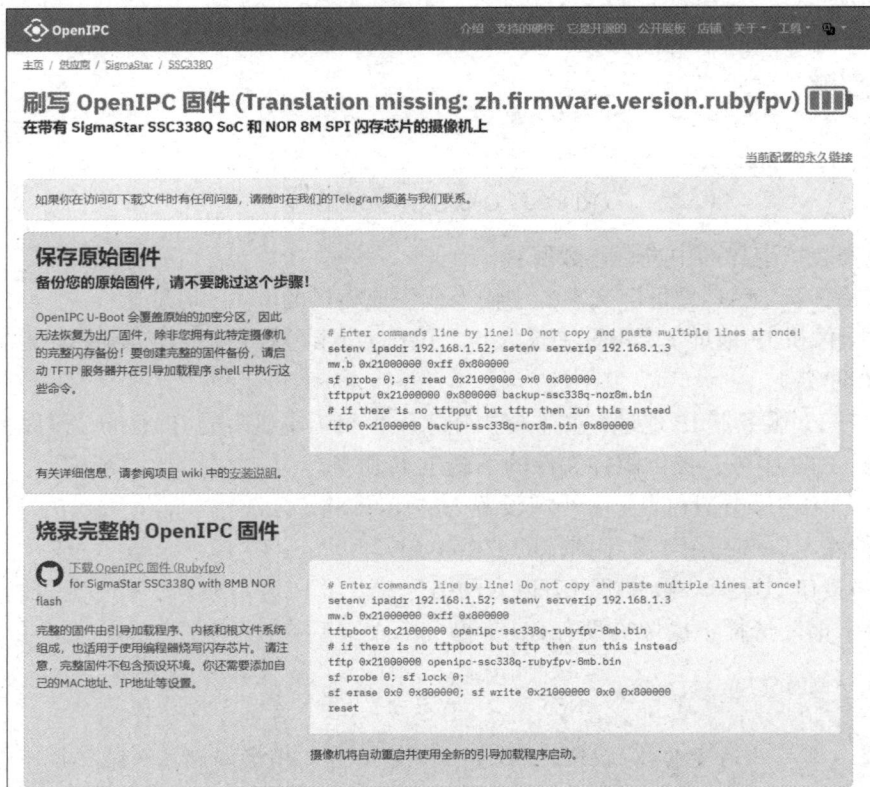

图 8-22　烧录完整的 OpenIPC 固件的命令代码

稍后，以上命令将用于固件的烧录。

2）搭建 TFTP 固件服务器，提供固件的下载地址

首先，在安装指南界面中，单击“下载 OpenIPC 固件（Rubyfpv）”选项，即可下载其固件文件 openipc-ssc338q-rubyfpv-8mb.bin。随后，启动 Tftpd64 软件，指定当前本机的 IP 地址和存有固件文件的目录，即可启动 TFTP 服务，如图 8-23 所示。

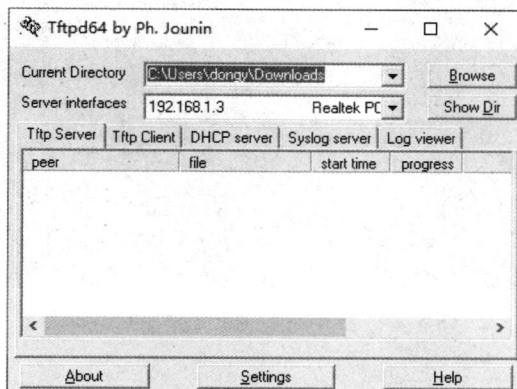

图 8-23　启动 TFTP 服务

在上述窗口中，TFTP 目录为 C:\User\dongy\Downloads，因此需要将已经下载的 openipc-ssc338q-rubyfpv-8mb.bin 固件放置到该目录中。

3）在串口中执行烧录命令

启动串口调试工具，连接对应的摄像机串口。启动摄像机电源，即可在串口调试工具中查看到相应的系统输出。在启动时，不停按下“Enter”键发送数据，直到进入 U-Boot 模式，此时串口的输出类似如下。

```
OpenIPC #
OpenIPC #
OpenIPC #
```

以上为 OpenIPC 操作系统下的串口输出。对于其他类型的 Linux 系统，其命令行可能有所不同，但均应当以#号结尾（表示当前为 root 用户）。在 U-Boot 模式中，分别输入保存原始固件和烧录完整的 OpenIPC 固件的命令代码，即可烧录 OpenIPC 固件，如图 8-24 所示。

```
OpenIPC # setenv ipaddr 192.168.1.52; setenv serverip 192.168.1.3
OpenIPC # mw.b 0x21000000 0xff 0x800000
OpenIPC # tftpboot 0x21000000 openipc-ssc338q-rubyfpv-8mb.bin
Using sstar_emac device
TFTP from server 192.168.1.3; our IP address is 192.168.1.52
Filename 'openipc-ssc338q-rubyfpv-8mb.bin'.
Load address:0x21000000
Loading: #################################################################
         #################################################################
         #################################################################
         #########
         352 KiB/s
done
Bytes transferred -16777216 (1000000 hex)
```

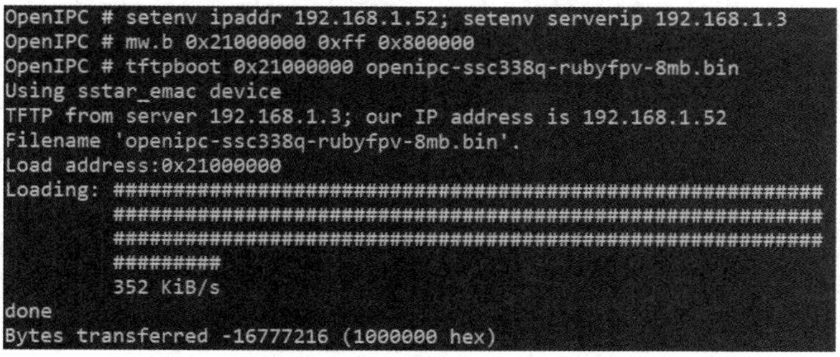

图 8-24　烧录 OpenIPC 固件

烧录完成后，在浏览器中通过 80 端口访问摄像机 IP（http://192.168.1.52）提供的 Web 服务，并输入默认的账号 root 和密码 12345，即可登录到摄像机的 Web 管理界面，如图 8-25 所示。

图 8-25　登录摄像机的 Web 管理界面

> 首次登录 Web 管理界面时，需要修改初始密码。

2. 通过 OpenIPC Configurator 烧录

OpenIPC Configurator 是官方提供的 OpenIPC 的烧录和配置工具，包括.NET 版本和 Avalonia UI 版本。.NET 版本是较早的成熟版本，适用于 OpenIPC 摄像头和 NVR（Network Video Recorder，网络视频录像机）设备的配置和烧录。Avalonia UI 版本是全新的跨平台版本，可以运行在 Android、macOS、Windows 和 Linux 等多种操作系统中。

本节使用 OpenIPC Configurator .NET 版本介绍烧录的基本流程。该软件依赖于 Putty 和.NET 8.0 Desktop Runtime 软件，需要开发者自行安装。.NET 8.0 Desktop Runtime 是基本应用程序框架。Putty 中提供了 plink 应用程序，可以很方便地连接到 Linux 设备并执行命令。

> 建议开发者使用最新版本的 Putty，以避免出现兼容性问题。

安装上述两个软件后，运行 OpenIPC Configurator 软件，并切换到"Setup"选项卡，如图 8-26 所示。

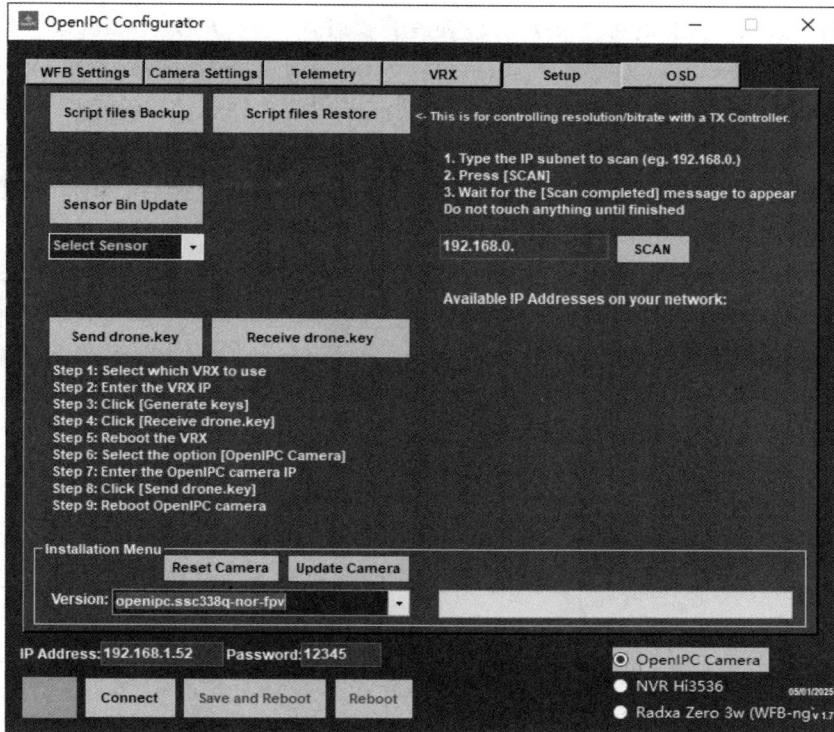

图 8-26　"Setup" 选项卡

通过网线连接至 OpenIPC 设备以后，将下方的 "IP Address" 修改为当前的 IP 地址（可参考之前的设置，也可以通过 "Setup" 选项卡中的 "SCAN" 按钮搜索 IP 设备），如果当前 IP 可以连接，右下角的红色方框将会变为绿色。此时，即可单击 "Connect" 按钮连接至设备。第一次连接设备时，将会出现以下类似提示。

WARNING - POTENTIAL SECURITY BREACH!

The host key does not match the one PSCP has cached for this

server:

　192.168.1.52 (port 22)

This means that either the server administrator has changed

the host key, or you have actually connected to another

computer pretending to be the server.

The new ssh-ed25519 key fingerprint is:

　ssh-ed25519 255 SHA256:h6/tStrJTGwM9ri/aszDteN28nd5pFbYeGiw5owJjEg

If you were expecting this change and trust the new key,

enter "y" to update PSCP's cache and carry on connecting.

If you want to carry on connecting but without updating the

cache, enter "n".

If you want to abandon the connection completely, press

Return to cancel. Pressing Return is the ONLY guaranteed

safe choice.

Update cached key? (y/n, Return cancels connection, i for more info)

上述是关于 SSH 密钥的可信度警告，读者需要键入 "y" 并按下 "Enter" 键确认。连接成功后，即可读取 OpenIPC 的配置信息。当然，如果当前设备运行的并不是 OpenIPC 操作系统，那么只要读者能够确认设备正确，也可以尝试采用该软件烧录 OpenIPC 固件。

在安装菜单（Installation Menu）中，打开 "Select OpenIPC Version" 下拉菜单，切换为 "openipc.ssc338q-nor-fpv"（或 openipc.ssc338q-nor-rubyfpv）固件。然后，单击 "Update Camera" 按钮，此时将会从官网自动下载最新镜像，如图 8-27 所示。

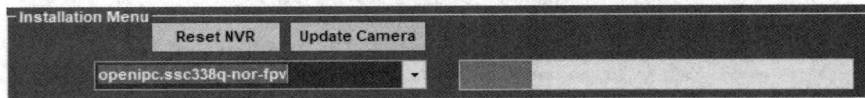

图 8-27　下载最新镜像

固件下载完成后，将会弹出命令行提示确认烧录，如下所示。

```
openipc.ssc338q-nor-fpv.t | 9665 kB | 1208.2 kB/s | ETA: 00:00:00 | 100%
Access granted. Press Return to begin session.
```

按 "Enter" 键授权，即可开始烧录。烧录完成后，设备会自动重启（提示 Unconditional reboot）。

> **提示**
>
> 在烧录过程中需要多次授权，出现 "Access granted. Press Return to begin session."，按下 "Enter" 键即可完成授权。

设备重启后再次连接设备，将会提示命令行，读取以下配置文件。

```
majestic.yaml          | 1 kB |    1.1 kB/s | ETA: 00:00:00 | 100%
wfb.conf               | 0 kB |    0.3 kB/s | ETA: 00:00:00 | 100%
telemetry.conf         | 0 kB |    0.5 kB/s | ETA: 00:00:00 | 100%

请按任意键继续...
```

此时，即可判断固件烧录成功。当然，读者也可以通过访问 OpenIPC 的 Web 管理界面判断烧录的固件版本及其他基本信息。

8.3.4　OpenIPC 地面端的烧录

地面端的烧录与天空端的烧录基本类似。本节采用 Hi3536 NVR 硬件介绍地面端烧录的基本方法。

NVR 本来是一种用于监控和管理网络摄像头的视频监控设备，在设计上，NVR 的硬件可以很方便地与 OpenIPC 的摄像头进行网络连接，因此也可作为数字图传的地面端首选。Hi3536 NVR 是由深圳市海思半导体有限公司设计的专用多路高清或多路 D1 NVR（网络视频录像机），内置高性能 A17 处理器，可以快速处理数字图传信号。

与天空端类似，OpenIPC 地面端的烧录也分为通过串口烧录和通过 OpenIPC Configurator

烧录两种方法，其步骤是类似的，本节不再详细介绍，仅提供基本的烧录指引。首先，需要完成地面端的硬件连接（以 Hi3536 NVR 为例），如图 8-28 所示。

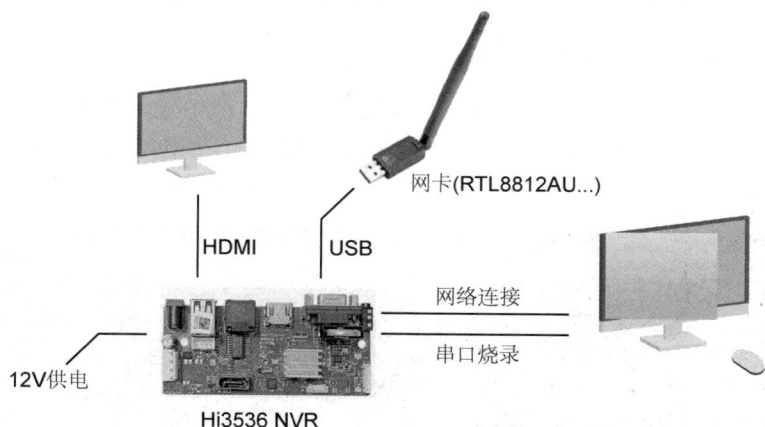

图 8-28　地面端的硬件连接

> 提示　　除了 NVR，开发者还可以使用 Linux 开发板或者其他主机作为 OpenIPC 的地面端，比较推荐的硬件包括树莓派 3、树莓派 4、树莓派 Zero 2 及 Radxa 3W 等开发板。地面端的性能越高，图传数据解码越迅速。

1. 通过串口烧录

Hi3536 NVR 也是官方支持的 OpenIPC 设备，读者可以在 OpenIPC 支持的硬件网站中找到 HiSilicon HI3536DV100 设备，通过生成安装指南的方式创建烧录代码，如图 8-29 所示，并在串口调试界面中烧录即可。

图 8-29　生成 HiSilicon HI3536DV100 设备烧录代码

需要注意的是，NVR 的 IP 地址要与摄像头的 IP 地址有所不同，否则会导致 IP 冲突。在本例中，可以将 SSC338Q 硬件的 IP 设置为 192.168.1.52，将 HI3536 NVR 硬件的 IP 设置为 192.168.1.53，且分别使用两个网线连接这两个硬件，以便于调试。

2. 通过 OpenIPC Configurator 烧录

在 OpenIPC Configurator 软件下方的"IP Address"文本框中输入 NVR 的 IP，然后在右下角选中"NVR Hi3536"单选按钮，并进入"Setup"选项卡，如图 8-30 所示。

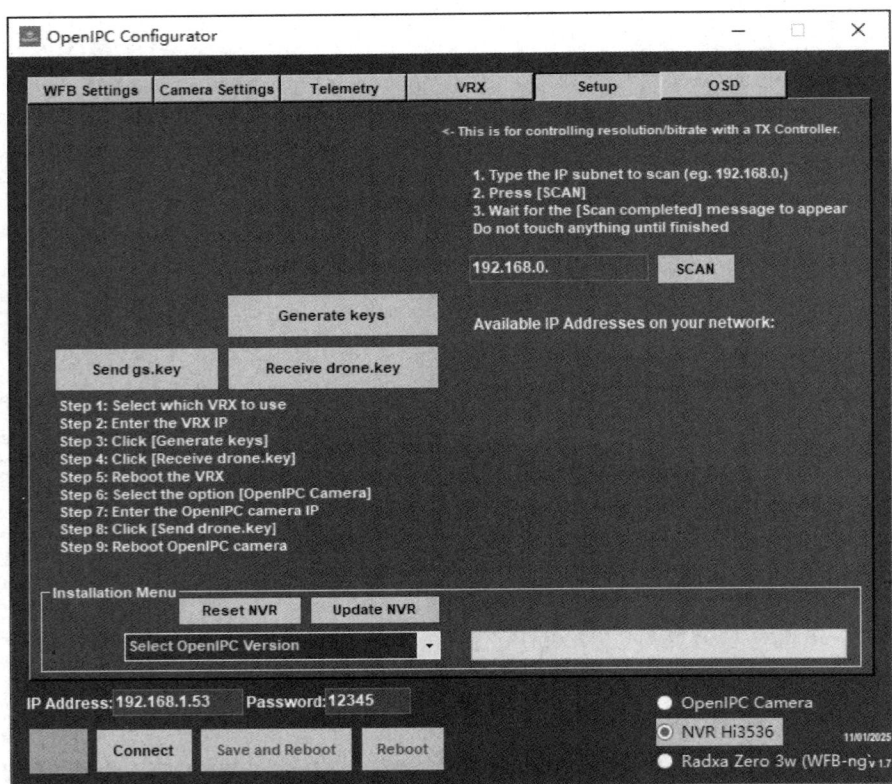

图 8-30　通过 OpenIPC Configurator 烧录地面端固件

在安装菜单（Installation Menu）中，打开"Select OpenIPC Version"下拉菜单，切换为"openipc.hi3536dv100-nor-fpv"固件，单击"Update NVR"按钮即可开始烧录。类似地，地面端 NVR 烧录完成后，可尝试单击"Connect"按钮进行连接，读取相关配置。如果读取成功，则说明烧录正确。

> 提示
>
> 地面端 NVR 并没有提供 Web 管理界面。

打开地面端设备，通过 HDMI 连接显示器，即可出现如图 8-31 所示的界面。

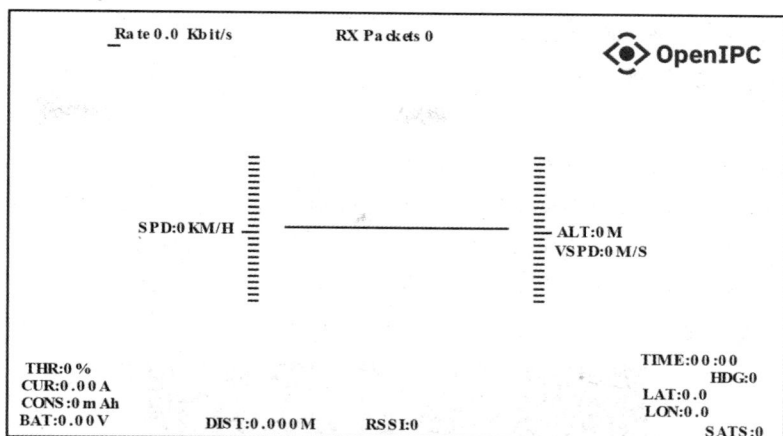

图 8-31　OpenIPC 默认 OSD 界面

8.3.5　联通并配置 OpenIPC 设备

安装完成天空端和地面端的固件后，两者并不能互相识别并传输数据。在 OpenIPC 中，地面端和天空端可以是多对多的关系，即一个地面端可以连通多个天空端，也可以将一个天空端连接多个地面端。本节介绍如何联通并配置 OpenIPC 设备。

1. 连通 OpenIPC 天空端和地面端

为了确保天空端和地面端的连通和安全，视频数据采用非对称加密的方式进行传输，因此需要生成相应的密钥，其主要步骤如图 8-32 所示。

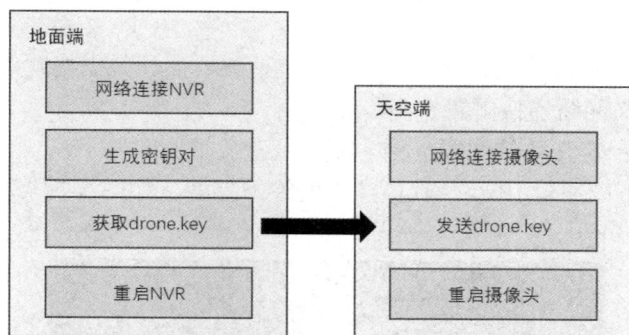

图 8-32　连通 OpenIPC 天空端和地面端的主要步骤

在 OpenIPC Configuration 软件中，进入 NVR Hi3536 的 Setup 地面端配置界面，单击"Generate keys"按钮即可生成密钥对，此时 drone.key 和 gs.key 将会保存在 Root 主目录（/root）中（并且 gs.key 也会被复制到/etc 目录中）。随后，单击"Receive drone.key"按钮即可将 drone.key 保存在本机中，并重启地面端。

实际上，密钥 drone.key 和 gs.key 是通过 WFB-ng 的 wfg_keygen 命令生成的，命令如下。

```
root@openipc-hi3536dv100:~# wfb_keygen
Drone keypair (drone sec + gs pub) saved to drone.key
```

GS keypair (gs sec + drone pub) saved to gs.key

根据命令提示可以发现，上述两个文件包括两对密钥。地面端和天空端交叉存储着公钥和私钥。

然后，需要将地面端的 drone.key 发送到天空端中，具体步骤如下：通过网络将摄像头（天空端）连接至 OpenIPC Configuration 软件，在"Setup"选项卡中单击"Send drone.key"按钮即可将 drone.key 发送到重启天空端的/etc 目录中，随后重启天空端。

此时，如果一切正常，那么地面端的 HDMI 输出界面中会提示码率和接收包数量，即如果在 OSD 顶端显示了传输速率（Rate）和接收包（RX Packets），则说明连接成功，如图 8-33 所示。

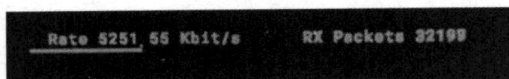

图 8-33　OpenIPC 天空端和地面端连通成功

虽然地面端可以正常接收数据，但是并不一定能够正常显示画面，如显示黑屏。这种情况通常是因为天空端和地面端的编码格式（Codec）、分辨率（Resolution）和帧数（FPS）不同，地面端无法正常解码。下面将分别介绍天空端和地面端的配置方法。

2. 天空端的配置

天空端的配置方法主要有 3 种。
- 通过 OpenIPC Configurator 进行配置。
- 通过 Web 管理界面进行配置。
- 直接修改配置文件。

天空端的配置文件主要包括 majestic.yaml、wfb.conf 和 telemetry.conf，这些文件均存在于/etc 目录下。
- majestic.yaml：定义视频编码配置选项，包括解码器和数据格式等。
- wfb.conf：定义网络连接配置选项。
- telemetry.conf：定义数传配置选项。

在 PuTTY 中，可以通过 IP 登录到摄像头的终端界面，如图 8-34 所示。

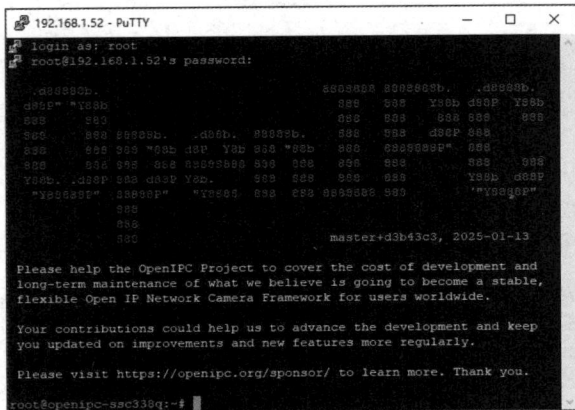

图 8-34　登录摄像头的终端界面

默认帐号和密码分别为 root 和 12345。登录后，即可修改/etc/majestic.conf 配置选项，其主要内容如下。

```
# 系统配置
system:
    webPort: 80                 # Web 端口
    httpsPort: 443              # Web Https 端口
    logLevel: debug             # 日志级别
# 视频 video0 的相关配置
video0:
    enabled: true               # 是否启用
    codec: h264                 # 编码格式
    fps: 60                     # FPS
    bitrate: 4096               # 码率
    rcMode: cbr
    gopSize: 1.0
    size: 1280x720              # 分辨率
    profile: main
    sliceUnits: 0
# 视频 video1 的相关配置
video1:
    enabled: false              # 是否启用
    codec: h264
    size: 704x576
    fps: 15
...
```

开发者主要可以核查 video0（默认摄像头）的编码格式、分辨率、FPS 和码率是否符合要求。文件 wfb.conf 的主要内容如下。

```
### 设备类型
unit=drone                   # 设备类型（drone 或 gs）
### 无线网络参数
wlan=wlan0                   # 无线网络接口
region=00                    # 地区代码，00 表示全球通用
channel=161                  # 通道（必须和地面端一致，否则无法连接）
frequency=                   # 指定频率
txpower=1                    # 发射功率，单位为 dBm
driver_txpower_override=1    # 允许驱动程序覆盖默认的发射功率设置
bandwidth=20                 # 无线信道带宽，单位为 MHz
stbc=0                       # 空时块编码（Space-Time Block Coding），提高抗干扰能力，0 表示禁用
ldpc=0                       # 低密度奇偶校验码（Low-Density Parity-Check），用于纠错，0 表示禁用
### 数据链路参数
mcs_index=1 # 调制编码方式索引
stream=0
```

```
link_id=7669206          # 链路 ID，用于标识通信链路
udp_port=5600            # UDP 端口号，用于数据传输
rcv_buf=456000           # 接收缓冲区大小，单位为字节
frame_type=data          # 帧类型，这里指定为数据帧
### 错误纠正与冗余
fec_k=8                  # 前向纠错的参数，表示编码块的大小
fec_n=12                 # 前向纠错的参数，表示冗余块的数量
pool_timeout=0           # 池超时时间，未指定具体值
guard_interval=long      # 保护间隔，long 表示使用长保护间隔，有助于减少多径干扰
```

数传配置文件 telemetry.conf 的主要内容如下。

```
### 设备类型
unit=drone               # 设备类型（drone 或 gs）
### 串口通信参数
serial=/dev/ttyS2        # 串口设备路径
baud=115200              # 波特率
### 数据链路和路由设置
router=0                 # 0 表示 mavfwd，1 表示经典的 mavlink-routerd，2 表示 msposd(MultiSense OSD)
### 无线通信参数
wlan=wlan0               # 指定无线接口名称，通常是无线网卡的接口名
bandwidth=20             # 无线信道带宽，设置为 20 MHz
stbc=1                   # 空时块编码（Space-Time Block Coding），设置为 1 表示启用
ldpc=1                   # 低密度奇偶校验码（Low-Density Parity-Check），设置为 1 表示启用
mcs_index=1              # 调制编码方案（Modulation and Coding Scheme）索引
stream_rx=144            # 接收流的缓冲区大小，单位为字节
stream_tx=16             # 发送流的缓冲区大小，单位为字节
link_id=7669206          # 链路 ID，用于标识通信链路，必须与地面端一致
frame_type=data          # 帧类型，设置为数据帧
port_rx=14551            # 接收端口，用于接收数据
port_tx=14550            # 发送端口，用于发送数据
fec_k=1                  # 前向纠错的参数，表示编码块的大小
fec_n=2                  # 前向纠错的参数，表示冗余块的数量
pool_timeout=0           # 池超时时间，未指定具体值
guard_interval=long      # 保护间隔，long 表示使用长保护间隔，有助于减少多径干扰
one_way=false            # 是否启用单向通信
aggregate=15             # 数据聚合大小，单位为字节，用于优化数据传输
### MAVLink 配置
channels=8               # 对于 mavfwd 来说，设置通道位置
### OSD（屏幕显示）配置（针对 msposd）
fps=20                   # 帧率，设置为 20 帧/秒
```

在 OpenIPC 摄像头的 Web 管理界面中，选择"Majestic"→"Settings"选项即可进入"Majestic Settings"配置选项，如图 8-35 所示。

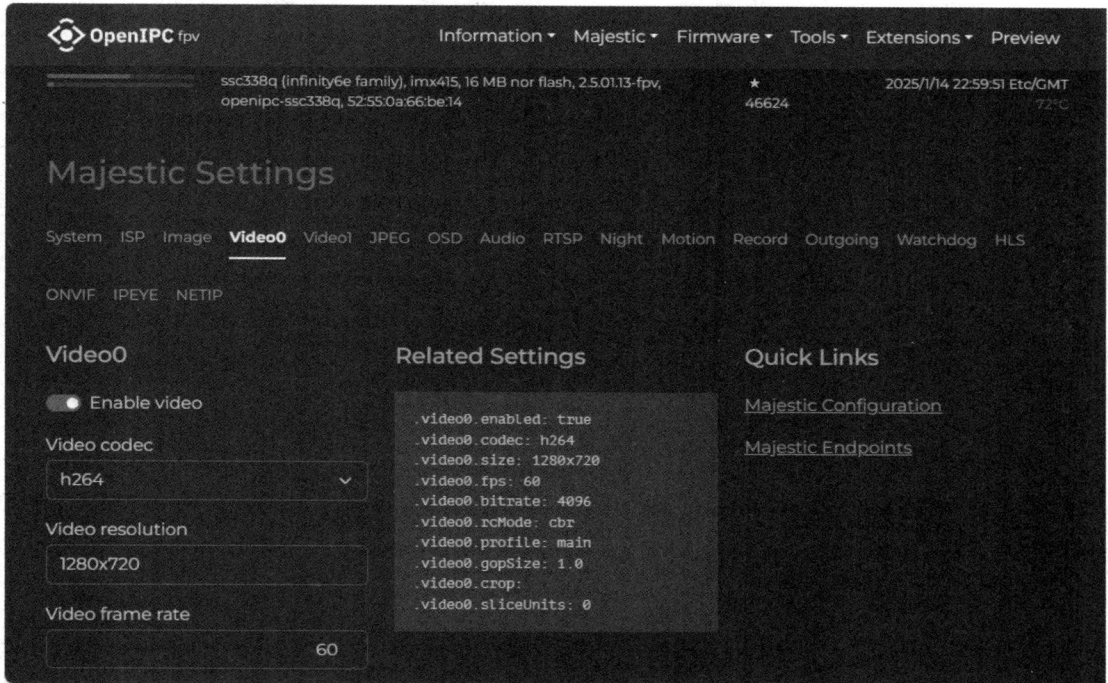

图 8-35　"Majestic Settings"配置选项

在该界面中同样可以对 majestic.yaml 配置文件进行设置。

前面设置视频编码的分辨率为 720p，FPS 为 60 帧，编码格式为 h264。后面的地面端配置也要采用相同的参数才可以正常解析视频。

如果还需要连接飞行控制器将 OSD 信息传输到地面端，那么首先通过串口连接到飞行控制器，并且通过飞行控制器以 115200Baud 的波特率输出 MAVLink 2 数据到天空端。

3．地面端的配置

地面端的配置方法主要有两种。

- 通过 OpenIPC Configurator。
- 直接修改配置文件。

地面端的配置文件主要包括 vdec.conf、wfb.conf 和 telemetry.conf，这些文件均存在于/etc 目录下。

- vdec.conf：定义视频解码配置选项，包括解码器和数据格式等。
- wfb.conf：定义网络连接配置选项。
- telemetry.conf：定义数传配置选项。

vdec.conf 的主要内容如下。

```
### 视频端口
port=5600
### 解码器（h264 或 h365）
codec=h264
### 数据格式（stream 或 frame）
```

```
format=frame
### 屏幕输出分辨率和 fps
mode=720p60
### MAVLINK 端口
mavlink_port=14750
### OSD 显示方式（none 或 simple 等）
osd=simple
### 录像位置
records=
### 额外参数
extra="--bg-r 30 --bg-g 0 --bg-b 30"
### OSD 元素
osd_elements="-osd_ele1x 910 -osd_ele1y 350 ..."
```

这里的解码器、屏幕输出分辨率和 FPS 的设置均与之前天空端的参数保持一致。另外，对于 OSD 元素来说，可以在 OpenIPC Configurator 软件的"OSD"选项卡中对其进行可视化编辑，如图 8-36 所示。

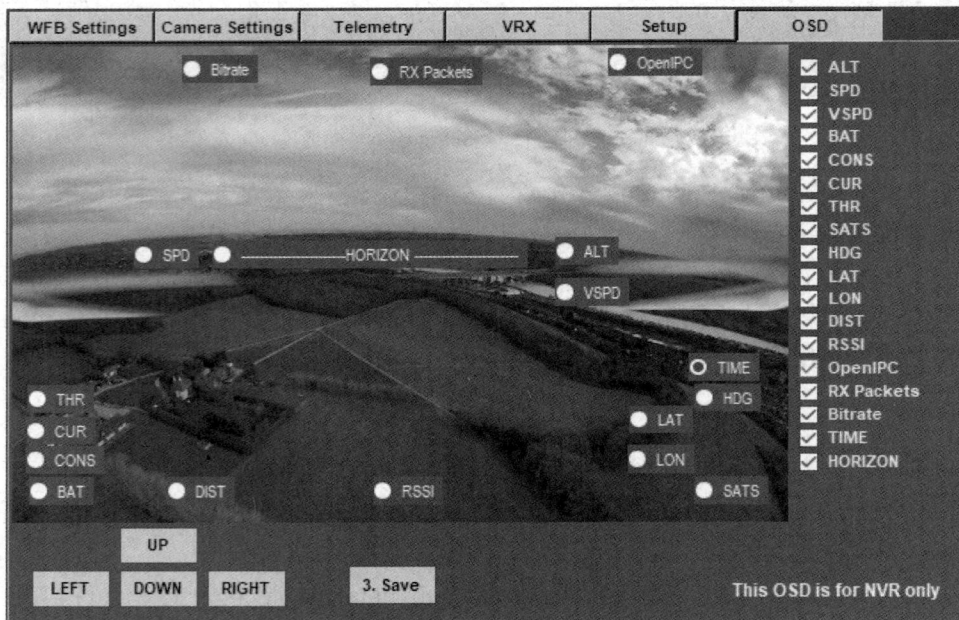

图 8-36　在 OpenIPC Configurator 软件中可视化编辑 OSD 元素

> **提示**
> 这里的 OSD 元素仅针对 NVR 地面端有效。

这里的 1 到 18 分别代表了不同的 OSD 元素，其含义如表 8-2 所示。

表 8-2　OpenIPC OSD 元素及其功能

序号	OSD 元素	功能	单位
1	ALT	高度	m
2	SPD	速度	km/h
3	VSPD	垂直速度	m/s
4	BAT	电池电压	V
5	CONS	已用电量	mAh
6	CUR	电流	A
7	THR	油门	%
8	SATS	卫星数量	个
9	HDG	航向	(°)
10	LAT	地理位置-纬度	(°)
11	LON	地理位置-经度	(°)
12	DIST	距离	m
13	RSSI	信号质量	dBm
14	OpenIPC	OpenIPC 标识	—
15	RXPackets	接收包数量	个
16	Bitrate	码率	kbit/s
17	TIME	时间	—
18	HORIZON	水平线	—

在 osd_elements 配置字符串中，对上述这些元素依次排列其 x 坐标和 y 坐标，如下所示。

```
-osd_ele1x 100 -osd_ele1y 200 -osd_ele2x 200 -osd_ele2y 1200 ...
```

比如，如果将 OSD 界面中的 OpenIPC 标志去掉，那么只需要将-osd_ele14x 参数后的数字修改为 0，即可隐藏该元素。

网络连接配置文件 wfb.conf 的主要内容如下。

```
### 设备类型（drone 或 gs）
unit=gs
wlan=wlan0
region=00
### 通道
channel=161
...
### 是否启用数传
telemetry=true
```

上述配置参数的通道值需要和天空端的通道值一致。当将 telemetry 设置为 true 时，表示启动数传，此时可以通过数传配置文件 telemetry.conf 对数传内容进行详细配置。

```
### 设备类型（drone 或 gs）
unit=gs
### 串口设备和波特率
serial=/dev/ttyAMA0
```

```
baud=115200
### 路由配置，0 代表 mavfwd，1 代表标准的 mavlink-routerd
router=1
...
```

对于 wfb.conf 和 telemetry.conf 配置文件，其选项和天空端的配置选项基本相同，这些不再详细介绍。

8.4　本章小结

本章深入探讨了无人机图传链路的实现方式和技术细节，重点介绍了模拟图传与数字图传两种主要技术。模拟图传以其低延迟和高实时性特点，适用于对实时性要求极高的场景，如 FPV 飞行，但其抗干扰能力较弱，图像质量易受传输距离和环境干扰。相比之下，数字图传通过编码和解码技术实现信号传输，具有抗干扰能力强、图像质量高、支持加密和纠错等优势，但通常延迟较高。

OpenIPC 图传系统是非常活跃的开源项目，拥有众多开发者的支持。本章介绍了 OpenIPC 包括源代码结构、编译环境搭建、固件烧录及设备配置等的关键环节，相信这些内容能为 OpenIPC 的开发打下坚实的基础。

8.5　习题

（1）对比模拟图传和数字图传的优缺点。
（2）浅析 OpenIPC 和 OcuSync 技术的主要差异 。
（3）在安佳 800S 模组上烧录并构建 OpenIPC 图传环境，并将图传数据显示到 NVR 设备上。

缩写	含义
AC	旋翼机固件（ArduCopter）
ACC	加速度计（Accelerometer）
AHRS	航姿参考系统（Attitude Heading Reference System）
ALT	高度（Altitude）
ATT	姿态（Attitude）
ATC	姿态控制（Attitude Control）
AP	Ardupilot，一种飞行控制器软件
APM	早期支持 Ardupilot 的硬件设备，全称为 Ardupilot Mega
ARSPD	空速（Air Speed）
BAT/BATT	电池（Battery）
Baro	气压计（Barometer）
CD	圆角读数（Circle Degree）
CH	通道（Channel）
CTUN	调谐控制（Control Tuning）
CRSF	CRSF（Control Remote Signal Format）协议是一种用于无人机遥控系统的通信协议
DCM	离散余弦变换（Direction Cosine Matrix），第一代位置、高度估算算法
ELRS	ExpressLRS 是一种开源的低延迟、长距离无线遥控协议
EKF	扩展卡尔曼滤波器（Extended Kalman Filter），预测滤波子系统
EK2/3	表示 EKF2/EKF3，即 2 代改进的扩展卡尔曼滤波器
ESC	电子调速器（Electronic Speed Controller）
FBWA/FBWB	FBWA（Fly By Wire A）和 FBWB（Fly By Wire B）是两种常见的飞行模式，主要用于固定翼无人机的辅助飞行控制
FFT	快速傅里叶变换（Fast Fourier Transform）
FPS	帧数（Frames Per Second）
FW	固定翼（Fixed-Wing）
GS	地面站（Ground Station）
GPS	全球定位系统（Global Positioning System）
GYRO	陀螺仪（Gyroscope）
IMU	惯性测量单元（Inertial Measurement Unit）
INS	惯性导航系统（Inertial Navigation System）

缩写	含义
IPC	互联网摄像头（IP Camera）
LoRa	LoRa（Long Range Radio）是一种由 Semtech 公司开发的低功耗广域网（Low Power Wide Area Network，LPWAN）无线标准
LQ	信号质量（Link Quality）
MCU	微控制器单元（Microcontroller Unit）
MAVLink	MAVLink（Micro Air Vehicle Link）是一种用于小型无人载具的通信协议，于 2009 年首次发布
NTSC	国家电视系统委员会（National Television System Committee）制式，是一种电视广播制式
OSD	屏幕叠加显示（On Screen Display），常用于在图传上显示飞行信息
PAL	逐行倒相制（Phase Alternating Line），是一种电视广播制式
PCS	位置控制系统（Position Control System）
PM	电源模块（Power Module）
PPM	脉冲位置调制（Pulse Position Modulation）
PWM	脉冲宽度调制（Pulse Width Modulation）
RC	无线电控制（Radio Control）
RSSI	接收信号强度指示（Received Signal Strength Indicator），是衡量无线信号强度的一个重要参数
RX	接收机（Receiver）
RPM	发动机转速，单位为每分钟圈数（rpm）
SITL	软件在环仿真（Software In The Loop），用于无人机模拟
SRV	伺服电机（Servo）通道输出
RTL	返航（Return To Launch）
TECS	总能量控制系统（Total Energy Control System），用于控制固定翼无人机的高度和速度
THR	油门（Throttle）
TX	发射机（Transmitter）
UAV	无人飞行载具（Unmanned Aerial Vehicle）
UAS	无人机系统（Unmanned Aerial System）
USB	通用串行总线（Universal Serial Bus）
VTOL	垂直起降（Vertical Take-Off and Landing）
VRX	视频接收机（Video Receiver）
VTX	视频发射机（Video Transmitter）
WP	航点（Waypoint）
WSL	Windows 环境下的 Linux 运行环境（Windows Subsystem for Linux）

附录 **2**
固定翼无人机的飞行模式

飞行模式	名称	模式行为	横滚控制	俯仰控制	油门控制	是否需要GNSS支持	是否需要遥控器
手动模式	Manual	完全手动控制，即遥控器信号直接透传输出，飞行控制器不做任何处理。除非触发了故障保护或者地理围栏，否则飞行控制器不会抢夺飞行控制权。此模式常用于故障后的手动控制，或者特技表演等	手动	手动	手动	否	是
电传操控A模式	FBWA	俯仰、横滚受限，使姿态保持稳定，油门控制为手动模式，高度会随着油门的变化而变化	稳定	稳定	手动	否	是
电传操控B模式	FBWB	在FBWA模式的基础上增加了速度和高度控制。在FBWB模式下，改变油门时改变速度，改变俯仰时改变高度。为了控制速度和高度，螺旋桨转速是由程序自动控制的	稳定	自动	速度稳定	是	是
巡航模式	CRUISE	在FBWB模式的基础上，增加了地面航向跟踪。当遥控器介入操作时，其表现类似于FBWB模式；当操作员离手超过0.5s后，无人机会自动修正偏航角保持特定的航向。此模式通常用于向某个方向远航	自动	自动	速度稳定	是	是
稳定模式	STABILIZE	简单的稳定控制，释放操纵杆时机翼会自动调平。不过，建议开发者和用户使用FBWA模式代替此模式	限制	限制	手动	否	是
自动调参模式	AUTOTUNE	与FBWA模式的表现类似，不过飞行控制器将根据无人机的飞行姿态自动调节飞行参数。在此模式下，操作员可以尽可能极限飞行，以便于更好地确定参数，帮助无人机取得更好的性能	稳定	稳定	手动	否	是
训练模式	TRAINING	限制横滚和俯仰，油门和方向舵不受限制。此模式适合无人机飞行教学。与FBWA模式和稳定模式相比，该模式不会自动调平无人机	限制	限制	手动	否	是

续表

飞行模式	名称	模式行为	横滚控制	俯仰控制	油门控制	是否需要GNSS支持	是否需要遥控器
特技模式	ACRO	无姿态限制的速率控制模式，介于FBWA模式和手动模式之间。当无人机离手后，飞行控制器会尽力保持当前的姿态不变，方便实现复杂的特技动作，如倒飞、侧飞	限制	限制	手动	否	是
旋翼模式	Q	对于垂直起降固定翼无人机来说，通过Q模式可以将无人机切换到用于垂直起降的旋翼状态。Q模式具体还包括QSTABILIZE（自稳模式）、QHOVER（悬停模式）、QLOITER（定点模式）、QLAND（降落模式）、QRTL（返航模式）、QAUTOTUNE（自动调参模式）、QACRO（特技模式）等	稳定	稳定	自动	是	是
自动模式	AUTO	自动执行飞行任务	自动	自动	自动	是	否
定点模式	LOITER	无人机以特定点为圆心盘旋（盘旋时可以受遥控器操控）。此模式常用于等待用户操作，比如在无人机返航后会围绕返航点做定点环绕	自动	自动	自动	是	否
盘旋模式	CIRCLE	非定点的盘旋模式，盘旋面积比LOITER模式的大（盘旋时可以受遥控器操控）。此模式常用于失控后的故障安全模式，如无人机失去连接后可进入一段时间的该模式，再启动返航	自动	自动	自动	否	否
导向模式	GUIDED	飞到指定位置并盘旋。当无人机超出地理围栏时，也会进入指定点模式（返回到围栏内的指定点）	自动	自动	自动	是	否
返航模式	RTL	返回出发点并盘旋	自动	自动	自动	是	否
起飞模式	TAKEOFF	辅助无人机起飞	自动	自动	自动	是	否
热升力模式	THERMAL	适用于无动力滑翔机，帮助无人机寻找热升力向上运动	自动	自动	自动	是	否

注：手动表示直接采用（透传）遥控器信号；限制表示手动控制但拥有某些辅助或者姿态限制；稳定表示姿态稳定；自动表示自动控制；速度稳定表示自动控制速度。

反侵权盗版声明

电子工业出版社依法对本作品享有专有出版权。任何未经权利人书面许可，复制、销售或通过信息网络传播本作品的行为；歪曲、篡改、剽窃本作品的行为，均违反《中华人民共和国著作权法》，其行为人应承担相应的民事责任和行政责任，构成犯罪的，将被依法追究刑事责任。

为了维护市场秩序，保护权利人的合法权益，我社将依法查处和打击侵权盗版的单位和个人。欢迎社会各界人士积极举报侵权盗版行为，本社将奖励举报有功人员，并保证举报人的信息不被泄露。

举报电话：（010）88254396；（010）88258888

传　　真：（010）88254397

E-mail：dbqq@phei.com.cn

通信地址：北京市万寿路 173 信箱

　　　　　电子工业出版社总编办公室

邮　　编：100036